金属材料及成形工艺

宋金虎　主编

清华大学出版社
北京交通大学出版社
·北京·

内 容 简 介

本书是根据教育部最新颁布的《高等职业学校专业教学标准》中对本课程的要求，并参照最新颁布的相关国家标准和职业技能等级考核标准修订而成的，主要内容包括金属材料性能的认知，金属材料组织结构的认知，钢的热处理，常用金属材料的选择，铸造成形，金属压力加工，焊接成形，金属切削加工，机械零件成形方法的选择。书中大量实例均来自生产实际，注重内容的实用性与针对性。

本书可作为高等职业院校、高等专科学校、高级技工学校、技师学院、成人教育学院等大专层次的理工科类金属材料及成形工艺课程的教材，也可供中等专业学校机械类专业的学生选用，同时可作为广大自学者的自学用书及工程技术人员的参考书。

图书在版编目（CIP）数据

金属材料及成形工艺 / 宋金虎主编. —北京：北京交通大学出版社 ：清华大学出版社，2022.1

ISBN 978-7-5121-4614-3

Ⅰ. ① 金… Ⅱ. ① 宋… Ⅲ. ① 金属材料-成型-工艺-职业教育-教材 Ⅳ. ① TG39

中国版本图书馆 CIP 数据核字（2021）第 230384 号

金属材料及成形工艺

JINSHU CAILIAO JI CHENGXING GONGYI

责任编辑：韩素华

出版发行：清 华 大 学 出 版 社 　邮编：100084 　电话：010-62776969

北京交通大学出版社 　邮编：100044 　电话：010-51686414

印 刷 者：北京鑫海金澳胶印有限公司

经 　销：全国新华书店

开 　本：185 mm×260 mm 　印张：15 　字数：384 千字

版 印 次：2022 年 1 月第 1 版 　2022 年 1 月第 1 次印刷

印 　数：1～3 000 册 　定价：49.00 元

本书如有质量问题，请向北京交通大学出版社质监组反映。对您的意见和批评，我们表示欢迎和感谢。

投诉电话：010-51686043，51686008；传真：010-62225406；E-mail：press@bjtu.edu.cn。

前　言

本书是根据教育部最新颁布的《高等职业学校专业教学标准》中对本课程的要求，并参照最新颁布的相关国家标准和职业技能等级考核标准修订而成的，它主要研究金属材料的性能及其对加工工艺方法的影响、各种工艺方法自身的规律性及相互联系与比较、各种加工方法的加工工艺过程和结构工艺性，着重阐述常用金属材料及主要加工方法的基本原理和工艺特点，全面讲述机械零件常用材料的选用、毛坯的选择、机械零件的加工方法和工艺路线的拟订。其兼有基础性、实用性、知识性、实践性与创新性等特点，是培养高素质技术技能人才的重要基础课程之一。

在编写本书时，编者从职业教育的实际出发，注重实践性、启发性、科学性，做到概念清晰，重点突出，对基础理论部分，以必需和够用为原则，以强化应用为重点。体现了面向生产实际，突出职业性的精神，体现了职业教育的特点。以学生为主体，能力要素与职业素养形成并重，有机嵌入钳工、焊工、车工、铸造工、锻造工等职业标准和职业技能等级考核标准。内容排列根据零件加工流程，由简到繁，由易到难，梯度明晰，程序合理，按照工学结合的模式，以工作过程为导向，以典型零件为载体，采用项目式教学方式，每个项目按照"项目引入""项目分析""任务（任务引入、任务目标、相关知识、任务实施）""知识扩展""复习思考题"的学习流程进行设计，便于实现教学做一体化教学。改变专业技术类教材传统面貌，将人文、质量、工匠等元素有机融入书中，强化学生职业素养养成；借助信息技术，拓展资源丰富，读者扫描书中二维码可以阅读相应的资源，有助于读者多形式学习。

本书可作为高等职业院校、高等专科学校、高级技工学校、技师学院、成人教育学院等大专层次的理工科类金属材料及成形工艺课程的教材，也可供中等专业学校机械类专业的学生选用，同时可作为广大自学者的自学用书及工程技术人员的参考书。

本书按总课时64学时编写，在实际教学中，教师可适当增减。金属材料及成形工艺实践性比较强，建议授课教师根据不同教学内容和特点进行现场教学，教学环境可考虑移到专业实训室、金工车间、企业生产车间中，尽量采用"教、学、做"一体的教学模式。

本书由山东交通职业学院宋金虎担任主编，项目1、项目9由王真编写，项目2由陈伟栋编写，项目3由刁希莲编写，项目4由许永平编写，绪论、项目5～项目7由宋金虎编写，项目8由滕文建编写，宋金虎负责全书的统稿、定稿。一汽-大众汽车有限公司、潍柴雷沃重工股份有限公司等企业对本书的编写提供了技术支持和建设性意见，在此深表感谢！另外，本书在编写过程中，参考了许多文献资料，编者谨向这些文献资料的编著者及支持编写工作的单位和个人表示衷心的感谢。

由于许多新技术、新工艺纷纷出现，再加之编者水平有限，书中难免有疏漏和欠妥之处，恳切希望广大读者批评指正，以求改进。

编者

2021年11月

目　　录

绪　　论

金属材料及成形工艺是一门关于机械零件的制造方法及其用材的综合性技术基础课。它系统地介绍机械工程材料的性能、应用及改进材料性能的工艺方法；各种成形工艺方法及其在机械制造中的应用和相互联系；机械零件的加工工艺过程等方面的基础知识。

一件机械产品，从设计、加工制造到使用，是一个复杂的过程。根据设计信息将原材料和半成品转变为产品的全部过程称为机械制造过程。机械制造过程包括材料的选择、毛坯的成形、零件的切削加工、热处理、部件和产品的装配等。合格的机械产品是优良的设计、合理的选材和正确的加工这三者的整体结合。

任何一台机械产品都是由若干个具有不同几何形状和尺寸的零件按照一定的方式装配而成的。由于使用要求不同，各种机械零件需选用不同的材料制造，并具有不同的精度和表面质量。因此要加工出各种零件，应采用不同的加工方法。金属机械零件的成形工艺方法一般有铸造、锻造（压力加工）、焊接、切削加工和特种加工等。在机械制造过程中，通常是先用铸造、锻造（压力加工）和焊接等方法制成毛坯，再进行切削加工，才能得到所需的零件。当然，铸造、锻造（压力加工）、焊接等工艺方法，也可以直接生产零部件。此外，为了改善零件的某些性能，常需要进行热处理，最后将检验合格的零件加以装配，成为机器。简单的机械制造过程如下。

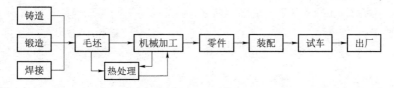

本课程的主要任务有以下几项。

（1）学习热处理、铸造、压力加工、焊接、切削加工等金属机件制造工艺方法的基本原理；

（2）培养学生合理选用金属材料的能力；

（3）培养学生选择毛坯和零件加工方法的初步能力；

（4）培养学生掌握零件毛坯加工方法的工艺知识和零件的结构工艺性知识；

（5）培养学生良好的质量意识、严谨的科学态度、吃苦耐劳精神和工匠精神、实践动手能力，以及分析问题的能力。

通过本课程的学习，学生应达到下列基本要求。

（1）基本掌握常用金属材料的牌号、性能、用途及选用原则；

（2）掌握钢铁材料热处理的基本原理，初步掌握普通热处理方法的工艺特点和应用范围；

（3）初步具有合理选择材料、确定零件生产工艺过程、热处理工序位置的能力；

（4）掌握金属零件铸造、压力加工、焊接和切削加工工艺的基本原理、特点和应用范围；

（5）初步掌握简单机械零件铸造、压力加工、焊接和切削加工工艺设计知识；

（6）初步学会分析一般零件毛坯结构工艺性。

本课程以物理学和化学为基础，在学生通过金属工艺教学实习后开设。本课程与机械制图、工程力学等课程配合，并为学习其他有关课程奠定必要的金属材料及成形工艺基础知识。

金属材料及成形工艺是一门实践性很强的课程。在本课程开设之前，学生应按教学实习大纲的要求，进行铸造、压力加工、焊接、切削加工和热处理的教学实习，获得必要的实践知识。注意通过习题课、实验课和作业练习培养学生分析、解决实际问题的能力。

本课程运用多种媒体并实现合理配置进行教学。建议授课教师根据不同教学内容和特点进行现场教学，教学环境可考虑移到专业实训室、金工车间、企业生产车间中，尽量采用"教、学、做"一体的教学模式。

项目 1

金属材料性能的认知

【项目引入】

1912 年 4 月 10 日，泰坦尼克号从英国南安普敦出发，目的地为美国纽约，开始了这艘"梦幻客轮"的处女航。4 月 14 日晚 11 点 40 分，泰坦尼克号在北大西洋撞上冰山，拦腰整体断裂。两小时四十分钟后沉没，由于只有 20 艘救生艇，1 523 人葬身海底，造成了当时最严重的一次航海事故。

【项目分析】

导致泰坦尼克号沉没的原因是什么？除了环境恶劣、航速过快、指挥操作有误和设计原因外，还有一个关键的技术原因，就是材料的原因。

造船工程师只考虑到增加钢板的硬度，而没有想到增加其韧性。为了增加钢板的硬度，往炼钢炉料中加入了大量的硫化物，导致钢材在低温下的脆性大大增加。经实验，从海底打捞出来的钢材在当时的水温下，在受到可能强度的撞击下，很快断裂。

本项目主要学习：

金属材料的力学性能，包括强度、塑性、硬度、冲击韧性、疲劳强度、磨损；金属材料的物理、化学性能，包括密度、熔点、热膨胀性、导热性、导电性、磁性、耐腐蚀性、抗氧化性、化学稳定性；金属材料的工艺性能，包括铸造性能、可锻性能、焊接性能、切削加工性能、热处理性能。

1. 知识目标
◆ 熟悉并掌握金属材料的常用力学性能。
◆ 掌握常用硬度的测试方法和适用范围。
◆ 掌握冲击韧性、疲劳强度的概念及衡量指标。
◆ 了解金属材料的物理、化学及工艺性能。
2. 能力目标
◆ 能根据强度和塑性值分析材料的承载能力。
◆ 能根据材料和热处理状态，选择硬度测试方法。
3. 素质目标
培养良好的质量意识和严谨的科学态度。
4. 工作任务
任务 金属材料力学性能的认知

大国工匠：金属上
打磨自己的"别样人生"

材料被广泛应用于机械工程、建筑工程、航空航天、医疗卫生等领域，是人类赖以生存和发展的物质基础。材料技术的发展在改造和提升传统产业、增强综合国力和国防实力方面起着重要的作用，世界各发达国家都非常重视材料的发展。正是材料的发现、使用和发展，才使人类在与自然界的斗争中走出混沌蒙昧的时代，发展到科学技术高度发达的今天。因而可以认为，人类的文明史就是材料的发展史，并往往以所使用的材料来划分人类的社会时期，如石器时期、青铜器时期和铁器时期等。

金属材料常指工业上所使用的金属或合金的总称。金属材料包括钢铁、有色金属及其合金。对纯金属而言，自然界中目前存在的大约有 70 种，常见的金属有铁、铜、锌、铅、铝、锡、镁、镍、钼、钛、金、银等。合金是指由两种以上的金属、金属与非金属结合而成的，且具有金属性质的材料。常见的合金如铁与碳所形成的碳钢；铜与锌所形成的黄铜等。由于金属材料具有良好的力学性能、物理性能、化学性能及工艺性能，并能采用比较简单和经济的方法制成零件，因此金属材料是目前应用最广泛的材料，常用于制造受力的普通机器零件。

金属材料的性能可分为使用性能和工艺性能。

使用性能是指机械零件在正常工作情况下应具备的性能，包括机械性能和物理、化学性能等。

工艺性能是指机械零件在冷、热加工的制造过程中应具备的性能，它包括铸造性能、锻造性能、焊接性能和切削加工性能。

金属材料被广泛地应用于各行各业，是构成各种设备和设施的基础。因此，了解和掌握金属材料的使用性能和工艺性能，是零件设计和选材的主要依据。

任务 金属材料力学性能的认知

■ 任务引入

某厂购进一批 15 钢，为进行入厂验收，制成 $d_0 = 10$ cm 的圆形截面短试样（$L_0 = 5d_0$），经拉伸试验后，测得 $F_m = 33.81$ kN、$l_u = 65$ mm、$d_u = 6$ mm。15 钢的力学性能判据应该符合下列条件：$\sigma_m \geq 375$ MPa、$A \geq 27\%$、$Z \geq 55\%$。试问这批 15 钢的力学性能是否合格？

■ **任务目标**

熟悉并掌握金属材料的常用力学性能，能根据强度和塑性值分析材料的承载能力；掌握常用硬度的测试方法和适用范围，能根据材料和热处理状态选择硬度测试方法；掌握冲击韧性、疲劳强度的概念及衡量指标。

■ **相关知识**

零件和工具在使用过程中所受的力称为载荷，按作用方式不同，可分为拉伸、压缩、弯曲、剪切、扭转等，又可分为静载荷和动载荷。静载荷是指力的大小不变或变化缓慢的载荷，如静拉力、静压力等；动载荷是指力的大小和方向随时间而发生改变，如冲击载荷、交变载荷、循环载荷等。

一、强度

强度是指在外力作用下，材料抵抗变形和断裂的能力。强度指标常通过拉伸实验测定。拉伸试样的形状一般分为圆形、矩形、多边形、环形。如图 1-1 所示，为圆形拉伸试样。在低碳钢标准试样的两端缓慢地施加拉伸载荷，使试样的工作部分受轴向拉力 F，引起试样沿轴向产生伸长 ΔL，随着 F 值的增加，ΔL 也相应增大，直到试样断裂为止。由载荷（拉力）与变形量（伸长量）的相应变化，可以绘出拉伸曲线，如图 1-2 所示。如果将拉力除以试样的原始截面积 S_0，就得到拉应力 R（单位截面积上的拉力），将伸长量 ΔL 除以试样的标距长度 L_0，就得到延伸率 e（试样拉伸断裂后标距段的总变形 ΔL 与原标距长度 L_0 之比的百分数）。根据 R 和 e，则可以画出应力-延伸率曲线，如图 1-3 所示。应力-延伸率曲线不受试样尺寸的影响，可以从图上直接读出材料的一些常规机械性能指标。

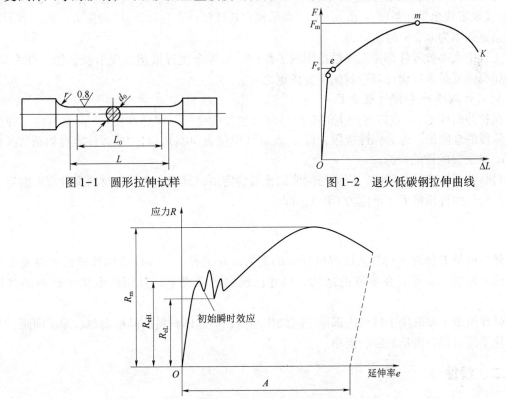

图 1-1　圆形拉伸试样　　　　　　　　　图 1-2　退火低碳钢拉伸曲线

图 1-3　应力-延伸率曲线图

静载拉伸下材料的力学性能指标主要有以下几个。

1. 抗拉强度 R_m

在拉伸曲线上，m 点所对应的应力值称为抗拉强度，它是试样拉断前所能承受的最大应力值，也称为强度极限，即试样所能承受的最大载荷除以原始截面积，以 R_m 表示（单位为 MPa），即

$$R_m = \frac{F_m}{S_0}$$

式中：R_m——强度极限；

F_m——试样所能承受的最大载荷；

S_0——试样的原始截面积。

抗拉强度是体现材料抵抗最大均匀变形的能力，表示材料在拉伸条件下所能承受的最大载荷的应力值，它是设计和选材的主要依据之一。

2. 屈服强度

在拉伸曲线中，e 点出现一水平线段，这表明拉力虽然不再增加，但变形仍在进行，称为材料的屈服现象，这时若卸去载荷，则试样的变形不能全部恢复，将保留一部分残余变形。这种不能恢复的残余变形叫塑性变形。屈服强度是指当金属材料呈屈服现象时，在试验期间达到塑性变形发生而力不增加的应力点，分上屈服强度（R_{eH}）和下屈服强度（R_{eL}）。上屈服强度 R_{eH} 是指试样发生屈服而力首次下降前的最大应力。下屈服强度 R_{eL} 是指在屈服期间，不计初始瞬时效应时的最小应力。

当金属材料在拉伸试验过程中没有明显屈服现象发生时，应测定规定塑性延伸强度（R_p）或规定残余延伸强度（R_r）。$R_{p0.2}$ 表示规定塑性延伸率为 0.2% 时的应力。$R_{r0.2}$ 表示规定残余延伸率为 0.2% 时的应力。

工程中大多数零件都是在弹性范围内工作的，如果产生过量塑性变形就会使零件失效，所以屈服强度是零件设计和选材的主要依据之一。

3. 弹性极限 σ_e 和弹性模量 E

在拉伸曲线上，e 点以前产生的变形是可以恢复的变形，叫弹性变形，e 点对应了弹性变形阶段的极限值，称为弹性极限，以 σ_e 表示（单位为 MPa），对一些弹性零件如精密弹簧等，σ_e 是主要的性能指标。

材料在弹性变形阶段内，应力与应变的比值为定值，其值大小反映材料弹性变形的难易程度，称为弹性模量 E（单位为 GPa），即

$$E = \frac{\sigma}{\varepsilon}$$

弹性模量 E 体现了材料抵抗弹性变形的能力。在工程上，零件或构件抵抗弹性变形的能力称为刚度。显然，在零件的结构、尺寸已确定的前提下，其刚度取决于材料的弹性模量。

弹性模量主要取决于材料内部原子间的作用力，如晶体材料的晶格类型、原子间距，其他强化手段对弹性模量的影响极小。

二、塑性

塑性是表示材料抵抗塑性变形的能力。而衡量塑性的常用指标有断后伸长率和断面收缩

率，两者均无单位量纲。

1. 断后伸长率

断后伸长率是指试样拉断后标距增长量与原始标距长度之比，用符号 A 表示，即

$$A = \frac{L_u - L_0}{L_0} \times 100\%$$

式中：L_0——拉伸试样原始标距长度，mm；

L_u——拉伸试样拉断后的标距长度，mm。

2. 断面收缩率

断面收缩率是指试样拉断处横截面积的缩减量与原始横截面积之比，用符号 Z 表示，即

$$Z = \frac{S_0 - S_u}{S_0} \times 100\%$$

式中：S_0——拉伸试样原始横截面面积，mm^2；

S_u——拉伸试样拉断处的横截面积，mm^2。

材料的断后伸长率 A 和断面收缩率 Z 的数值越大，则表示材料的塑性越好。由于断面收缩率比断后伸长率更接近材料的真实应变，因而在塑性指标中，用断面收缩率比断后伸长率更为合理，但现有的材料塑性指标往往仍较多地采用断后伸长率。

材料的塑性对进行冷塑性变形加工的工件有重要的作用。此外，在工件使用中如果出现过载时，由于能发生一定的塑性变形，而不致突然破坏，也起到一定的安全作用。同时，在工件的应力集中处，塑性能起到削减应力峰（局部的最大应力）的作用，从而保证工件不致突然断裂，这就是大多数工件除要求高强度外，还要求具有一定塑性的道理。

三、硬度

硬度是材料力学性能的一个重要指标，它体现了材料的软硬程度。目前生产中测定硬度方法最常用的是压入硬度法，它是用一定几何形状的压头在一定载荷下压入被测试的材料表面，根据被压入程度来测定其硬度值。用同样的压头在相同大小载荷作用下压入材料表面时，若压入程度越大，则材料的硬度值越低；反之，硬度值就越高。因此，压入法所表示的硬度是指材料表面抵抗更硬物体压入的能力。

在材料制成的半成品和成品的质量检验中，硬度是标志产品质量的重要依据。常用的硬度有布氏、洛氏、维氏、显微硬度等。

1. 布氏硬度

布氏硬度试验法是用一直径为 D 的淬火钢球（或硬质合金球），在规定载荷 P 的作用下压入被测试材料的表面，如图 1-4 所示，停留一定时间，然后卸除载荷，测量钢球（或硬质合金球）在被测试材料表面上所形成的压痕直径 d，由此计算出压痕面积，进而得到所承受的平均应力值，以此作为被测试材料的硬度，称为布氏硬度值，记作 HB。

$$HB = \frac{F}{S} = \frac{2F}{\pi D (D - \sqrt{D^2 - d^2})}$$

式中：F——试验力，N；

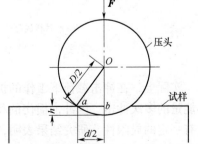

图 1-4 布氏硬度试验原理示意图

D——球体直径，mm；

d——压痕的平均直径，mm。

在进行布氏硬度试验时，当用淬火钢球作为压头时，用 HBS 表示，适用于布氏硬度值低于 450 的材料；当用硬质合金球作为压头时，用 HBW 表示，适用于布氏硬度值为 450～650 的材料。

布氏硬度试验的压痕面积较大，能反映出较大范围内被测试材料的平均硬度，故试验结果较精确，但操作烦琐。该方法适用于退火钢、正火钢，特别是对于组织比较粗大且不均匀的材料（如铸铁、轴承合金等），更是其他硬度试验方法所不能代替的。

2. 洛氏硬度

在先后两次施加载荷（初载荷 F_0 及总载荷 F）的条件下，将标准压头（金刚石圆锥或钢球）压入试样表面，然后根据压痕的深度来确定试样的硬度。

洛氏硬度的测定操作迅速、简便，压痕面积小，适用于成品检验，硬度范围广，但由于接触面积小，当硬度不均匀时，数值波动较大，需多打几个点取平均值。必须注意，不同方法、级别测定的硬度值无可比性，只有查表转换成同一级别后，才能比较硬度值的高低。

四、冲击韧性

机械零部件在工作过程中不仅受到静载荷和变动载荷的作用，而且往往受到不同程度的冲击载荷作用，如冲床、铆钉等。在工程上，将金属材料在断裂前吸收塑性变形功和断裂功的能力，称为金属材料的韧性，也称为冲击韧性，一般用吸收能量（符号为 K，单位为 J）表示。为了测定金属材料的吸收能量，通常采用冲击试验。

冲击韧性的测定一般是用一次摆锤冲击实验来测定，如图 1-5 所示。

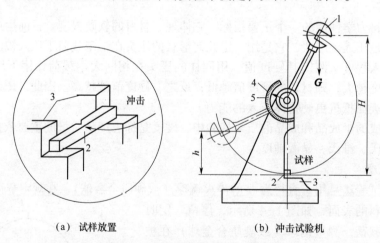

（a）试样放置　　　　　（b）冲击试验机

图 1-5　摆锤冲击实验示意图

实际上，在冲击载荷下工作的机械零件很少是受大能量一次冲击而破坏的，往往是经受小能量的多次冲击，因冲击损伤的积累引起裂纹扩展而造成断裂，故用 K 值来反映冲击韧性有一定的局限性。研究结果表明，金属材料承受小能量多次重复冲击的能力取决于材料强度和塑性的综合性指标。

五、疲劳强度

1. 疲劳及疲劳强度

疲劳是指在变动载荷的作用下，零件经过较长时间工作或多次应力循环后所发生的突然断裂现象。变动应力通常包括交变应力和重复应力。交变应力是指应力的大小和方向随着时间周期性变化的应力。变动应力的变化可以是周期性的、规律的变化，也可以是无规律的变化。许多零件如齿轮、曲轴、弹簧和滚动轴承等，都是在交变应力下工作的。据统计，在各类断裂失效中，80%是由于各种不同类型的疲劳破坏所造成的。

疲劳断裂具有突然性，因此危害很大。疲劳断裂的特点如下。

（1）疲劳断裂是一种低应力脆断，断裂应力低于材料的屈服强度，甚至低于材料的弹性极限。

（2）在断裂前，零件没有明显的塑性变形，即使断裂后，伸长率 A 和断面收缩率 Z 很高的塑性材料同样没有明显的塑性变形。

（3）疲劳断裂对材料的表面和内部缺陷非常敏感，疲劳裂纹常在表面缺口（如螺纹、刀痕和油孔等）、脱碳层、夹渣物、碳化物及孔洞等处形成。

产生疲劳的原因，往往是由于零件应力高度集中的部位或材料本身强度较低的部位，在交变应力作用下产生了疲劳裂纹，并随着应力循环周次的增加，裂纹不断扩展，使零件有效承载面积不断减小，最后突然断裂。零件疲劳失效的过程可分为疲劳裂纹产生、疲劳裂纹扩展和瞬时断裂 3 个阶段。

疲劳强度是用来表示材料抵抗疲劳的能力。疲劳强度是通过测定材料在重复的交变载荷（钢的交变次数为 $10^6 \sim 10^7$ 周次、有色金属的交变次数为 $10^7 \sim 10^8$ 周次）作用下而无断裂的最大应力来得到的，用 σ_{-1} 表示。

2. 提高疲劳强度的途径

材料的疲劳强度与很多因素有关，为了提高材料的疲劳强度，应改善零件的结构形状以避免应力集中；提高零件表面加工光洁度；尽可能减少各种热处理缺陷（如脱碳、氧化、淬火裂纹等）；采用表面强化处理，如化学热处理、表面淬火、表面喷丸和表面滚压等强化处理，使零件表面产生残余压应力，从而能显著提高零件的疲劳抗力。

■ 任务实施

分别计算材料的 R_m、A 和 Z，与应该符合的条件进行比较，做出判断。

【知识扩展】

一、金属材料的物理、化学性能

随着机械与电控技术在产品中的结合越来越紧密，材料的物理性能也越来越受到重视。金属材料在机械制造过程中，对化学性能也有一定的要求，尤其是要求耐高温、耐腐蚀的零件。

材料的物理性能主要是材料的密度、熔点、电性能、磁性能、光性能、热性能等。这些性能多数取决于材料的原子结构、原子排列和晶体结构。

金属材料的主要化学性能有耐腐蚀性、抗氧化性及化学稳定性等。

金属材料的物理性能、
化学性能、工艺性能

二、金属材料的工艺性能

金属材料的工艺性能是指在零件的生产制造过程中，为了能顺利地进行成形加工，金属材料应具备的适应某种加工工艺的能力，是物理、化学、机械性能的综合。它是决定金属材料能否进行加工或如何进行加工的重要因素。金属材料的工艺性能好坏，会直接影响零件的制造方法、零件的质量和制造成本。在设计零部件和选择工艺方法时，为了使工艺简单，产品质量好、成本低，必须要考虑金属材料工艺性能是否良好的问题。金属材料的工艺性能主要包括铸造性能、可锻性能、焊接性能、切削加工性能和热处理性能。

 复习思考题

1. 金属材料的力学性能包括哪些指标？说明各自的含义。
2. 材料的弹性模量 E 的工程含义是什么？它和零件的刚度有何关系？
3. 设计刚度好的零件，应根据何种指标选择材料？材料的弹性模量 E 越大，则材料的塑性越差。这种说法是否正确？为什么？
4. 常用的硬度测试方法有几种？用这些方法测出的硬度值能否进行比较？
5. 疲劳破坏是怎样形成的？提高零件疲劳寿命的方法有哪些？
6. 冲击韧性是表示材料何种性能的指标？为什么在设计中要考虑这种指标？
7. 金属材料的工艺性能包含哪些方面？
8. 黄铜轴套和硬质合金刀片采用什么硬度测试法较合适？

项目 2

金属材料组织结构的认知

【项目引入】

纯铜、纯铝较软，而钢却很硬。这说明了什么问题？为什么？

【项目分析】

不同的金属材料具有不同的力学性能，即使同一种金属材料，在不同的条件下其力学性能也是不同的。金属力学性能的这些差异，从本质上来说，是由其内部结构所决定的。因此，掌握金属的内部结构及其对金属性能的影响，对于选用和加工金属材料，具有非常重要的意义。

本项目主要学习：

金属材料的晶体结构，包括金属的理想晶体结构、金属的实际晶体结构、合金的晶体结构、金属的结晶过程及理论、二元合金相图、金属的同素异构转变；铁碳合金状态图，包括铁碳合金的基本知识、铁碳合金相图、典型铁碳合金的结晶过程分析、含碳量与铁碳合金组织和性能的关系、Fe-Fe$_3$C 相图在工业中的应用。

1. 知识目标
◆ 掌握材料的晶体结构与非晶体结构的结构特点。
◆ 掌握合金晶体结构的基本类型，理解强化的机理。
◆ 熟悉金属的结晶过程，掌握二元合金相图。
◆ 掌握铁碳合金的结晶过程、碳含量对铁碳合金组织和性能的影响。
◆ 掌握铁碳相图的应用。

2. 能力目标
◆ 能够分析晶粒大小对金属力学性能的影响。
◆ 能够根据相图分析合金成分、组织和性能之间的关系。
◆ 能够分析含碳量对铁碳合金组织和性能的影响，正确应用铁碳合金状态图。

3. 素质目标

培养良好的质量意识和严谨的科学态度。

4. 工作任务

任务 2-1　金属材料晶体结构的认知

任务 2-2　铁碳合金状态图的应用

大国工匠：在金属上
进行雕刻的艺术

材料的结构是指当材料组成单元之间平衡时的空间排列方式。材料的结构从宏观到微观可分为不同的层次，即宏观组织结构、显微组织结构和微观结构。宏观组织结构是指用肉眼或放大镜能够观察到的结构，如晶粒、相的集合状态等。显微组织结构，又称亚微观结构，是借助光学显微镜或电子显微镜能观察到的结构，其尺寸为 $10^{-7} \sim 10^{-4}$ m。材料的微观结构是指其组成原子（或分子）间的结合方式及组成原子在空间的排列方式。本项目重点讲述材料的微观结构。

任务 2-1　金属材料晶体结构的认知

■ 任务引入

为什么说不同的金属与合金的性能差异从本质上讲是由其内部结构所决定的？

■ 任务目标

掌握金属的晶体结构、多晶体结构、晶体缺陷和金属的同素异构转变，掌握金属的结晶及细化晶粒的方法，能够分析晶粒大小对金属力学性能的影响。掌握合金晶体结构的基本类型，理解强化的机理，通过分析二元相图，掌握冷却曲线与相变点的意义，了解二元合金相图的三种类型，能够根据相图分析合金成分、组织和性能之间的关系。

■ 相关知识

一、金属的理想晶体结构

1. 晶体和非晶体

固体物质按其原子（或分子）的聚集状态而分为两大类：晶体和非晶体。晶体是原子（或分子）在三维空间做有规律的周期性重复排列的固体，非晶体是由原子（或分子）无规则地堆砌而成的。常用的固态金属与合金都是晶体，而普通玻璃、沥青、松香等物质是非晶体。

晶体具有下列特点。

（1）具有规则的外形。晶体在一般情况下应具有规则的外形，如天然金刚石、水晶和食盐等。但有时外形也不一定是规则的，这与晶体的形成条件有关。所以不能仅从外形来判断是否是晶体，而应该从其内部原子或分子的排列情况来确定。

（2）有固定的熔点。任何一种晶体物质，当加热到一定温度时就要熔化。各种晶体物质都有各自的熔点。如铁的熔点为 1 538 ℃，铜的熔点为 1 084.5 ℃，铝的熔点为 660.4 ℃等。而非晶体则没有固定的熔点。

（3）具有各向异性。在同一种晶体物质中的不同方向上，具有不同的性能，称为各向异性。

非晶体没有固定的熔点，且各向同性。

在一定条件下晶体和非晶体也是可以相互转化的。如非晶体玻璃在高温下长时间加热可以变为晶态玻璃，即钢化玻璃。而有些金属如从液态快速冷却，也可以制成非晶态金属。和晶态金属相比，非晶态金属有很高的强度和韧性等。

值得注意的是，某些晶体即使是由相同元素组成的，如其排列方式不同，即晶体结构不同，它们的性能往往也有很大差异。如金刚石和石墨，虽然都是由碳原子组成的，可是由于两者的原子排列方式不同，它们的性能便相差很大。金刚石很硬，而石墨却很软。

在金属晶体中，原子是按一定的几何规律以周期性规则排列的。为了便于研究，人们把金属晶体中的原子近似地设想为刚性小球，这样就可将金属看成是由刚性小球按一定的几何规则紧密堆积而成的晶体，如图 2-1 所示。

2. 晶格

为了清楚地表明原子在空间排列的规律性，常常将构成晶体的实际质点（原子、分子或离子）忽略，而将它们抽象为纯粹的几何点，称之为阵点（或结点）。这些阵点可以是原子或分子的中心，也可以是彼此等同的原子群或分子群的中心，但各个阵点的周围环境都必须相同。为使观察方便，可作许多平行的直线将这些阵点连接起来，构成一个三维的空间格架，如图 2-2 所示，这种用以描述晶体中原子（离子或分子）排列规则的空间格架称为空间点阵，简称点阵或晶格。

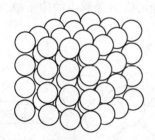

图 2-1　晶体的原子堆垛模型

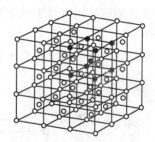

图 2-2　晶格的抽象模型

3. 晶胞

在晶体中原子按规则重复性排列，人们把晶格中能代表原子排列规则的、由最少数目的原子组成的几何单元称为晶胞。整个晶体都是由相同晶胞周期性地排列而成的，如图 2-3 所示。

4. 晶格常数

晶胞的大小和形状常以晶胞的棱边长度 a、b、c 及棱边夹角 α、β、γ 表示。晶胞的棱边长度一般称为晶格常数（或点阵常数），晶胞的棱边夹角称为晶轴间夹角，如图 2-4 所示。

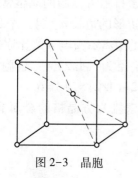

图 2-3　晶胞

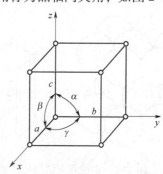

图 2-4　晶格常数与晶轴间夹角

5. 金属晶格的基本类型

自然界中有成千上万种晶体，它们的晶体结构各不相同。工业上使用的金属元素中，除了少数具有复杂的晶体结构外，绝大多数都具有比较简单的晶体结构，其中最典型、最常见的金属晶体结构有体心立方、面心立方和密排六方结构 3 种类型，其中体心立方、面心立方属于立方晶系，密排六方属于六方晶系。

1）体心立方晶格

体心立方晶格的晶胞如图 2-5 所示。晶胞的 3 个棱边长度相等。3 个轴间夹角均为 90°，构成立方体。晶胞的 8 个角上各有一个原子，在立方体的中心还有一个原子，因其晶格常数 $a = b = c$，故通常只用一个常数 a 即可表示。

在立方晶胞中，每个顶点上的原子同时属于 8 个晶胞所共有，故只有 1/8 个原子属于这个晶胞。晶胞中心的原子完全属于这个晶胞，所以体心立方晶胞中的原子数为 $8 \times (1/8) + 1 = 2$。

属于体心立方晶格的金属有 α-Fe、Cr、Mo、W、V 等。

2）面心立方晶格

面心立方晶格的晶胞如图 2-6 所示。在晶胞的 8 个角上各有一个原子，晶胞的 3 个棱边长度相等，3 个轴间夹角均为 90°，构成立方体，在立方体 6 个面的中心也各有一个原子。位于面心位置的原子同时属于两个晶胞所共有，因此，面心立方晶胞中的原子数为 $(1/8) \times 8 + (1/2) \times 6 = 4$。

属于面心立方晶格的金属有 γ-Fe、Cu、Al、Ag、Ni 等。

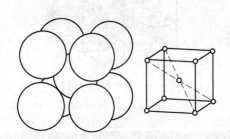

图 2-5 体心立方晶胞

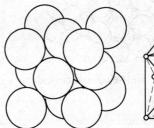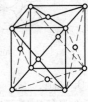

图 2-6 面心立方晶胞

3）密排六方晶格

密排六方晶格的晶胞如图 2-7 所示。晶胞的 12 个角各有一个原子，构成六方柱体，上、下底面的中心各有一个原子，晶胞内还有 3 个原子。密排六方晶胞的晶格常数有两个：一是正六边形的边长 a，另一个是上、下两底面之间的距离 c，c 与 a 之比称为轴比。此时原子半径为 $(1/2)a$。晶胞原子数为 $(1/6) \times 12 + (1/2) \times 2 + 3 = 6$。

属于密排六方晶格的金属有 Zn、Mg、α-Ti 等。

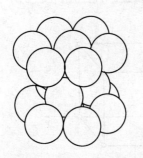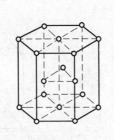

图 2-7 密排六方结构的晶胞

二、金属的实际晶体结构

如果一块晶体，当其内部的晶格位向完全一致时，则称这块晶体为"单晶体"，以上的讨论所指的都是这种单晶体中的情况。在工业生产中，只有经过特殊制作才能获得单晶体，实际使用的金属材料一般都是多晶体，而且内部还存在多种晶体缺陷。

1. 金属的多晶体结构

实际使用的工业金属材料，即使体积很小，其内部仍包含了许许多多颗粒状的小晶体，每个小晶体内部的晶格位向是一致的，而各个小晶体彼此间位向都不同，如图 2-8（a）所示，这种外形不规则的小晶体通常称为"晶粒"。晶粒与晶粒之间的界面称为"晶界"。这种实际上由许多晶粒组成的晶体结构称为"多晶体"结构。晶粒的尺寸是很小的，如钢铁材料的晶粒一般在 $10^{-3} \sim 10^{-1}$ mm，故只有在金相显微镜下才能观察到。如图 2-8（b）所示，就是在金相显微镜下所观察到的纯铁的晶粒和晶界。这种在金相显微镜下所观察到的金属组织，称为"显微组织"或"金相组织"。

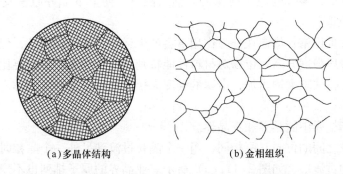

(a)多晶体结构   (b)金相组织

图 2-8 多晶体结构示意图及纯铁的显微组织

2. 金属的晶体缺陷

随着科学研究的日益进展，人们发现在实际金属晶体中，一个晶粒的内部，其晶格位向也并不是像理想晶体那样完全一致，而是存在许多尺寸更小、位向差也很小的小晶块，它们相互嵌镶成一颗晶粒，这些小晶块称为亚结构（或称亚晶粒、嵌镶块）。在亚结构内部，晶格的位向是一致的。两相邻亚结构间的边界称为亚晶界。因亚结构组织尺寸较小，故常须在高倍显微镜或电子显微镜下才能观察得到。此外，除亚结构外，金属中还存在大量的各种各样的晶体缺陷。根据晶体缺陷的几何形态特征，可分为以下 3 类。

1）点缺陷

在实际晶体结构中，有时晶格的某些结点未被原子所占有，这种空着的位置称为"晶格空位"；同时又可能在个别晶格空隙处出现多余的原子，这种原子称为"间隙原子"，如图 2-9 所示。晶格空位和间隙原子是最常见的点缺陷的形式。

晶格空位和间隙原子不是固定不变的，原子在热运动过程中，摆脱晶格对其的束缚，脱离其平衡振动位置，跳到晶界处或晶格间隙处形成间隙原子或跳到结点上形成置换原子。随温度升高，原子跳动加剧，点缺陷增多。点缺陷的存在会使晶格发生畸变，从而使金属强度、硬度升高，电阻增大。这对热处理和化学热处理过程都是极为重要的。

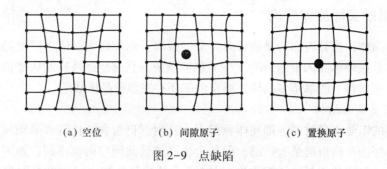

(a) 空位　　　　　　(b) 间隙原子　　　　　　(c) 置换原子

图 2-9　点缺陷

2）线缺陷

常见的线缺陷是晶格中的"位错线"或简称"位错"，是指三维尺寸上某一方向尺寸较大，另两个方向尺寸很小的晶体缺陷，在晶体中呈线状分布。刃型位错是一种简单的位错，如图 2-10 所示，晶体某个晶面上下两部分的原子排列数目不等，就好像沿着某个晶面插入一个半原子平面，多余的原子面像刀刃插入晶体，使上下部分原子发生相对滑动而错排，故称"刃型位错"。

金属中存在大量位错，位错在外力作用下会产生运动、堆积和缠结，位错附近区域产生晶格畸变，造成金属强度升高。位错对材料性能特别是力学性能的影响要比点缺陷大，冷塑性变形使晶体中位错缺陷大量增加，金属的强度大幅度提高，这种方法称为形变强化。

3）面缺陷

面缺陷主要指金属中的晶界和亚晶界。

多晶体各晶粒之间的位向互不相同，当一个晶粒过渡到另外一个晶粒时，必然有一个原子排列在无规则的过渡层，如图 2-11（a）所示。亚晶界的原子排列也不规则，也产生晶格畸变，如图 2-11（b）所示。因此，晶界和亚晶界的存在会使金属强度提高，同时还使塑性、韧性改善，称为细晶强化。

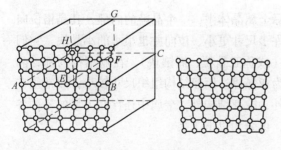

图 2-10　刃型位错

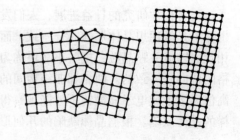

图 2-11　面缺陷

综上所述，凡晶体缺陷处及其附近均有明显的晶格畸变，因而会引起晶格能量的提高，并使金属的物理、化学和机械性能发生显著的变化，如晶界和亚晶界越多，位错密度越大，金属的强度便越高。

三、合金的晶体结构

虽然纯金属具有良好的导电性、导热性、塑性等，但由于其强度、硬度较低，所以远远不能满足生产实际的需要，另外其价格较高，因此在生产中往往在纯金属中加入适量的合金元素来改变和提高它的性能。

合金：由两种或两种以上的金属元素或金属元素与非金属元素组成的，具有金属特性的物质称为合金。例如，黄铜是由铜和锌组成的合金；碳钢和铸铁也是合金，主要由铁和碳组成。

组元：组成合金最基本的独立物质称为组元。组元可以是金属元素、非金属元素和稳定的化合物。铁碳合金中的铁元素和碳元素是组元，铜锌合金中的铜元素和锌元素是组元。

二元合金：由两个组元组成的合金称为二元合金。一系列相同组元组成的不同成分的合金称为合金系。根据组元数的多少，可分为二元合金、三元合金等。

相：合金中具有同一化学成分且结构相同的均匀部分叫作相。合金中相和相之间有明显的界面。若合金是由成分、结构都相同的同一种晶粒构成的，各晶粒间虽由界面分开，但它们仍属于同一种相；若合金是由成分、结构都不相同的几种晶粒构成的，则它们将属于不同的几种相。

组织：组织是观察到的在金属及合金内部组成相的大小、方向、形状、分布及相互结合状态。只有一种相组成的组织为单相组织，由两种或两种以上相组成的组织为多相组织。纯金属在固态下只有一种相，但合金在固态下不一定是一种相，多数是两种或两种以上的相。

根据结晶时组元间相互作用的不同，合金的相结构可分为固溶体、金属化合物、机械混合物等类型。

1. 固溶体

当合金由液态结晶为固态时，组成元素间会像合金溶液那样互相溶解，形成一种在某种元素的晶格结构中包含有其他元素原子的新相，称为固溶体。合金中晶格形式被保留的组元称为溶剂，溶入固溶体中失去其原有晶格类型的组元是溶质。固溶体的晶格形式与溶剂组元的晶格相同。

根据溶质原子在溶剂晶格中所占位置的不同，可将固溶体分为置换固溶体和间隙固溶体，如图 2-12 所示。若根据组元相互溶解能力的不同，固溶体又可分为有限固溶体和无限固溶体。

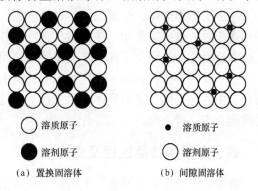

○ 溶质原子　　　● 溶质原子

● 溶剂原子　　　○ 溶剂原子

（a）置换固溶体　　　（b）间隙固溶体

图 2-12　固溶体的类型

1）置换固溶体

当溶质原子代替一部分溶剂原子而占据溶剂晶格中的某些结点位置时，所形成的固溶体称为置换固溶体。置换固溶体可以是有限固溶体，也可以是无限固溶体。一般来说，溶质原子和溶剂原子直径差别越小，则溶解度越大；两者在周期表中的位置越靠近，则溶解度也越大；如果上述条件能很好地满足，而且溶质与溶剂的晶格结构也相同，则这些组元往往能无限互相溶解，即可以任何比例形成置换固溶体，这种固溶体称为无限互溶固溶体。如铁和铬、铜和镍便能形成无限固溶体。反之，若不能很好地满足上述条件，则溶质在溶剂中的溶解度是有限的，这种固溶体称为有限固溶体，如铜和锌、铜和锡都能形成有限固溶体。有限固溶体的溶解度还与温度有密切关系，一般温度越高，溶解度越大。

2）间隙固溶体

溶质原子进入溶剂晶格的间隙并不占据结点的位置而形成的固溶体称为间隙固溶体。当溶质原子半径远小于溶剂原子半径，一般地，当溶质原子半径与溶剂原子半径之比≤0.59时，则形成间隙固溶体。在金属材料的相结构中，形成间隙固溶体的例子很多，如碳钢中碳原子溶入 α-Fe 晶格空隙中形成的间隙固溶体，称为铁素体；碳原子溶入 γ-Fe 晶格空隙中形成的间隙固溶体称为奥氏体。由于溶剂晶格的间隙是有限的，所以间隙固溶体只能是有限固溶体。

由于溶质原子的溶入，引起溶剂晶格发生歪扭和畸变，使合金的强度、硬度上升，塑性、韧性下降的现象，称为固溶强化。所以对综合机械性能要求较高的结构材料，几乎都是以固溶体作为最基本的组成相。可是，通过单纯的固溶强化所达到的最高强度指标仍然有限，仍不能满足人们对结构材料的要求，因而在固溶强化的基础上须再补充进行其他的强化处理。

2. 金属化合物

金属化合物是合金的各组元之间发生相互作用而形成的具有金属性质的一种新相。它具有不同于任一组元的复杂的晶格类型，其组成一般可用分子式来表示，例如，铁碳合金中的 Fe_3C。金属化合物的性能与各个组元的性能有显著的不同，一般具有高熔点，高硬度，而塑性及韧性极差，因此可利用它来提高合金的强度、硬度和耐磨性。在生产中，常通过压力加工和热处理等方法，改变金属化合物在合金中的形状、大小及分布，使其与固溶体适当配合来调节合金的性能。

3. 机械混合物

纯金属、固溶体、金属化合物都是组成合金的基本相，由两个或两个以上基本相组成的多相组织称为机械混合物。在机械混合物中各相仍保持它们原有的晶格类型和性能，而整个机械混合物的性能则介于各个组成相性能之间，与各组成相的性能及各相的数量、形状、大小和分布状况等密切相关，在机械工程材料中使用的合金材料，绝大多数是机械混合物。铁碳合金中的珠光体就是固溶体（铁素体）和金属化合物（渗碳体）组成的机械混合物，它的性能介于二者之间。

四、金属的结晶过程及理论

物质的三态在一定的条件下可以互相转化。通常把物质从液态转化为固态的过程统称为凝固。由于材料不同，甚至冷却条件不同，凝固后得到的固态物质可能是晶体，也可能是非晶体。

1. 晶体的结晶

如果通过凝固能形成晶体结构，则可称为"结晶"。凡纯元素（金属或非金属）的结晶都具有一个严格的"平衡结晶温度"，高于此温度便发生熔化；低于此温度才能进行结晶；当处于平衡结晶温度时，液体与晶体同时共存，达到可逆平衡。而一切非晶体物质则无此明显的平衡结晶温度，凝固总是在某一温度范围逐渐完成。

要使液体进行结晶，就必须使其实际结晶温度（T_n）低于理论结晶温度（T_m）才行，实际结晶温度与理论结晶温度之间的温度差（ΔT）叫"过冷度"。金属液体的冷却速度越大，过冷度便越大；而过冷度越大，结晶倾向越大。将欲测定的金属首先加热熔化，而后以缓慢的速度进行冷却（冷速越慢，测得的实际结晶温度便越接近于理论结晶温度），当冷却时，将温度随时间变化的曲线记录下来，便可得到图 2-13 所示的"冷却曲线"。冷却曲线出现水平台阶的温度即为实际的结晶温度。

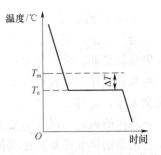

图 2-13　纯金属结晶时冷却曲线

实际上，金属总是在过冷的情况下结晶的，但同一金属在结晶时的"过冷度"不是一个恒定值，它与冷却速度有关。当结晶时冷却速度越大，过冷度就越大，即金属的实际结晶温度就越低。

2. 金属的结晶过程

纯金属的结晶过程是在冷却曲线上平台所经历的这段时间内发生的，在此过程中晶核不断形成并不断成长，如图 2-14 所示。

图 2-14　金属结晶过程示意图

实验证明，液态金属中总是存在许多类似于晶体中原子有规则排列的小集团。在理论结晶温度以上，这些小集团是不稳定的，时聚时散，此起彼伏。当低于理论结晶温度时，这些小集团中的一部分就成为稳定的结晶核心，称为晶核。随着时间的推移，已形成的晶核不断成长，同时液态金属中又会不断地产生新的晶核并不断成长，直至液态金属全部消失，晶体彼此相互接触为止，所以一般纯金属是由许多晶核长成的外形不规则的晶粒和晶界所组成的多晶体。

金属结晶后是由许多晶粒组成的多晶体，而晶粒的大小是金属组织的重要标志之一，实验证明，晶粒大小对金属的机械性能、物理性能及化学性能均有很大影响。一般情况下，晶粒越细小，金属的强度就越高，塑性和韧性也越好。

为了提高金属的机械性能，必须要控制金属结晶后晶粒的大小，主要途径有以下几种。

1）增加过冷度

当金属结晶时的冷却速度越大，其过冷度便越大。在一般过冷度下，晶核的形核速度大于晶核生长速度，因此使单位体积中晶粒数目增多，故晶粒变细。

2）变质处理

在液态金属结晶前，加入一些细小的变质剂，使金属在结晶时的晶核形核速度增加或生长速度降低，这种细化晶粒的方法，称为变质处理。此法广泛用于工业生产上，例如，向钢中加入钛、硼、铝等；向铸铁中加入硅、钙等；向铝-硅合金中加入钠或钠盐等。

3）附加振动的影响

当金属结晶时，如对液态金属附加机械振动、超声波振动、电磁振动等措施，由于振动能使液态金属运动加速，造成枝晶破碎，这就不仅可以使已成长的晶粒因破碎而细化，而且破碎的枝晶可以起晶核作用，增加形核率，所以，附加振动也能使晶粒细化。

3. 非晶体的凝固

若凝固后的物质不是晶体，而是非晶体，那就不能称为结晶，只能称为凝固。玻璃、部分高聚物就是非晶体，或者称为非晶态。相对晶态而言，非晶态是物质的另一种结构状态，是一种长程无序、短程有序的混合结构。总体上讲，这种结构中有的原子排列无规则，但并非完全无序，近邻原子排列又有一定规律。因此，非晶固态物质（非晶体）表现出各向同性。非晶体的凝固与晶体的结晶都是由液态转化为固态，但本质上又有区别。非晶体的凝固实质上是靠熔体黏滞系数连续加大而完成的，即非晶体固态可以看作黏滞系数很大的"熔体"，需在一个温度范围内逐渐完成凝固。

4. 合金的结晶

合金的结晶与金属的结晶有许多相同的规律，但由于合金元素的相互作用，其结晶过程要比纯金属复杂得多。

合金在结晶之后既可获得单相的固溶体组织，亦可得到单相的化合物组织（这种情况少见），但更为常见的是得到由固溶体和化合物或几种固溶体组成的多相组织。

在同一个合金系中，合金的组织随化学成分和温度的不同而变化，用来表示在平衡条件下合金的相和组织状态随合金成分、温度变化的坐标图形称为合金相图，又称合金状态图或合金平衡图。相图上所表示的组织都是在十分缓慢冷却的条件下获得的，都是接近平衡状态的组织。所谓"相平衡"，是指在合金系中，当参与结晶或相变过程的各相之间的相对质量和相对浓度不再改变时所达到的一种平衡状态。

根据合金相图，不仅可以看到不同成分的合金在室温下的平衡组织，而且还可以了解它从高温液态以极缓慢冷却速度冷却到室温所经历的各种相变过程，同时相图还能预测其性能的变化规律。

五、金属的同素异构转变

有些金属在结晶成固态后继续冷却时，随着温度的变化，晶格形式还会发生变化，在固态下存在两种以上的晶格形式。

金属在固态下随着温度的改变，由一种晶格转变为另一种晶格的现象，称为同素异构转变。具有同素异构转变的金属有铁、钴、钛、锡、锰等。以不同晶格形式存在的同一金属元素的晶体，称为该金属的同素异晶体。如图 2-15 所示。

由纯铁的冷却曲线可见，当液态纯铁在 1 538 ℃进行结晶时，是具有体心立方晶格的 δ-Fe，当冷却到 1 394 ℃时发生同素异构转变，由体心立方晶格 δ-Fe 转变为面心立方晶格的 γ-Fe，当再冷却到 912 ℃时又发生同素异构转变，由面心立方晶格 γ-Fe 转变为体心立方晶格的 α-Fe，直至冷却到室温，晶格的类型不再发生变化。这种转变过程可以用下式表示：

$$\delta\text{-Fe} \xrightarrow{1\ 394\ ℃} \gamma\text{-Fe} \xrightarrow{912\ ℃} \alpha\text{-Fe}$$

（体心立方晶格）（面心立方晶格）（体心立方晶格）

同素异构转变是钢铁进行热处理的重要理论依据。金属发生同素异构转变与液态金属的结晶过程有相似之处，具体如下。

（1）同素异构转变是在一定温度下发生的转变；转变的过程也是一个形核和晶核长大的过程。

（2）当同素异构转变时有过冷的现象，具有较大的过冷度；还有结晶潜热产生，在冷

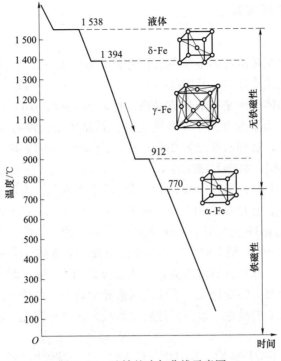

图 2-15　纯铁的冷却曲线示意图

却曲线上出现水平线段。

（3）同素异构转变属于固态相变，当晶格变化时金属体积也变化，同时会产生较大的内应力等。

（4）采取控制冷却速度，可以改变同素异构转变后的晶粒大小，改变金属的性能。

■ **任务实施**

不同的金属与合金具有不同的性能，这种性能差别的主要原因是由于材料内部具有不同的组织和结构。

任务 2-2　铁碳合金状态图的应用

■ **任务引入**

人们为什么用低碳钢钢丝捆扎物体，而用高碳钢钢丝起吊重物？

■ **任务目标**

熟悉铁碳合金中基本相的组成和性能，掌握铁碳合金状态图、铁碳合金的结晶过程及铁碳相图的应用，能够分析含碳量对碳素钢组织和性能的影响，正确应用铁碳合金状态图。

■ **相关知识**

铁和碳的合金称为铁碳合金，如钢和铸铁都是铁碳合金。要掌握各种钢和铸铁的组织、性能及加工方法等，必须首先了解铁碳合金中的化学成分、组织和性能之间的关系。铁碳合金相图是研究铁碳合金组织与成分、温度关系的重要图形，了解和掌握它对制定钢铁的各种加工工艺都有重要的作用。

一、铁碳合金的基本知识

1. 工业纯铁

工业纯铁的显微组织是由许多不规则的多边形小晶粒所组成的。纯铁具有"同素异构"转变，即在固态下加热或冷却时，其内部结构发生变化，从一种晶格转变为另一种晶格。

纯铁在室温下的晶体结构是体心立方晶格，称之为 α-Fe，α-Fe 具有良好的塑性，同时具有良好的导磁性能。当温度升到 770 ℃ 稍上时，其晶体结构没有变化，仍是体心立方晶格，但铁已失去了磁性，这种铁称之为 β-Fe；由于当 α-Fe→β-Fe 时，晶格未发生变化，故 β 铁不属于同素异构转变，而称为磁性转变。

当温度升高到 912 ℃ 时，纯铁内部的晶体结构发生了变化，由体心立方晶格转变为面心立方晶格，称之为 γ-Fe，它存在于 912～1 394 ℃。由于 γ-Fe 和 α-Fe 的晶体结构不同，性能也不同，γ-Fe 的塑性比 α-Fe 还要好，γ-Fe 无磁性，γ-Fe 的溶碳能力也大。

当温度继续升到 1 394 ℃ 稍上时，铁的晶格又由面心立方转变为体心立方，无磁性，它存在于 1 394～1 538 ℃，这种铁称之为 δ-Fe。当温度超过 1 538 ℃ 时，纯铁熔化成铁水。

由上可知，纯铁随温度的变化发生了两次同素异构转变。纯铁的同素异构转变也遵循结晶的一般规律，即在旧相的晶界上形核，然后逐渐长大，直至转变完成。

2. 铁碳合金

一般来讲，铁从来不会是纯的，其中总会有杂质。工业纯铁中常含有 0.10%～0.20% 的杂质。这些杂质由碳、硅、锰、硫、磷、氮、氧等十几种元素所构成，其中碳占 0.006%～0.02%。工业上得到广泛应用的是铁和碳所组成的合金，铁碳合金中最基本的相是铁素体、奥氏体和渗碳体，另外还有珠光体、莱氏体。

（1）铁素体：碳在 α-Fe 中形成的间隙固溶体称为铁素体，用符号 F 表示。碳在 α-Fe 中的溶解度很低，在室温下仅溶碳 0.006%～0.008%，在 727 ℃ 时，溶碳量可达 0.021 8%。因此，铁素体的机械性能与纯铁相近，其强度、硬度较低，但具有良好的塑性、韧性。

（2）奥氏体：碳在 γ-Fe 中形成的间隙固溶体称为奥氏体，用符号 A 表示。其溶碳能力比 α-Fe 也大，在 727 ℃ 时，溶碳量为 0.77%，到 1 148 ℃ 时可到最大溶碳量 2.11%。奥氏体无磁性，通常存在于高温（727 ℃ 以上），它塑性好，变形抗力小，易于锻造成形。

（3）渗碳体：渗碳体是一种具有复杂晶体结构的间隙化合物，它的分子式为 Fe_3C，渗碳体既是组元，又是基本相。渗碳体的含碳量为 6.69%，没有同素异构转变，它的硬度很高，约为 800 HBW，塑性和冲击韧性很差（$\delta \approx 0$，$\alpha_k \approx 0$），渗碳体硬而脆，强度很低，但耐磨性好。如果它以细小片状或粒状分布在软的铁素体基体上时，起弥散强化作用，对钢的性能有很大影响。Fe_3C 是一个亚稳定的化合物，在一定温度下可分解为铁和石墨，即

$$Fe_3C \longrightarrow 3Fe + C(石墨)$$

（4）珠光体：用符号 P 表示，它是铁素体与渗碳体薄层片相间的机械混合物。珠光体的平均含碳量为 0.77%，力学性能介于渗碳体和铁素体之间。它的强度和硬度较高（$R_m = 770$ MPa，180 HBS），具有一定的塑性和韧性（$\delta \approx 20\%～35\%$，$A_k \approx 24～32$ J），是一种综合力学性能较好的组织。

（5）莱氏体：用符号 L_d 表示，是奥氏体和渗碳体所组成的共晶体。当莱氏体缓冷到 727 ℃ 时，其中的奥氏体将转变为珠光体，因此 727 ℃ 以下的莱氏体由珠光体和渗碳体组

成，称为低温莱氏体，用符号 L_d' 表示。莱氏体因含有大量的渗碳体，所以力学性能与渗碳体相近。

二、铁碳合金相图

1. 简化的铁碳合金相图

铁碳合金相图是表示在极缓慢冷却（或加热）条件下，不同成分的铁碳合金在不同的温度下所具有的组织或状态的一种图形。当碳含量超过溶解度以后，剩余的碳在铁碳合金中可能有两种存在方式：渗碳体 Fe_3C 或石墨。当碳含量（w_C）高于 6.69% 时的铁碳合金脆性极大，没有使用价值。在此只讨论含碳量低于 6.69% 的铁碳合金相图，如图 2-16 所示。

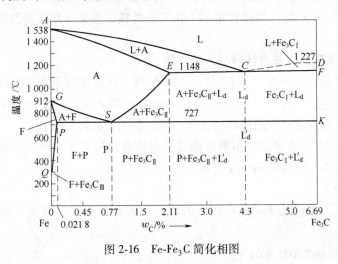

图 2-16 Fe-Fe$_3$C 简化相图

2. Fe-Fe$_3$C 相图分析

Fe-Fe$_3$C 相图中各特性点的温度、成分及其含义见表 2-1。

表 2-1 简化 Fe-Fe$_3$C 相图中的各特性点

特性点符号	温度/℃	w_C/%	含　义
A	1 538	0	熔点：纯铁的熔点
C	1 148	4.3	共晶点：发生共晶转变 $L_{4.3} \rightarrow L_d$（$A_{2.11\%}$ +Fe$_3$C 共晶）
D	1 227	6.69	熔点：渗碳体的熔点
E	1 148	2.11	碳在 γ-Fe 中的最大溶解度点
F	1 148	6.69	渗碳体的成分点
G	912	0	同素异构转变点
S	727	0.77	共析点：发生共析转变 $A_{0.77\%} \rightarrow P$（$F_{0.0218\%}$ +Fe$_3$C 共析）
P	727	0.021 8	碳在 α-Fe 中的最大溶解度点
K	727	6.69	共析点
Q	室温	0.000 8	室温下碳在 α-Fe 中的溶解度

3. 主要特性线

（1）AC 线：液体向奥氏体转变的开始线。即：L→A。

（2）CD 线：液体向渗碳体转变的开始线，结晶出一次渗碳体，用 Fe_3C_I 表示。即：$A→Fe_3C_I$。

ACD 线统称为液相线，在此线之上合金全部处于液相状态，用符号 L 表示。

（3）AE 线：液体向奥氏体转变的终了线。

（4）ECF 水平线：共晶线。

AECF 线统称为固相线，液体合金冷却至此线全部结晶为固体，此线以下为固相区。

（5）ES 线：又称 A_{cm} 线，是碳在奥氏体中的溶解度曲线。即：$A→Fe_3C_{II}$。

（6）GS 线：又称 A_3 线。当碳含量小于 0.77% 的铁碳合金冷却到此线时，将从奥氏体中析出铁素体。

（7）GP 线：奥氏体向铁素体转变的终了线。

（8）PSK 水平线：共析线（727 ℃），又称 A_1 线。在这条线上固态奥氏体将发生共析转变 $A_{0.77\%}→P（F_{0.0218\%}+Fe_3C）$ 而形成珠光体组织。所谓共析反应，即自某种均匀一致的固相中同时析出两种化学成分和晶格结构完全不同的新固相的转变过程。

（9）PQ 线：碳在铁素体中的溶解度曲线。当铁素体从 723 ℃ 冷却下来时将会析出渗碳体，称为三次渗碳体，用符号 Fe_3C_{III} 表示。

4. 铁碳合金分类

如果用"组织"来描述 $Fe-Fe_3C$ 相图的话，铁碳合金按其含碳量和组织的不同，分成下列 3 类。

（1）工业纯铁（<0.021 8%C）；

（2）钢（0.021 8%～2.11%C）：包括亚共析钢（<0.77%C）、共析钢（0.77%C）和过共析钢（>0.77%C）；

（3）白口铸铁（2.11%～6.69%C）：包括亚共晶白口铸铁（<4.3%C）、共晶白口铸铁（4.3%C）和过共晶白口铸铁（>4.3%C）。

三、典型铁碳合金的结晶过程分析

合金在结晶过程中，不但组织发生变化，合金的成分在液、固两相区中也在变化。下面通过研究 6 种典型合金结晶过程的组织变化来认识 $Fe-Fe_3C$ 合金相图的组织及其变化规律。

1. 共析钢

如图 2-17 所示，过 $w_C=0.77\%$ 的点作一条垂直于横轴的垂线 I，与相图分别交于 1、2、3 点，以这 3 点的温度为界分析其冷却过程。其结晶过程如图 2-18 所示。当金属液冷却到和 AC 线相交的 1 点时，开始从液相（L）中结晶出奥氏体（A），到 2 点时金属液相全部结晶为奥氏体；在 2 点到 3 点间，组织不发生变化，为单一奥氏体；当合金冷却到 3 点（727 ℃）时，奥氏体发生共析转变，析出铁素体和渗碳体，即珠光体，其共析转变式为

$$A_{0.77\%}→P（F_{0.0218\%}+Fe_3C）$$

温度继续下降至室温，珠光体不再发生组织变化。所以，共析钢在室温时的平衡组织为珠光体。

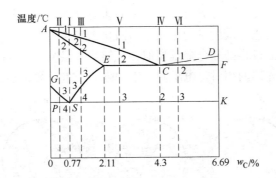

图 2-17　典型铁碳合金在 Fe-Fe$_3$C 相图中的位置

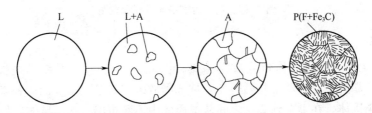

图 2-18　共析钢结晶过程示意图

2. 亚共析钢

图 2-17 中合金 Ⅱ 是碳的质量分数为 0.45% 的亚共析钢，其结晶过程如图 2-19 所示。金属液在 3 点以上的冷却过程与共析钢在 3 点以上相似，组织为单相奥氏体，当冷却到与 GS 线相交的 3 点时，从奥氏体中开始析出铁素体。随着温度下降，析出的铁素体量增多，剩余的奥氏体量减小，而奥氏体的碳的质量分数沿 GS 线增加。当温度降至与 PSK 线相交的 4 点时，奥氏体的碳的质量分数达到 0.77%，此时剩余奥氏体发生共析转变，转变成珠光体；从 4 点以下至室温，合金组织不再发生变化。亚共析钢的室温组织由珠光体和铁素体组成，随碳的质量分数的增加，珠光体增多，铁素体量减少。

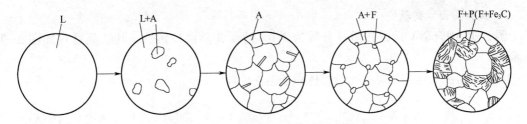

图 2-19　亚共析钢的结晶过程示意图

3. 过共析钢

图 2-17 中合金 Ⅲ 是碳的质量分数为 1.2% 的过共析钢，其结晶过程如图 2-20 所示。金属液在 3 点以上的冷却过程与共析钢在 3 点以上相似，组织为单相奥氏体。当合金冷却到与 ES 线相交的 3 点时，奥氏体中的碳的质量分数达到饱和，继续冷却，析出二次渗碳体，在奥氏体晶界呈网状分布。当继续冷却时，析出的二次渗碳体的数量增多，剩余奥氏体中的碳

的质量分数降低。随着温度下降，奥氏体中的碳的质量分数沿 *ES* 线变化。从 4 点以下至室温，合金组织不再发生变化。最后得到珠光体和网状二次渗碳体组织。

所有过共析钢的结晶过程都和合金Ⅲ相似，它们的室温组织由于碳的质量分数不同，组织中的二次渗碳体和珠光体的相对量也不同。钢中碳的质量分数越多，二次渗碳体也越多。

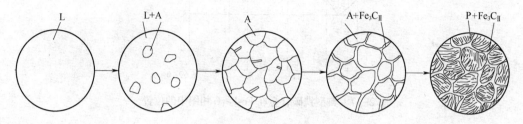

图 2-20　过共析钢结晶过程示意图

4. 共晶白口铸铁

图 2-17 中合金Ⅳ是碳的质量分数为 4.3% 的共晶白口铸铁，其结晶过程如图 2-21 所示。当金属液冷却到 1 点时发生共晶转变，从金属液中同时结晶出奥氏体和渗碳体的机械混合物，即高温莱氏体。在 1 点到 2 点之间从奥氏体中不断析出二次渗碳体，但因它混合于基体之中而无法分辨。当冷却到 2 点时，剩余的奥氏体在恒温下发生共析反应，转变成珠光体。因此，共晶白口铸铁的平衡组织是由珠光体和渗碳体组成的低温莱氏体。

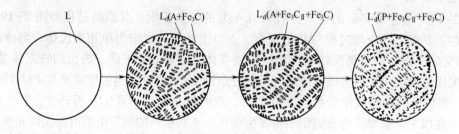

图 2-21　共晶白口铸铁结晶过程示意图

5. 亚共晶白口铸铁

图 2-17 中合金Ⅴ是碳的质量分数为 3.0% 的亚共晶白口铸铁，其结晶过程如图 2-22 所示。

其常温组织为珠光体、二次渗碳体和低温莱氏体。

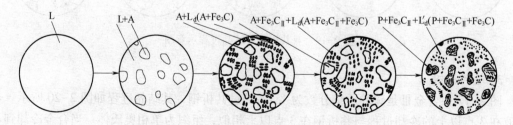

图 2-22　亚共晶白口铸铁的结晶过程示意图

6. 过共晶白口铸铁

图 2-17 中合金Ⅵ为碳的质量分数为 5.0% 的过共晶白口铸铁，其结晶过程如图 2-23 所示。

其常温组织为一次渗碳体和低温莱氏体。

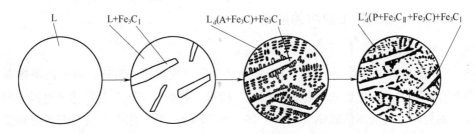

$$L \qquad L+Fe_3C_I \qquad L_d(A+Fe_3C)+Fe_3C_I \qquad L'_d(P+Fe_3C_{II}+Fe_3C)+Fe_3C_I$$

图 2-23　过共晶白口铸铁的结晶过程示意图

四、含碳量与铁碳合金组织和性能的关系

1. 含碳量对铁碳合金组织的影响

由上述知识可知，铁碳合金在室温的组织都是由铁素体和渗碳体两相组成的。随着碳的质量分数的增加，铁素体的量逐渐减少，而渗碳体的量则有所增加。随着碳的质量分数的变化，不仅铁素体和渗碳体的相对量有变化，而且相互组合的形态也发生变化。随着 w_C 的增加，合金组织将按下列顺序发生变化：$F \rightarrow F+P \rightarrow P \rightarrow P+Fe_3C_{II} \rightarrow P+Fe_3C_{II}+L'_d \rightarrow L'_d \rightarrow Fe_3C_I+L'_d$。

2. 含碳量对铁碳合金力学性能的影响

在室温下铁碳合金由铁素体和渗碳体两个相组成，铁素体是软、韧相，渗碳体是硬、脆相，当两者以层片状组成珠光体时，珠光体兼具两者的优点，即具有较高的硬度、强度和良好的塑性、韧性。铁碳合金中渗碳体是强化相，对于以铁素体为基体的钢来讲，渗碳体的数量越多，分布越均匀，其强度越高。但若 Fe_3C 以网状分布于晶界上或呈粗大片状，尤其是在作为基体时，就使得铁碳合金的塑性、韧性大大下降，这就是过共析钢和白口铸铁脆性很高的原因。

碳对铁碳合金性能的影响也是通过对组织的影响来实现的。铁碳合金组织的变化，必然引起性能的变化。图 2-24 为碳的质量分数对钢的力学性能的影响，由图可以知道，改变碳的质量分数可以在很大范围内改变钢的力学性能，随着含碳量的增加，强度、硬度增加，塑性、韧性降低。当含碳量大于 1.0% 时，由于网状渗碳

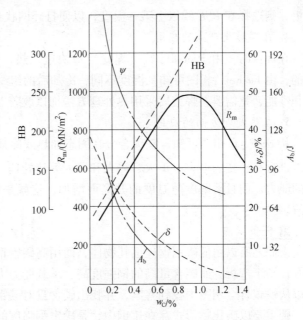

图 2-24　碳的质量分数对钢的力学性能的影响

体的出现，导致钢的强度下降。为了保证工业用钢具有足够的强度和适当的塑性、韧性，其含碳量一般不超过 1.3%～1.4%。含碳量大于 2.11% 的铁碳合金，即白口铸铁，由于其组织中存在大量的渗碳体，具有很高的硬度和脆性，难以切削加工，所以，除少数耐磨件以外很少应用。

五、Fe-Fe₃C 相图在工业中的应用

1. 在选材方面的应用

Fe-Fe₃C 相图反映了铁碳合金组织和性能随成分的变化规律。这样，就可以根据零件的工作条件和性能要求来合理地选择材料。例如，桥梁、船舶、车辆及各种建筑材料，需要塑性、韧性好的材料，可选用低碳钢（$w_C = 0.1\%～0.25\%$）；对工作中承受冲击载荷和要求较高强度的各种机械零件，希望强度和韧性都比较好，可选用中碳钢（$w_C = 0.25\%～0.65\%$）；在制造各种切削工具、模具及量具时，需要高的硬度与耐磨性，可选用高碳钢（$w_C = 0.77\%～1.44\%$）。对于形状复杂的箱体、机器底座等，可选用熔点低、流动性好的铸铁材料。

2. 在铸造生产上的应用

由 Fe-Fe₃C 相图可见，共晶成分的铁碳合金熔点低，结晶温度范围最小，具有良好的铸造性能。因此，在铸造生产中，经常选用接近共晶成分的铸铁。

3. 在锻压生产上的应用

钢在室温时组织为两相混合物，塑性较差，变形困难。而奥氏体的强度较低，塑性较好，便于塑性变形。因此在进行锻压和热轧加工时，要把坯料加热到奥氏体状态。加热温度不宜过高，以免钢材氧化烧损严重，但变形的终止温度也不宜过低，过低的温度除了增加能量的消耗和设备的负担外，还会因塑性的降低而导致开裂。所以，各种碳钢较合适的锻轧加热温度范围是：始锻轧温度为固相线以下 100～200 ℃；终锻轧温度为 750～850 ℃。对过共析钢，则选择在 *PSK* 线以上某一温度，以便打碎网状二次渗碳体。

4. 在焊接生产上的应用

在焊接时，由于局部区域（焊缝）被快速加热，所以从焊缝到母材各区域的温度是不同的，由 Fe-Fe₃C 相图可知，温度不同，冷却后的组织性能就不同，为了获得均匀一致的组织和性能，就需要在焊接后采用热处理方法加以改善。

5. 在热处理方面的应用

从 Fe-Fe₃C 相图可知，铁碳合金在固态加热或冷却过程中均有相的变化，所以钢和铸铁可以进行有相变的退火、正火、淬火和回火等热处理。此外，奥氏体有溶解碳和其他合金元素的能力，而且溶解度随温度的升高而增加，这就是钢可以进行渗碳和其他化学热处理的缘故。

■ 任务实施

人们之所以用低碳钢钢丝捆扎物体，而用高碳钢钢丝起吊重物，是因为碳含量低的钢塑性好，易于弯折。而碳含量高的钢强度高，承载能力大。碳含量的高低会影响钢的性能，这可以从铁碳合金相图中找到答案，并找出碳含量对碳钢性能影响的规律。

碳主要以碳化物形式存在于钢中，是决定钢强度的主要元素，当钢中碳含量升高时，其硬度、强度均有提高，而塑性、韧性和冲击韧性降低。

铁碳合金的组织有铁素体、奥氏体、渗碳体、珠光体和莱氏体。铁素体塑性最好、渗碳体硬度最高、珠光体强度最高。

复习思考题

1. 常见的金属晶体结构有哪几种？它们的原子排列有什么特点？α-Fe、β-Fe、γ-Fe、Cu、Ni、Pb、Cr、V、Mg、Zn 各属何种晶体结构？

2. 实际晶体中的点缺陷、线缺陷和面缺陷对金属性能有何影响？

3. 过冷度与冷却速度有何关系？它对金属结晶过程有何影响？

4. 金属结晶的基本规律是什么？晶核的形成率和成长率受到哪些因素的影响？

5. 在铸造生产中，采用哪些措施控制晶粒大小？在生产中如何应用变质处理？

6. 固溶体可分为几种类型？形成固溶体对合金有何影响？

7. 金属间化合物有几种类型？它们在钢中起什么作用？

8. 画出 Fe-Fe$_3$C 相图，并进行以下分析：

(1) 标注出相图中各区域的组织组成物和相组成物；

(2) 分析含碳量0.4%亚共析钢的结晶过程及其在室温下组织组成物与相组成物的相对质量。

9. 根据 Fe-Fe$_3$C 相图，说明产生下列现象的原因：

(1) 含碳量为1.0%的钢比含碳量为0.5%的钢硬度高；

(2) 低温莱氏体的塑性比珠光体的塑性差；

(3) 在1 100 ℃，含碳0.4%的钢能进行锻造，含碳4.0%生铁不能锻造；

(4) 钢锭在950～1 100 ℃正常温度下轧制，有时会造成锭坯开裂；

(5) 一般要把钢材加热到高温（1 000～1 250 ℃）下进行热轧或锻造；

(6) 钢铆钉一般用低碳钢制成；

(7) 绑扎物件一般用铁丝（镀锌低碳钢丝），而起重机吊重物却用60、65、70、75等钢制成的钢丝绳；

(8) 钳工锯 T8、T10、T12等钢料时比锯10、20钢费力，锯条易磨钝；

(9) 钢适宜于通过压力加工成形，而铸铁适宜于通过铸造成形。

10. 钢中常存的杂质元素有哪些，对钢的性能有何影响？

11. 根据下表所列要求，归纳对比铁素体、奥氏体、渗碳体、珠光体、莱氏体的特点。

名　称	晶体结构的特征	采用符号	含碳量/%	机械性能	其　他
铁素体					
奥氏体					
渗碳体					
珠光体					
莱氏体					

项目 3

钢的热处理

 【项目引入】

齿轮是依靠齿的啮合传递扭矩的轮状机械零件，可实现改变转速与扭矩、改变运动方向和改变运动形式等功能。齿轮的材料选定以后还需要进行恰当的热处理来提高材料的使用性能，延长零件的使用寿命，改善材料的工艺性能，提高加工质量，减少刀具的磨损。

 【项目分析】

钢的性能不仅取决于它的化学成分，还取决于钢的内部组织结构（金相组织）。为了提高钢材的使用性能，通常采用两种办法来解决：一种办法是调整钢的化学成分，特别是加入某些合金元素，即采用合金化的方法，来使钢材达到使用性能的要求；另一种办法是进行钢的热处理，对钢材进行正确的热处理，能提高钢材的性能，使它能够在各种不同的条件下使用。事实上，绝大多数机械零部件都是经过了热处理这一工艺过程的。

本项目主要学习：

钢的热处理的基本概念，钢的普通热处理，钢的表面热处理，零件常见热处理缺陷分析及预防措施，热处理新技术。

1. 知识目标

◆ 掌握钢的热处理的常见方法，熟悉钢的热处理过程中组织和性能产生的变化。

◆ 熟悉钢的普通热处理工艺和特点，理解淬透性与淬硬性的概念。

◆ 熟悉钢表面淬火的目的、方法、工艺特点、适用场合及钢表面化学热处理的目的和方法。

◆ 掌握常见热处理缺陷、产生原因及预防措施。

◆ 熟悉常用的热处理新技术。

2. 能力目标

◆ 能够根据材料的使用性能，正确选用常规热处理方法并能确定其工序位置。

◆ 能够分析热处理缺陷产生的原因并确定其预防措施。

3. 素质目标

培养吃苦耐劳精神和工匠精神。

4. 工作任务

任务 3-1　钢的热处理的认知

任务 3-2　钢的普通热处理

任务 3-3　钢的表面热处理

任务 3-4　零件常见热处理缺陷分析及预防措施

大国工匠：指尖打造
导弹精确制导

任务 3-1　钢的热处理的认知

■ 任务引入

对钢进行正确的热处理，能提高钢材的性能，使它能够在各种不同的条件下使用。那么，钢的热处理方法有哪些？在热处理过程中钢的组织和性能会发生怎样的变化？

■ 任务目标

掌握钢的热处理的常见方法，熟悉钢的热处理过程中组织和性能产生的变化。

■ 相关知识

一、钢的热处理的分类

所谓钢的热处理，就是把钢在固态下加热、保温、冷却，使钢的内部组织结构发生变化，以获得所需要的组织与性能的一种工艺。

根据加热、冷却方式的不同及组织、性能变化特点的不同，钢的热处理方法可分为三大类。

1. 整体热处理

整体热处理是指对热处理件进行穿透性加热，以改善整体的组织和性能的处理工艺，分为退火、正火、淬火、淬火+回火、调质、稳定化处理、固溶（水韧）处理、固溶处理+时效等。

2. 表面热处理

表面热处理是指仅对工件表层进行热处理，以改变其组织和性能的工艺，分为表面淬火+回火、物理气相沉积、化学气相沉积、等离子化学气相沉积等。

3. 化学热处理

化学热处理是指将工件置于一定温度的活性介质中保温，使一种或几种元素渗入它的表层，以改变其化学成分、组织和性能的热处理工艺。根据渗入成分的不同又分为渗碳、渗氮、碳氮共渗、渗其他非金属、渗金属、多元共渗、熔渗等。

根据热处理在零件生产过程中的位置和作用的不同，热处理还可分为预备热处理和最终热处理。

二、钢的热处理工艺曲线

尽管热处理的种类很多，但通常所用的各种热处理过程都是由加热、保温和冷却 3 个基本阶段组成。如图 3-1 所示为最基本的热处理工艺曲线。

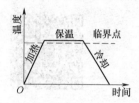

图 3-1　钢的热处理工艺曲线

热处理作为机器零件及工模具制造过程中的重要加工工艺，其目的不是改变材料的形状，而是通过改变金属材料的组织和性能来满足工程中对材料的服役性能和加工要求。所以，选择正确和先进的热处理工艺对于改善金属材料的工艺性能、零件使用性能、提高产品质量、延长零件的使用寿命、节约材料等均具有重要的意义。因此，热处理在机械制造行业中被广泛地应用，例如，汽车、拖拉机行业中需要进行热处理的零件占 70%～80%；机床行业中占 60%～70%；轴承及各种模具则达到 100%。

三、钢的加热

钢在固态下会发生相变，经热处理后组织、性能会发生变化。

对不同成分和组织的钢，在进行加热或冷却时，如果加热或冷却速度非常缓慢，钢的组织变化规律和铁碳相图一致，即铁碳相图所揭示的成分、组织、温度的对应规律，正是热处理时平衡条件下材料组织的变化规律。

图 3-2 所示为钢在加热或冷却时 Fe-Fe$_3$C 相图上各相变点的位置的一部分。碳钢在缓慢加热至奥氏体状态，或由奥氏体状态缓慢冷却到室温时，它们的临界转变温度相同，分别为 A_1、A_3、A_{cm}。在实际热处理时，加热或冷却不可能非常缓慢，相变是在不平衡条件下进行的，和铁碳相图的临界温度相比发生一定的滞后现象，即需要有一定的过热或过冷，组织转变才能进行。加热和冷却速度越快，滞后现象越严重。通常把碳钢在加热时的实际临界温度标以字母 "c"，如 A_{c_1}、A_{c_3}、$A_{c_{cm}}$，而把实际冷却时的临界温度标以字母 "r"，如 A_{r_1}、A_{r_3}、$A_{r_{cm}}$。

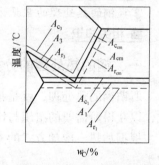

图 3-2　Fe-Fe$_3$C 相图上各相变点的位置

1. 奥氏体的形成

大多数热处理工艺都要将钢加热到临界温度以上，获得全部或部分奥氏体组织，然后以不同的速度冷却，使奥氏体转变为不同的组织，获得不同的性能。

奥氏体的形成是通过成核和长大的机制来完成的。以共析钢为例，其转变过程可分为 4 个步骤。

（1）奥氏体晶核的形成：奥氏体晶核易于在铁素体与渗碳体相界面上形成。这是因为相界面处碳原子浓度相差较大，有利于获得形成奥氏体晶核所需要的碳浓度；在铁素体与渗碳体相界面处，原子排列不规则，铁原子有可能通过短程扩散形成奥氏体形核所需要的结构；在铁素体与渗碳体相界面处，杂质及晶体缺陷如空位、位错密度较高，具有较高的畸变能，容易满足奥氏体形核所需要的能量，所以在两相的相界上为形核产生提供了良好的条件。

（2）奥氏体的长大：奥氏体晶核形成之后，它一面与渗碳体相接，另一面与铁素体相接。其含碳量是不均匀的，与铁素体相接处含碳量较低，而与渗碳体相接处含碳量较高，因此在奥氏体中出现了碳的浓度梯度，引起碳在奥氏体中不断地由高浓度向低浓度扩散。随着扩散的进行，破坏了原先碳浓度的平衡，这样势必促使铁素体向奥氏体转变及渗碳体的溶解。碳浓度破坏平衡和恢复平衡的反复循环过程，就使奥氏体逐渐向渗碳体和铁素体两方面长大，直至铁素体全部转变为奥氏体。

（3）残余渗碳体的溶解：在奥氏体形成过程中，铁素体比渗碳体先消失，因此奥氏体形成之后，还残存未溶渗碳体。这部分未溶的残余渗碳体将随着时间的延长，继续不断地溶入奥氏体，直至全部消失。

（4）奥氏体均匀化：当残余渗碳体全部溶解时，奥氏体中的碳浓度仍然是不均匀的，在原渗碳体处含碳量较高，而在原铁素体处含碳量较低。如果继续延长保温时间，通过碳的扩散，可使奥氏体的含碳量逐渐趋于均匀。

亚共析钢在室温下的平衡组织为珠光体和铁素体，当缓慢加热到相变点 A_{c_1} 时，珠光体转变为奥氏体，若进一步提高加热温度，则剩余铁素体将逐渐转变为奥氏体。在温度超过 A_{c_3} 时，剩余铁素体完全消失，全部组织为较细的奥氏体晶粒。若再继续提高加热温度，奥氏体晶粒将长大。

过共析钢在室温下的平衡组织为珠光体和渗碳体。当缓慢加热到 A_{c_1} 时，珠光体转变为奥氏体，若进一步提高加热温度，则剩余渗碳体将逐渐溶入奥氏体中。在温度超过 $A_{c_{cm}}$ 时，剩余渗碳体完全溶解，组织全部为奥氏体，此时奥氏体晶粒已经粗化。

2. 奥氏体晶粒的长大及影响因素

奥氏体晶粒的大小不一，奥氏体形成后的晶粒大小直接影响钢冷却转变及转变后的组织和性能。实践证明，当加热时获得的奥氏体晶粒越细，热处理后钢的强度、塑性、韧性越高。

影响钢奥氏体晶粒大小的因素有以下几项。

1）加热温度和保温时间

奥氏体晶粒随着加热温度升高和保温时间的延长而长大，加热温度比保温时间的影响更明显。为了得到细晶粒组织，钢在热处理时应严格控制加热温度。另外，晶粒的长大是通过原子的扩散来完成的，所以合理地控制保温时间也会有效地防止晶粒长大。

2）加热速度

在加热温度相同时，加热速度越快，奥氏体的实际形成温度越高，其形核率和长大速度越大，奥氏体起始晶粒度越小。因此，在实际生产中，常利用快速加热、短时保温来获得细小的奥氏体晶粒。

3）合金元素的影响

在一定范围内，随着奥氏体中碳含量的增加，晶粒长大倾向增大，但碳量超过一定值后，碳能以未溶碳化物状态存在，反使晶粒长大倾向减小。另外，在钢中，用 Al 脱氧或加入 Ti、Zr、V、Nb 等强碳化物形成元素时，奥氏体晶粒长大倾向减小；而 Mn、P、C、N 等元素促使奥氏体晶粒长大。

4）钢的原始组织

通常来说，钢的原始组织越细，其相界面越多，奥氏体的形成速度就越快；碳化物弥散度越大，则奥氏体的晶粒越小。

四、钢的冷却

钢的最终性能决定于钢在冷却转变后的组织。奥氏体化后的组织在不同的条件下冷却可得到不同的组织和性能。当奥氏体温度在 A_1 线以上时，奥氏体是稳定的。当奥氏体被冷却至 A_1 线以下时将会发生转变，奥氏体此时处于过冷状态，这种奥氏体称为过冷奥氏体。由

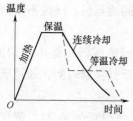

图 3-3　钢的两种冷却方式示意图

于冷却过程为非平衡过程，因此不能依据铁碳相图来判定和分析其组织转变，过冷奥氏体的转变产物随转变温度和冷却速度不同而不同，性能也有很大的差别。

钢的热处理工艺有两种冷却方式：等温冷却和连续冷却，冷却方式示意图如图 3-3 所示。等温冷却就是使加热到奥氏体的钢先以较快的冷却速度冷却到 A_1 线以下一定的温度，然后进行保温，使奥氏体在等温下发生组织转变。连续冷却就是使加热到奥氏体的钢在温度连续下降的过程中发生组织转变。

1. 过冷奥氏体的等温冷却转变

1）过冷奥氏体等温冷却转变曲线

过冷奥氏体在不同温度等温保持时，保温温度与转变开始和转变结束时间及转变产物的关系曲线图，称为等温转变图（TTT 图）或等温转变曲线。下面以共析钢为例研究等温冷却时的组织转变。

将含碳质量分数为 0.8% 的共析钢制成若干试样，将其加热到 A_1 线以上使其奥氏体化，然后将试样分别投入温度不同的恒温盐浴中，测出奥氏体在各个温度下开始转变及完成转变所需的时间。在以"温度-时间"为坐标的图上将所有的转变开始点和终了点分别标注，再连接起来，便可获得共析钢的等温转变曲线，如图 3-4 所示。因等温转变曲线的形状类似"C"，故称作"C 曲线"。

2）过冷奥氏体等温冷却转变产物的组织和性能

在 C 曲线中，A_1 线以上是奥氏体稳定存在区；在 A_1 线以下、转变开始线以左的区域是奥氏体的不稳定存在区，称过冷奥氏体区，此区中的过冷

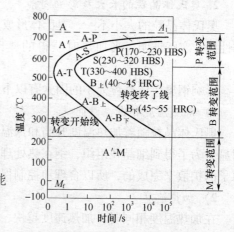

图 3-4　共析钢奥氏体等温转变曲线

奥氏体要经一段孕育期才开始发生组织转变；在转变终了线的右方是转变产物区；在两条曲线之间是转变过渡区，过冷奥氏体和转变产物同时存在；水平线 M_s 为马氏体转变开始温度线，M_f 为马氏体转变终了温度线，在 $M_s \sim M_f$ 之间为马氏体转变温度区。

过冷奥氏体在各个温度进行等温转变时，都要经过一段孕育期——纵坐标到转变开始线之间的时间间隔。孕育期越长，表示过冷奥氏体越稳定。由图 3-4 可知，过冷奥氏体在不同温度下的稳定性是不相同的。在 550 ℃ 以上，随过冷度增加，孕育期缩短；在 550 ℃ 以

下，随过冷度增加，孕育期增加。在 550 ℃时，孕育期最短，过冷奥氏体最不稳定，转变速度最快，被称为 C 曲线的"鼻尖"。

共析钢过冷奥氏体在 3 个不同的温度区间，可发生 3 种不同的转变。A_1 至"鼻尖"之间称高温转变区，其转变产物是珠光体；"鼻尖"至 M_s 之间称中温转变区，转变产物是贝氏体；M_s 以下称低温转变区，转变产物是马氏体。

（1）珠光体。珠光体是铁素体和渗碳体的机械混合物，转变的温度范围在 A_1～550 ℃。由于转变温度较高，原子具有较强的扩散能力，其转变为扩散型转变，转变产物为铁素体片层与渗碳体片层交替重叠的层状组织，即珠光体组织。在此范围内，由于过冷度不同，所得到的珠光体的层片厚薄、性能也有所不同，为区别起见分为 3 类。

① 珠光体（P）。在 A_1～650 ℃形成，片层距离较大，一般在光学显微镜下放大 500 倍即可分辨出层片状特征。

② 索氏体（S）。在 650～600 ℃形成，片层较细，平均层间距离为 0.1～0.3 μm，要用高倍显微镜（1 000 倍以上）才能分辨。强度、硬度及塑韧性均较珠光体高（25～30 HRC）。

③ 屈氏体（T）。在 600～550 ℃形成，片层更细，平均层间距离小于 0.1 μm，只能在电子显微镜下放大 2 000 倍以上才能分辨其层片结构。其强度、硬度更高（35～40 HRC）。

索氏体、屈氏体与珠光体并无本质上的差别，都是珠光体类型的组织，只是形态上有粗细之分，它们之间的界限也是相对的。

（2）贝氏体。贝氏体是含碳过饱和的铁素体与渗碳体或碳化物的混合物，以符号 B 表示。转变的温度范围在 550 ℃～M_s，根据转变温度和组织形态不同，贝氏体一般可分为上贝氏体和下贝氏体。上贝氏体显微组织为羽毛状，由于韧性低，生产上很少采用。下贝氏体是在 350 ℃～M_s，等温转变形成的，在显微镜下呈黑色针状。

下贝氏体中的碳化物细小、分布均匀，它不仅有较高的强度和硬度（45～55 HRC），还有良好的韧性和塑性。因此在钢的组织转变时希望得到这样的组织。

（3）马氏体。马氏体是碳在 α-Fe 中的过饱和固溶体，具有体心正方晶格，以符号 M 表示。转变的温度范围在 M_s～M_f。大量碳原子的过饱和会造成晶格的畸变，使塑性变形的抗力增加。另外，由于马氏体的比体积比奥氏体的大，当奥氏体转变成马氏体时会发生体积膨胀，产生较大的内应力，引起塑性变形和加工硬化。因此马氏体具有高的强度和硬度，为62～65 HRC。马氏体的碳含量越高，强化作用越大，则硬度也越高，但脆性越大。

当奥氏体转变后，所产生的 M 的形态取决于奥氏体中的含碳量，含碳量<0.6%为板条状马氏体；含碳量在 0.6%～1.0%为板条状和针叶状混合的马氏体；含碳量>1.0%的为针叶状马氏体。这两种不同形态的马氏体具有不同的机械性能，随着马氏体含碳量的增加，形态从板条状过渡到针叶状，硬度和强度也随之升高，而塑性和韧性也随之降低。

在 M_s 以下奥氏体并不能全部转变为马氏体，而或多或少地保留一些残余奥氏体。高碳钢淬火后残余奥氏体可达 10%～15%。

2. 过冷奥氏体的连续冷却转变

1）过冷奥氏体连续冷却转变曲线

在实际生产中，钢的热处理大多数是在连续冷却条件下进行组织转变的，如炉冷、空冷、油冷和水冷等。因此，分析过冷奥氏体连续冷却转变曲线具有重要的实用意义。

用来表示钢奥氏体化后，在不同冷却速度的连续冷却条件下，过冷奥氏体转变开始及转

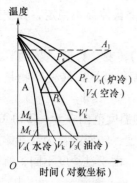

图 3-5 共析钢的连续
冷却转变曲线

变终了的时间与转变温度之间的关系曲线，称为过冷奥氏体连续冷却转变曲线，简称 CCT 曲线。共析钢的连续冷却转变曲线如图 3-5 所示。

它也是由实验方法测定的，与等温转变曲线相比，连续冷却转变曲线稍靠右下一些，并且只有等温转变曲线的上半部分，即共析钢在连续冷却时，只发生珠光体和马氏体转变，不发生贝氏体转变，这是因为共析钢贝氏体转变的孕育期很长，当过冷奥氏体连续冷却通过贝氏体转变区内尚未发生转变时就已过冷到 M_s 点而发生马氏体转变，所以不出现贝氏体转变。由共析钢的 CCT 曲线可知，连续冷却的奥氏体存在一临界冷却速度 V_k。当冷却速度小于 V_k 时，奥氏体就会分解形成珠光体；而当冷却速度大于 V_k 时，奥氏体就不能分解而转变成马氏体。

由于钢在冷却介质中的冷却速度不是恒定值，且受环境因素和操作方式影响较大，因而 CCT 曲线既难以测定，也难以使用。生产中往往用 C 曲线来近似地代替 CCT 曲线，对过冷奥氏体的连续冷却组织进行定性分析，作为制定热处理工艺的参考。

2）过冷奥氏体连续冷却转变产物的组织和性能

由于奥氏体的连续冷却转变曲线测定比较困难，因此在生产实际中，常利用同种钢的等温转变曲线来定性地分析过冷奥氏体连续冷却转变过程。其方法是将连续冷却曲线画在钢的 C 曲线上，根据冷却速度线与 C 曲线相交的位置大致估计在某种冷却速度下实际转变所获得的组织和力学性能。在图 3-5 中，V_1 相当于炉冷（退火），转变产物为珠光体；V_2 相当于空冷（正火），转变产物为索氏体；V_3 相当于油冷（淬火），转变产物为托氏体和马氏体；V_4 相当于水冷（淬火），转变产物为马氏体和残余奥氏体。V_k 称为临界冷却速度，它是获得全部马氏体组织的最小冷却速度。V_k 越小，钢在淬火时冷却速度越容易大于 V_k，所以就越容易获得马氏体组织，即钢接受淬火的能力越大。连续冷却转变由于不是在一个温度而是在一个温度范围内进行的，组织往往不是单一的，根据冷却速度的变化，有可能是珠光体+索氏体、索氏体+托氏体或托氏体+马氏体等。

■ 任务实施

根据加热、冷却方式的不同及组织、性能变化特点的不同，钢的热处理方法可分为三大类：整体热处理（退火、正火、淬火、淬火+回火、调质、稳定化处理、固溶（水韧）处理、固溶处理+时效等），表面热处理（表面淬火+回火、物理气相沉积、化学气相沉积、等离子化学气相沉积等），化学热处理（渗碳、渗氮、碳氮共渗、渗其他非金属、渗金属、多元共渗、熔渗等）。根据热处理在零件生产过程中的位置和作用的不同，热处理还可分为预备热处理和最终热处理。

钢的热处理，就是把钢在固态下加热、保温、冷却，使钢的内部组织结构发生变化，以获得所需要的组织与性能。钢的最终性能决定于钢在冷却转变后的组织，奥氏体化后的组织在不同的条件下冷却可得到不同的组织和性能。

任务 3-2　钢的普通热处理

■ 任务引入

成分相同的两根钢丝加热的温度相同，放在水中冷却的一根硬而脆、很容易折断，放在空气中冷却的一根较软、有较好的塑性、可以卷成圆圈而不断裂。为什么？

■ 任务目标

熟悉钢的普通热处理工艺和特点，理解淬透性与淬硬性的概念。能够根据材料的使用性能，正确选用常规热处理方法并能确定其工序位置。

■ 相关知识

将金属加热到一定温度，并保持一定时间，然后以一定的冷却速度冷却到室温，这个过程称为热处理。常用的热处理工艺方法有以下 5 种。

一、钢的退火

1. 钢的退火工艺

钢的退火是指将工件加热到高于或低于临界点（A_{c_3} 或 A_{c_1}）的某一温度，保温一定时间后，以缓慢的冷却速度（一般随炉冷却）进行冷却的热处理工艺。

2. 退火的目的

退火的目的是消除钢的内应力、降低硬度、提高塑性、细化组织及均匀化学成分，以利于后续加工，并为最终热处理做好组织准备。

3. 退火工艺种类

根据钢的成分、组织状态和退火目的不同，退火常分为完全退火、球化退火、去应力退火、扩散退火和再结晶退火等。

1）完全退火

完全退火又称重结晶退火，一般简称为退火，是将工件加热至 A_{c_3} 以上 30～50 ℃，保温一定时间后，随炉缓慢冷却或埋在砂中（或石灰中）冷却到 500 ℃ 以下，空冷至室温的工艺过程。

完全退火一般常作为一些不重要工件的最终热处理，或者作为某些重要工件的预先热处理。主要用于亚共析成分的各种碳钢和合金钢的铸、锻件及热轧型材，不宜用于过共析钢，因为当其被加热到 $A_{c_{cm}}$ 线以上退火后，二次渗碳体以网状形式沿奥氏体晶界析出，使钢的强度和韧性显著降低，也为以后的热处理留下了隐患（如淬火时容易产生淬火裂纹）。

完全退火的目的主要在于细化铸造状态下或锻造后的粗大晶粒；降低硬度，便于切削加工；消除内应力。

2）球化退火

通常将共析钢或过共析钢加热到 A_{c_1} 以上 20～30 ℃，保温一定时间后，随炉缓慢冷却至 600 ℃ 以下，再出炉空冷，将珠光体中的渗碳体由片状转化为球状的一种工艺。

球化退火主要用于共析钢和过共析钢制造的刀具、量具和模具等零件。在一定条件下，球化退火也可用于亚共析钢，使亚共析钢的塑性变形能力提高，以适应冷冲压、快速锻打等工艺的需要。

球化退火主要目的在于得到球状珠光体，以降低钢的硬度，改善切削加工性能，并为以后的淬火做好组织准备。

3）去应力退火（低温退火）

将工件缓慢（100~150 ℃/h）加热到 500~650 ℃，经适当时间保温后，随炉缓冷（50~100 ℃/h）至 200~300 ℃，再出炉空冷。去应力退火的特点是加热温度低于 A_1，所以在退火过程中没有组织变化，其内应力的消除主要是通过钢在 500~650 ℃保温后随后缓慢冷却中消除的。

4. 退火工艺的应用

为了消除铸件、锻件、焊接结构体、热轧件、冷拉件等的内应力，必须进行去应力退火。如果这些应力不消除，零件在切削加工或以后的使用过程中将引起变形或开裂。为此，大型铸件如车床床身、内燃机气缸体、汽轮机隔板等必须进行去应力退火。

二、钢的正火

1. 钢的正火工艺

正火是把亚共析钢加热到 A_{c_3} 以上 30~50 ℃；过共析钢加热到 $A_{c_{cm}}$ 以上 30~50 ℃，保温后在空气中冷却的工艺。各种退火和正火的加热温度范围及工艺曲线如图 3-6 与图 3-7 所示。

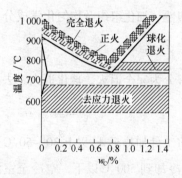

图 3-6 各种退火、正火加热温度范围示意图

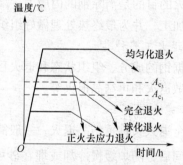

图 3-7 各种退火、正火的工艺曲线示意图

2. 正火的目的

正火的目的是细化晶粒，消除网状渗碳体，并为淬火、切削加工等后续工序做组织准备。

3. 正火的应用

正火的主要应用如下。

（1）用于普通结构零件，作为最终热处理。

（2）用于低、中碳结构钢，作为预先热处理，可获得合适的硬度，便于切削加工。

（3）用于过共析钢，作为球化退火前的准备工序来抑制或消除网状二次渗碳体的形成，利于碳化物的球化。

4. 正火与退火的区别

正火与退火相比较，其主要区别在于退火是随炉缓慢冷却，而正火是在空气中冷却。根据钢的过冷奥氏体转变曲线可知，由于正火的冷却速度比退火的快，所以正火时奥氏体分解温度要比退火的低一些，相应的组织也不一样，正火后的组织比退火细，硬度和强度也有所提高。

三、钢的淬火

1. 钢的淬火工艺

钢的淬火是指将工件加热到 A_{c_3} 或 A_{c_1} 以上 30～50 ℃奥氏体化后，保温一定的时间，然后以大于临界冷却速度冷却（一般为油冷或水冷），获得马氏体或（和）贝氏体组织的热处理工艺。

2. 淬火的目的

淬火的目的是获得马氏体或贝氏体，提高钢的机械性能。它是强化钢材最重要的热处理方法。因此，重要的结构件，特别是承受动载荷和剧烈摩擦作用的零件，以及各种类型的工具等都需要进行淬火。

3. 淬火的加热温度

马氏体大小取决于奥氏体晶粒大小。为了使淬火后得到细而均匀的马氏体，首先要在淬火加热时得到细而均匀的奥氏体。为了防止奥氏体晶粒粗化，一般淬火温度不宜太高，只允许超出临界点 30～50 ℃。碳钢的淬火加热温度范围如图 3-8 所示。

亚共析钢的淬火加热温度是 A_{c_3} 以上 30～50 ℃，此时可全部得到奥氏体，淬火后得到马氏体组织。如图 3-8 所示。若加热温度过高，则引起奥氏体晶粒粗大，使钢淬火后的性能变坏；若加热温度过低，则淬火组织中尚有未溶铁素体，使钢淬火后的硬度不足。

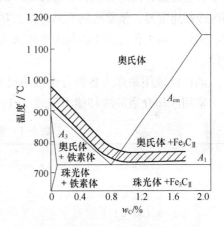

图 3-8 碳钢的淬火加热温度范围

过共析钢的淬火温度是 A_{c_1} 以上 30～50 ℃，这时得到奥氏体和渗碳体组织，淬火后奥氏体转变为马氏体，而渗碳体被保留下来，获得均匀细小的马氏体和粒状渗碳体的混合组织。由于渗碳体的硬度比马氏体还高，所以钢的硬度不但没有降低，而且还可以提高钢的耐磨性。如果将过共析钢加热到 $A_{c_{cm}}$ 以上，这时渗碳体已全部溶入奥氏体中，增加了奥氏体的含碳量，因而钢的 M_s 点下降，从而使淬火后的残余奥氏体量增多，反而降低了钢的硬度和耐磨性。另外，当温度高时还将使奥氏体晶粒长大，在淬火时易形成粗大马氏体，使钢的韧性降低。

对于合金钢，除了少数使奥氏体晶粒容易长大的 Mn、P 元素以外，大多数合金元素会阻碍奥氏体晶粒长大，所以需要稍微提高它们的淬火温度，使合金元素充分溶解和均匀化，以便获得较好的淬火效果。

4. 常用淬火介质

淬火冷却速度是决定淬火质量的关键，淬火冷却速度必须大于临界冷却速度 V_k 才能获得理想的淬火组织。但太快必然产生很大的淬火内应力，为获得良好的淬火效果，应选择合理的冷却介质，以达到合理的冷却速度。最常用的冷却介质是水、盐水和油。

（1）水。水是应用最为广泛的淬火介质，来源广、价格低、成分稳定不易变质，而且具有较强的冷却能力。但它的冷却特性并不理想，在需要快冷的650～500℃范围内，它的冷却速度较小；而在300～200℃需要慢冷时，它的冷却速度比要求的大，这样易使零件产生变形甚至开裂，因此有一定的局限性，所以只能用作尺寸较小、形状简单的碳钢零件的淬火介质。

（2）盐水。为提高水的冷却能力，在水中加入5%～15%的食盐成为盐水溶液，其冷却能力比清水更强，在650～500℃范围内，冷却能力比清水提高近1倍，这对于保证碳钢件的淬硬来说是非常有利的。用盐水淬火的工件，容易得到高的硬度和光洁的表面，不易产生淬不硬的软点，相比清水，这是盐水的优点。但是盐水在300～200℃范围，冷速仍像清水一样快，使工件易产生变形，甚至开裂。生产上为防止这种变形和开裂，采用先盐水快冷，在 M_s 点附近再转入冷却速度较慢的介质中缓冷。所以盐水主要用于形状简单、硬度要求高而均匀、表面要求光洁、变形要求不严格的碳钢零件的淬火，如螺钉、销、垫圈等。

（3）油。一般采用矿物油，如机油、变压器油和柴油等。机油一般采用10号、20号、30号机油，油的号越大，黏度越大，闪点越高，冷却能力越低，使用温度相应提高。

油的冷却能力比水弱，不论是650～550℃还是300～200℃都只有水的冷却能力的几分之一。油的优点是在300～200℃的马氏体形成区冷却速度很慢，不易淬裂；并且它的冷却能力很少受油温升高的影响，平常在20～80℃范围内均可使用。油的缺点是在650～550℃的高温区冷却速度慢，使某些钢不易淬硬，并且油在多次使用后，还会因氧化而变稠，失去淬火能力。因此，在工作过程中必须注意淬火安全，要防止热油飞溅，还需防止油燃烧引起火灾的危险。

油广泛地用来作为各种合金或小尺寸的碳钢工件的冷却介质。

常用冷却介质的冷却能力见表3-1。

表3-1　常用冷却介质的冷却能力

冷却介质	冷却速度/（℃/s）	
	在650～550℃区间	在300～200℃区间
水（18℃）	600	270
水（50℃）	100	270
水（74℃）	30	200
10%NaOH水溶液（18℃）	1 200	300
10%NaCl水溶液（18℃）	1 100	300
50℃矿物油	150	30

（4）其他淬火介质。除水、盐水和油外，生产中还用硝盐浴或碱浴作为淬火冷却介质。

在高温区域，碱浴的冷却能力比油强而比水弱，硝盐浴的冷却能力比油略弱。在低温区域，碱浴和硝盐浴的冷却能力都比油弱。碱浴和硝盐浴具有流动性好，淬火变形小等优点，因此这类介质广泛应用于截面不大、形状复杂、变形要求严格的碳素工具钢、合金工具钢等工件，作为分级淬火或等温淬火的冷却介质。由于碱浴蒸气有较大的刺激性，劳动条件差，所以在生产中使用得不如硝盐浴广泛。

5. 常用的淬火方法

为了使工件淬火成马氏体并防止变形和开裂，单纯靠选择淬火介质不能完全满足淬火的质量要求，所以热处理工艺上还应在淬火方法上加以解决。目前使用的淬火方法较多，以下介绍其中常用的几种，如图 3-9 所示。

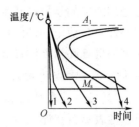

1—单液淬火法；2—双液淬火法；
3—分级淬火法；4—等温淬火法
图 3-9　各种淬火方法示意图

1）单液淬火法

单液淬火就是将已加热到奥氏体化的钢件在一种淬火介质中连续冷却至室温的操作方法，这是生产中最常用的一种淬火方法。如碳钢在水中淬火，合金钢在油中淬火，较大尺寸的碳钢工件在盐水中淬火等均属单液淬火法。这种方法的优点是操作简单，易实现机械化和自动化，但水淬容易产生变形与开裂，油淬容易产生硬度不足或硬度不均匀现象，主要适用于截面尺寸无突变，形状简单的工件。

2）双液淬火法

双液淬火法是将工件奥氏体化后先浸入冷却能力较强的介质中，在组织即将发生马氏体转变时转入冷却能力弱的介质中冷却的方法。最常用的双液淬火法是水淬油冷，它是根据水和油的冷却特性提出的。水在 650～550 ℃时冷却能力很大，而油在 300～200 ℃时冷却能力较小，因此把两种介质结合起来应用，扬长避短，既克服了单一介质使用时的缺点，又发挥了它们各自的优点。即对于形状复杂的碳钢工件，先在水中冷却，以防止过冷奥氏体分解，当冷却到约 300 ℃时，急速从水中取出移至油中继续冷却，使过冷奥氏体以比较缓慢的冷却速度转变成马氏体，减小了变形和开裂的危险。缺点是工件表面与心部温差仍较大，工艺不好掌握，操作困难。所以适用于形状复杂程度中等的高碳钢小零件和尺寸较大的合金钢零件。

3）分级淬火法

将工件加热至奥氏体化后浸入温度稍高或稍低于 M_s 点的盐浴或碱浴中，保持适当时间，在工件整体都达到冷却介质温度后取出空冷，以获得马氏体组织的淬火方法，称为分级淬火法，又叫作热浴淬火法。

分级淬火法的主要优点，就是使工件产生变形和裂纹的可能性减小，硬度也比较均匀，而且操作容易，但由于在热状态下的盐浴冷却能力较低，故分级淬火法主要用于外形复杂或截面不均匀的小尺寸精密零件，如刀具、模具和量具。

4）等温淬火法

这一方法类似分级淬火法，但是奥氏体的转变是在 M_s 点稍上的温度区域进行，因此淬火后的组织不是马氏体，而是下贝氏体，故又称贝氏体淬火。等温淬火法是将奥氏体化后的工件淬入稍高于 M_s 温度的硝盐浴或碱浴中，并停留足够的时间，使过冷奥氏体转变为下贝氏体，然后在空气中冷却。

等温淬火法的优点是能够使工件得到较高的强度和硬度，同时具良好的韧性，并可以减少或避免工件的变形和开裂。缺点是工件的直径或厚度不能过大，否则，心部将因冷却速度慢而转变为索氏体，达不到淬火的目的。等温淬火法主要用于一些不但形状较复杂，而且具有较高硬度和冲击韧性的工具、模具（弹簧、螺栓）等工件。

5）冷处理

冷处理就是将淬火钢继续冷却至室温以下的某一温度，并停留一定时间，使残余奥氏体转变为马氏体，然后再恢复到室温。

冷处理的目的是尽量减少钢中残余奥氏体，以获得最大数量的马氏体，从而提高钢的硬度和耐磨性，并稳定钢件的尺寸。因此，冷处理主要用于要求高强度、高耐磨性的零件，以及高精度的量具和精密偶件等。

6. 钢的淬透性与淬硬性

1）淬透性与淬硬性的概念

淬透性表示钢在淬火时获得马氏体的能力，在规定条件下，它决定了钢材淬硬层深度和硬度分布的特性。淬硬性是指钢在理想条件下进行淬火硬化（得到马氏体组织）所能达到的最高硬度的能力。淬硬性与淬透性是两个不同的概念，淬硬性主要与马氏体中的含碳量有关，含碳量越高，淬火后硬度越高。合金元素的含量则对它无显著影响。所以，淬硬性好的钢淬透性不一定好，淬透性好的钢淬硬性也不一定高。例如，碳的质量分数为 0.3%、合金元素的质量分数为 10% 的高合金模具钢 $3Cr_2W_8V$ 淬透性极好，但在 1 100 ℃ 油冷淬火后的硬度约为 50 HRC；而碳的质量分数为 1.0% 的碳素工具钢 T10 钢的淬透性不高，但在 760 ℃ 水冷淬火后的硬度大于 62 HRC。

2）影响淬透性的因素

钢的淬透性主要取决于过冷奥氏体的稳定性，稳定性越好，淬火临界冷却速度越低，则钢的淬透性越好。因此，凡是影响奥氏体稳定性的因素均影响钢的淬透性，主要影响因素有以下两点。

（1）钢的化学成分。钢中含碳量越接近共析成分，过冷奥氏体越稳定，淬透性越好。除钴外，大多数合金元素溶于奥氏体后，使 C 曲线右移，降低临界冷却速度，提高钢的淬透性。

（2）奥氏体化温度及保温时间。提高奥氏体化温度将使奥氏体晶粒长大，成分更均匀，从而限制珠光体等的生核率，降低钢的冷却速度，增大淬透性。

四、钢的回火

工件在淬火之后，其中的马氏体与残余奥氏体都是不稳定组织，它们有自发向稳定组织转变的趋势。为了促进这种转变，可进行回火。回火是指工件在淬硬后，重新加热到 A_1 以下的某一温度，保温一段时间，然后冷却到室温的热处理工艺。回火是最终热处理工艺。

回火总是伴随在淬火之后，因为工件淬火后硬度高而脆性大，不能满足各种工件的不同性能要求，需要通过适当回火的配合来调整硬度、减小脆性，得到所需的塑性和韧性；同时工件淬火后存在很大内应力，如不及时回火，往往会使工件发生变形甚至开裂。另外，淬火后的组织结构（马氏体和残余奥氏体）是处于不稳定的状态，在使用中要发生分解和转变，从而将引起零件形状及尺寸的变化，利用回火可以促使它转变到一定程度并使其组织结构稳定化，以保证工件在以后的使用过程中不再发生尺寸和形状的改变。

根据钢在回火后组织和性能的不同，按回火温度范围可将回火分为低温回火、中温回火和高温回火 3 种。

1）低温回火

低温回火温度是在 150～250 ℃。回火后得到回火马氏体组织，硬度一般为 58～64 HRC。低温回火的目的是保持高的硬度和耐磨性，降低内应力，减少脆性。主要适用于刃具、量具、模具和轴承等要求高硬度、高耐磨性的工具和零件。

2）中温回火

中温回火温度是在 350～500 ℃。回火后得到回火屈氏体组织，硬度为 35～45 HRC。中温回火的目的是要获得较高的弹性和屈服极限，同时又有一定的韧性。主要用于弹簧、发条、热锻模等零件的处理。

3）高温回火

高温回火温度是在 500～650 ℃。回火后得到回火索氏体组织，硬度为 200～350 HRC。高温回火的目的是要获得强度、塑性、韧性都较好的综合机械性能。

当淬火钢回火时，随着回火温度的升高，通常其硬度、强度降低，而塑性、韧性提高，但是在 250～350 ℃ 及 500～650 ℃ 范围内回火时，钢的冲击韧性反而显著降低，这种脆化现象称为回火脆性。淬火钢在 250～350 ℃ 回火时所产生的回火脆性称为低温回火脆性；淬火钢在 500～650 ℃ 范围内回火后出现的脆性称为高温回火脆性。

五、钢的调质处理

在工厂里习惯地把淬火加高温回火相结合的热处理称为调质处理。调质处理在机械工业中得到广泛应用，主要用于承受交变载荷作用下的重要结构件，如连杆、螺栓、齿轮及轴类等。

调质处理可作为最终热处理，但由于调质处理后钢的硬度不高，便于切削加工，并能得到较好的表面质量，故也作为表面淬火和化学热处理的预备热处理。

■ 任务实施

成分相同的两根钢丝加热的温度相同，但采用了不同的冷却方式，即采用了不同的热处理方法，钢的内部组织发生了不同的变化，得到了不同的力学性能。所以，成分相同的两根钢丝虽然加热的温度相同，放在水中冷却的一根硬而脆，很容易折断，放在空气中冷却的一根较软，有较好的塑性，可以卷成圆圈而不断裂。

任务 3-3 钢的表面热处理

■ 任务引入

齿轮是依靠齿的啮合传递扭矩的轮状机械零件，这就要求表面具有高硬度和耐磨性，而心部仍然具有一定的强度和足够的韧性。怎么办呢？

■ 任务目标

熟悉钢表面淬火的目的、方法、工艺特点、适用场合及钢表面化学热处理的目的和方法。

■ 相关知识

一、钢的表面淬火

表面淬火是将工件的表面淬透到一定深度，而心部仍保持未淬火状态的一种局部淬火法。它是利用快速加热使钢件表层很快达到淬火温度，而当热量来不及传到中心便立即快速冷却的方法来实现的。表面淬火的方法较多，工业中应用最多的有感应加热表面淬火法和火焰加热表面淬火法。

1. 感应加热表面淬火

利用感应电流通过工件所产生的热效应，使工件表层、局部或表面加热并进行快速冷却的淬火工艺，称为感应加热表面淬火。

1）感应加热的基本原理

一个线圈通以交流电，就会在线圈内部和周围产生一交变磁场。如将工件置于此交变磁场中，工件中将产生一交变感应电流，其频率与线圈中电流频率相同，在工件中形成一闭合回路，称为涡流。涡流在工件内的分布是不均匀的，表面密度大，心部密度小。通入线圈的电流频率越高，涡流就越集中于工件的表层，这种现象称为集肤效应。依靠感应电流的热效应，使工件表层在几秒钟内快速加热到淬火温度，然后迅速喷水冷却，使工件表面层淬硬，这就是感应加热表面淬火的基本原理，如图3-10所示。

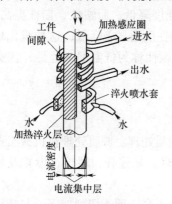

图3-10 感应加热表面
淬火示意图

2）感应加热表面淬火的特点

感应加热表面淬火和普通淬火相比，主要有以下特点。

（1）当感应加热时，使珠光体转变为奥氏体的转变温度升高，转变温度范围扩大，转变所需时间缩短，一般只有几秒或几十秒。

（2）感应加热表面淬火可以在工件表层得到极细的所谓隐晶马氏体组织，所以淬火后可以得到优良的机械性能，硬度比普通淬火稍高（高2~3 HRC），脆性较低，同时可提高疲劳强度。

（3）感应加热表面淬火的工件不易氧化和脱碳，变形也小。

（4）淬硬层深度易于控制，淬火操作容易实现机械化和自动化。

感应加热表面淬火对于大批量的流水生产极为有利。但设备较贵，维修、调整也比较困难，形状复杂的零件感应器不易制造。

3）感应加热表面淬火的应用

感应加热表面淬火主要用于中碳钢和中碳低合金钢制造的中小型工件的成批生产。当淬火时工件表面加热深度主要取决于电流频率。生产上通过选择不同的电流频率来达到不同要求的淬硬层深度。根据电流频率不同，感应加热表面淬火分为高频加热、中频加热和工频加热3类。感应加热表面淬火的应用见表3-2。

表3-2 感应加热表面淬火的应用

分类	频率范围/kHz	淬火深度/mm	适用范围
高频加热	50~300	0.3~2.5	中小型轴、销、套等圆柱形零件，小模数齿轮
中频加热	1~10	3~10	尺寸较大的轴类，大模数齿轮
工频加热	0.05	10~20	大型（>φ300）零件表面淬火或棒料穿透加热

2. 火焰加热表面淬火

火焰加热表面淬火是用乙炔-氧或煤气-氧的混合气体燃烧的火焰，喷射在零件表面上，使它加速加热，当达到淬火温度时立即喷水冷却，从而获得预期的硬度和淬硬层深度的一种表面淬火方法，如图 3-11 所示。

火焰加热表面淬火零件的材料常用中碳钢及中碳合金结构钢，也可用于铸铁件。淬硬层深度一般为 2～6 mm，若要获得更深的淬硬层，往往会引起零件表面严重过热，且易产生淬火裂纹。

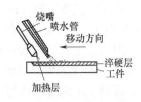

图 3-11 火焰表面
淬火示意图

火焰加热表面淬火设备简单，有乙炔发生器、氧气瓶和喷水嘴，小批量生产可采用手工操作，加热温度用肉眼观察，大批量生产可采用淬火机床，加热温度用光电式示差高温计测量。

这种方法主要适用于大型零件和需要局部淬火的工具或零件，如大型轴类、大模数齿轮、轧辊等。

二、钢的表面化学热处理

化学热处理是将钢件放入一定的化学介质中加热和保温，使介质中的活性原子渗入工件表面，使表面化学成分发生变化，从而改变金属的表面组织和性能的工艺过程。这种热处理与表面淬火相比，其特点是表层不仅有组织的变化，而且还有化学成分的变化。

化学热处理的目的是使工件心部有足够的强度和韧性，而表面具有高的硬度和耐磨性；提高工件的疲劳强度；提高工件表面的抗蚀性、耐热性等性能，以替代昂贵的合金钢。

根据钢中渗入元素的不同，化学热处理有许多种，如渗碳、渗氮、碳氮共渗、渗硼、渗硫、渗硅、渗铬、渗铝等。渗入元素不同，钢的表面性能不同。渗碳、氮化、碳氮共渗可提高钢的耐磨性和疲劳强度；氮化、渗铬可提高耐蚀性；渗硫可提高减磨性；渗硅可提高耐酸性；氮化、渗硼、渗铝可提高耐热性。

在一般机械制造业中，最常用的化学热处理工艺有渗碳、渗氮、碳氮共渗等。

1. 渗碳

渗碳是向钢的表面渗入碳原子，使其表面达到高碳钢的含碳质量分数。

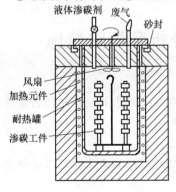

图 3-12 井式气体渗碳炉
气体渗碳法

渗碳所用的钢一般是碳的质量分数为 0.10%～0.25% 的低碳钢和低碳合金钢，如 15、20、20r、20CrMnTi、20SiMnVB 等钢，渗碳层深度一般都在 0.5～2.5 mm，渗碳后表面层的含碳量可达到 0.8%～1.1%。渗碳后的工件都要进行淬火和低温回火，使工件表面获得高的硬度（56～64 HRC）、耐磨性和疲劳强度，而心部仍保持一定的强度和良好的韧性。

渗碳主要有固体渗碳和气体渗碳两种方法，应用广泛的是气体渗碳法。气体渗碳是工件在气体渗碳介质中进行的渗碳工艺，它是将工件放入密封的加热炉中，通入气体渗碳剂进行的渗碳，图 3-12 所示为井式气体渗碳炉气体渗碳法。

渗碳工艺主要用于低碳钢或低碳合金钢制成的齿轮、活塞销、轴类等重要零件，能够满足表面硬而耐磨，心部强而韧，具有较高的疲劳极限的性能要求。

2. 渗氮（氮化）

在一定温度下置于一定介质中，使氮原子渗入工件表层的化学热处理工艺，称为渗氮（又叫氮化）。渗氮的目的是提高工件表层的硬度、耐磨性、热硬性、耐腐蚀性和疲劳强度。

渗氮方法有气体渗氮和离子渗氮两种。气体渗氮是把工件放入密封箱式（或井式）炉内加热（温度为500～580℃），并通入氨气，使其分解，分解出的活性氮原子被工件表面吸收，得到一定深度的渗氮层。零件不需要渗氮的部分应镀锡或镀铜保护，也可留1 mm的余量，在渗氮后磨去。渗氮以后不再进行热处理，因此，为保证零件内部的机械性能，在氮化前要进行调质处理。氮化的主要缺点是时间太长，要得到0.2～0.5 mm的氮化层，氮化时间需30～50 h。另外，氮化层较脆、较薄，所以不能承受太大的接触压力。所用的钢材也受到限制，需使用含Al、Cr、Mo、Ti、V等元素的合金钢。

氮化常用于在交变载荷下工作的各种结构零件，尤其是要求耐磨性和高精密度及在高温下工作的零件，如内燃机的曲轴、齿轮、量规、铸模、阀门等。

3. 碳氮共渗

在奥氏体状态下同时将碳、氮原子渗入工件表层，并以渗碳为主的化学热处理工艺，称为碳氮共渗。根据共渗温度不同，可分为低温（520～580℃）、中温（760～880℃）和高温（900～950℃）碳氮共渗，其目的主要是提高工件表层的硬度和耐磨性。

（1）高温碳氮共渗（900～950℃）以渗碳为主，渗后直接淬火，加低温回火。当气氛中含有一定氮时，碳的渗入速度比相同温度下单独渗碳的速度快，而且在处理温度和时间相同时，碳氮共渗层要厚于渗碳层。

（2）低温碳氮共渗（软氮化520～580℃）以渗氮为主，主要用于硬化层要求薄、载荷小但变形要求严格的各种耐磨件及刃具、量具、模具等。

■ 任务实施

在生产中，有些零件如齿轮、凸轮、曲轴、花键轴和活塞销等，要求表面具有高硬度和耐磨性，而心部仍然具有一定的强度和足够的韧性。这时就需要对零件进行表面热处理，以满足上述要求。

任务3-4 零件常见热处理缺陷分析及预防措施

■ 任务引入

在热处理过程中，必须严格按照工艺规范进行操作，否则容易产生热处理缺陷，使得零件的性能恶化甚至使零件报废。那么，怎样防止缺陷产生呢？

■ 任务目标

掌握常见热处理缺陷、产生原因及预防措施，能够分析热处理缺陷产生的原因并确定其预防措施。

■ 相关知识

工件在热处理过程中，特别是在淬火时，由于加热温度高，冷却速度快，很容易产生某些缺陷。在热处理过程中设法减轻各种缺陷的影响，对提高产品质量有实际意义。

一、过热与过烧

工件加热温度过高或保温时间过长而使奥氏体晶粒过度长大，导致力学性能显著降低的现象称为过热。工件过热后形成粗大的奥氏体晶粒，强度、韧性降低，脆性显著增加。需要通过正火或退火来消除。

工件加热温度过高，致使奥氏体晶界氧化和部分熔化的现象称为过烧。过烧造成工件强度低，脆性大，并且无法补救，只能报废。

二、氧化与脱碳

工件在加热时，介质中的氧、二氧化碳和水蒸气等与之反应生成氧化物的过程称为氧化。氧化使工件表面烧损，增大表面粗糙度参数值，减小工件尺寸，甚至使工件报废。

工件在加热时介质与其表层的碳发生反应，使表层碳的质量分数降低的现象称为脱碳。脱碳使工件表面碳的质量分数降低，使力学性能下降，引起工件早期失效。

三、硬度不足和软点

钢件淬火后表面硬度低于应有的硬度，达不到技术要求，称为硬度不足。加热温度过低或保温时间过短；淬火介质冷却能力不够或冷却不均匀；工件表面不清洁及工件表面氧化脱碳等，均容易使工件淬火后达不到要求的硬度值。

钢件淬火硬化后，其表面存在硬度偏低的局部小区域，这种小区域称为软点。

四、变形和开裂

变形是当淬火时工件产生形状和尺寸偏差的现象。开裂是当淬火时工件产生裂纹的现象。

工件产生变形与开裂的主要原因，都是由于热处理过程中工件内部存在较大的内应力造成的。当热处理内应力大于钢的屈服点时，工件就会发生变形；当淬火应力大于钢的抗拉强度时，工件就会产生开裂。当淬火时，应力的产生是不可避免的，工件引起的变形一般可矫正过来，但若产生裂纹则只能报废。

■ 任务实施

过热和过烧主要都是由于加热温度过高引起的，因此，合理确定加热规范，严格控制加热温度和保温时间可以防止过热和过烧。

热处理时在获得成分均匀的奥氏体的同时，必须注意控制加热温度和保温时间，防止氧化和脱碳现象。

当工件产生硬度不足和大量的软点时，可在退火或正火后，重新进行正确的淬火处理予以补救，即可消除硬度不足和大量软点。

为了减少工件在淬火时产生变形和开裂的现象，可以从两个方面采取措施，第一，在淬火时正确选择加热温度、保温时间和冷却方式，可以有效地减少工件变形和开裂现象；第二，在淬火后及时进行回火处理。

【知识扩展】

当今热处理技术的发展，一方面要追求各类机械零部件的性能的提高，需要相应发展获得各种优异性能的热处理工艺；另一方面又要追求劳动生产率的提高，需要发展各种节约能源和高效率的工艺方法。常用的热处理新技术包括真空热处理、可控气氛热处理、形变热处理、化学热处理和电子束表面淬火。

一、真空热处理

真空热处理是真空技术与热处理技术相结合的新型热处理技术，是指工件热处理工艺的全部或部分在低于 $1×10^{-5}$ MPa 的环境中进行热处理。真空热处理可以实现几乎所有的常规热处理所能涉及的热处理工艺，如淬火、退火、回火、渗碳及氮化，在淬火工艺中可实现气淬、油淬、硝盐淬火和水淬等，还可以进行真空钎焊、烧结及表面处理等，热处理质量大大提高。

真空热处理的特点有以下几点。

（1）热处理变形小。因为真空加热缓慢且均匀，内热温差较小，热应力小，故热处理变形小。

（2）可实现无氧化、无脱碳和无渗碳，可去掉工件表面的磷屑，并有脱脂除气等作用，从而达到表面光亮净化的效果。

（3）可提高工件表面力学性能，延长工件使用寿命。

（4）工作环境好，操作安全，节省能源，没有污染和公害。

（5）真空热处理设备造价较高，目前多用于工模具、精密零件的热处理。

二、可控气氛热处理

工件在炉气成分可控的加热炉中进行的热处理，称为可控气氛热处理。

钢在空气中加热，不可避免地要发生氧化和脱碳，不仅烧损钢材造成浪费，还严重影响工件质量，因此必须采取措施防止氧化和脱碳。可控气氛热处理的主要目的就是减少和防止工件加热时的氧化和脱碳，提高工件尺寸精度和表面质量，节约钢材，控制在渗碳时渗层的碳浓度，而且可使脱碳工件重新复碳。可控气氛热处理设备通常都由制备可控气氛的发生器和进行热处理的加热炉两部分组成。目前应用较多的是吸热式气氛、放热式气氛、放热-吸热式气氛及滴注式气氛。

三、形变热处理

形变热处理是将塑性变形和热处理有机结合，以获得材料力学性能的热处理工艺。这种工艺既可提高钢的强度，改善塑性和韧性，又可节能，在生产中得到了广泛的应用。例如，将钢加热至 A_{c_3} 以上，获得奥氏体组织，保持一定时间后进行形变，立刻淬火获得马氏体组织，然后在适当温度回火后，即可获得很高的韧性。

形变热处理通常可分为高温形变热处理和中温形变热处理。

高温形变热处理是将工件加热到稳定的奥氏体区域，进行塑性变形后立即进行淬火，发生马氏体相变后经回火达到所需的性能。高温形变热处理能显著提高钢的强度、塑性、韧性，并且其疲劳强度也明显提高。

中温形变热处理是将工件加热到稳定的奥氏体区域，迅速冷却到过冷奥氏体的亚稳区进行塑性变形，然后进行淬火和回火。中温形变热处理强化效果非常明显，但工艺较难实现。

该工艺广泛用于结构钢、工具钢工件，用于锻后余热淬火、热轧淬火等工艺。

四、化学热处理新技术

化学气相沉积是一种在硬质合金工具表面涂敷耐高温、耐磨材料薄层的一种化学热处理工艺方法。其原理是将工件置于炉内加热到高温后，向炉内通入反应气（低温下可气化的金属盐），使其在炉内发生分解或化学反应，并在工件上沉积成一层所要求的金属或金属化合物薄膜的方法。化学气相沉积法的缺点是加热温度较高，目前主要用于硬质合金的涂敷。

五、电子束表面淬火

电子束表面淬火是以电子枪发射的电子束作为热源轰击工件表面，以极快速度加热工件并自冷，淬火后使工件表面强化的热处理工艺。电子束的强度大大高于激光，而且其能量利用率可达 80%。电子束表面淬火质量高，淬火过程中工件基体性能几乎不受影响，是很有前途的热处理新技术。电子束在很短时间内轰击表面，表面温度迅速升高，而基体仍保持冷态。当电子束停止轰击时，热量迅速向冷基体金属传导，从而使加热表面自行淬火。电子束表面淬火不受钢材种类限制，加热区域小，加热速度快，不需冷却介质，淬火质量高，工件表面光洁，没有工业污染，热处理后工件硬度比一般热处理高，并具有良好的力学性能。目前主要用于精密零件和关键零件的局部表面淬火。

复习思考题

1. 解释下列名词
(1) 奥氏体、过冷奥氏体、残余奥氏体；
(2) 珠光体、索氏体、屈氏体、贝氏体、马氏体；
(3) 临界冷却速度（V_k）；
(4) 退火、正火、淬火、回火、调质处理；
(5) 淬透性、淬硬性。

2. 珠光体类型组织有哪几种？它们在形成条件、组织形态和性能方面有何特点？

3. 贝氏体类型组织有哪几种？它们在形成条件、组织形态和性能方面有何特点？

4. 马氏体组织有哪几种基本类型？它们的形成条件、晶体结构、组织形态和性能有何特点？马氏体的硬度与含碳量关系如何？

5. 何谓连续冷却及等温冷却？试绘出奥氏体这两种冷却方式的示意图。

6. 说明共析钢 C 曲线各个区、各条线的物理意义，并指出影响 C 曲线形状和位置的主要因素。

7. 确定下列钢件的退火方法，并指出退火目的及退火后的组织。
(1) 经冷轧后的 15 钢钢板，要求降低硬度；
(2) ZG35 的铸造齿轮；
(3) 锻造过热的 60 钢锻坯；
(4) 具有片状渗碳体的 T12 钢坯。

8. 淬火的目的是什么？亚共析钢和过共析钢淬火加热温度应如何选择？

9. 说明 45 钢试样（φ20 mm）经 700 ℃、760 ℃、840 ℃、1 100 ℃温度加热，保温并在水中冷却得到的室温组织。

10. 淬透性与淬硬层深度两者有何联系和区别？影响钢淬透性的因素有哪些？

11. 用正火和调质热处理一批 45 钢的零件，硬度要求 220~250 HB。两种工艺都能达到硬度要求。试分析两种热处理后产品的组织和性能的差别。

12. 现有低碳钢和中碳钢齿轮各一个，为了使齿面具有高硬度和高耐磨性，应进行何种热处理？并比较经热处理后两种钢组织和性能上有何不同？

13. 试说明表面淬火、渗碳、渗氮热处理工艺在用钢、性能、应用范围等方面的差别。

项目 4

常用金属材料的选择

【项目引入】

  汽车变速器是一套用于协调发动机的转速和车轮实际行驶速度的变速装置，用于发挥发动机的最佳性能，由许多直径大小不同的齿轮组成。汽车变速器齿轮起着改变输出转速、传递扭矩的作用，应具有精度等级高、耐磨等特点，以提高齿轮的使用寿命和传动效率。齿轮在工作时传动要平稳且噪声要小，结合时冲击不宜过大。因而对齿轮制造材料的选用提出了很高的要求。

【项目分析】

  金属材料来源丰富，并具有优良的使用性能和工艺性能，是机械工程中应用最普遍的材料，常用以制造机械设备、工具、模具，并广泛应用于工程结构中。

  金属材料大致可分为黑色金属和有色金属两大类。黑色金属通常指钢和铸铁；有色金属是指除黑色金属以外的其他金属及其合金，如铝及铝合金、铜及铜合金等。

本项目主要学习：

工业用钢、铸铁、非铁合金及粉末冶金。

1. 知识目标

 ◆ 掌握常用金属材料的分类、性能、牌号及应用。

 ◆ 掌握合金元素的作用。

 ◆ 熟悉铸铁的石墨化影响因素。

2. 能力目标

◆ 能够识别及分类常见金属。

◆ 能够正确识别常见金属牌号。

◆ 能够正确选择和合理使用金属材料。

3. 素质目标

培养良好的质量意识和严谨的科学态度。

4. 工作任务

任务 4-1 工业用钢的选择

任务 4-2 铸铁的选择

任务 4-3 非铁合金及粉末冶金的选择

大国工匠：敢于质疑
国外产品设计缺陷

任务 4-1 工业用钢的选择

■ 任务引入

装载机履带的工作环境非常恶劣，要求履带表面耐磨性好，而心部具有很高的韧性。应选用何种材料来制造履带？

■ 任务目标

掌握工业用钢中常存元素对钢性能的影响，掌握钢的分类和牌号、各类工业用钢的性能及特点，能够识别及分类常见工业用钢、正确识别常见工业用钢牌号，能够正确选择和合理使用工业用钢。

■ 相关知识

一、常存元素对钢性能的影响

钢在冶炼过程中不可避免地要带入少量的常存元素，如锰、硅、硫、磷、铜、铬、镍等和一些杂质（非金属杂质物及某些气体，如氮、氢、氧等），它们的存在对钢的性能有较大的影响。

（1）锰（Mn）。锰是炼钢时用锰铁脱氧而残留在钢中的，它也经常作为合金元素而特意加入钢中。锰的脱氧能力较好，能很大程度上减少钢中的 FeO，还能与硫化合成 MnS，减轻硫的有害作用。锰大部分溶入铁素体中，使铁素体强化。所以，锰在钢中是一种有益元素。在非合金钢中，当锰作为常存元素时，其含量一般规定为 <1.00%。

（2）硅（Si）。硅是炼钢时用硅铁脱氧而残留在钢中的，也可作为合金元素特意加入钢中。硅的脱氧能力比锰强，可有效清除 FeO。硅在室温下大部分溶入铁素体，使铁素体强化。当作为常存元素时，其 w_{Si} 规定为 <0.50%。

（3）硫（S）。硫是在冶炼时由矿石和燃料中带入的有害杂质，在炼钢时难以除尽。硫在钢中常以 FeS 的形式存在，FeS 与 Fe 形成低熔点的共晶体，分布在奥氏体的晶界上，当钢材进行热加工时，共晶体过热甚至熔化，减弱了晶粒间联系，使钢材强度降低，韧性下降，这种现象称为热脆。常加入锰来降低硫的有害作用。

（4）磷（P）。磷是在冶炼时由矿石带入的有害杂质，在炼钢时很难除尽。磷能溶于 α-Fe 中，但当钢中有碳存在时，磷在 α-Fe 中溶解度急剧下降。磷的偏析倾向十分严重，即使

w_P 只有千分之几的磷存在，也会在组织中析出脆性很大的化合物 Fe_3P，并且特别容易偏聚于晶界上，使钢的脆性增加，冷脆转化温度升高，即发生冷脆。

钢在冶炼时还会吸收和溶解一部分气体，如氮、氢、氧等，使钢的塑性、韧性和疲劳强度急剧降低，严重时会造成裂纹、脆断，是必须严格控制的有害元素。

二、钢的分类和编号

1. 钢的分类

钢的种类繁多，如按用途不同，分为结构钢（包括建筑用钢和机械用钢）、工具钢（包括制造各种工具，如刀具、量具、模具等用钢）和特殊性能钢（具有特殊的物理、化学性能的钢）；按脱氧程度的不同，分为沸腾钢、半镇静钢、镇静钢和特殊镇静钢；按钢的品质不同，分为普通钢（$w_P \leqslant 0.045\%$，$w_S \leqslant 0.05\%$）、优质钢（$w_P \leqslant 0.35\%$，$w_S \leqslant 0.35\%$）、高级优质钢（$w_P \leqslant 0.25\%$，$w_S \leqslant 0.25\%$）和特级优质钢（$w_P \leqslant 0.025\%$，$w_S \leqslant 0.015\%$）。

2. 钢的编号

世界各国都根据国情制定科学而简明的钢铁分类表示方法，通常采用"牌号"来具体表示钢的品种，我国各类钢的编号方法见表 4-1。通过牌号能大致了解钢的类别、成分、冶金质量、性能特点、热处理要求和用途等。

表 4-1　我国各类钢的编号方法

分类		典型牌号	编号说明
碳钢	普通碳素结构钢	Q234-A-F 质量为 A 级的沸腾钢 屈服点 235 MPa	由代表屈服点的字母、屈服点数值、质量等级符号（分为 A、B、C、D，从左至右质量依次提高）、脱氧方法（F、B、Z、TZ 依次表示沸腾钢、半镇静钢、镇静钢、特殊镇静钢）
	优质碳素结构钢	45 平均 w_C 为 0.45% 65Mn 较高含 Mn 量 平均 w_C 为 0.65%	以两位阿拉伯数字表示平均含碳量（以万分之几计），化学元素符号 Mn 表示钢的含锰量较高
	碳素工具钢	T8 平均 w_C 为 0.8% T8A 高级优质 平均 w_C 为 0.8%	字母 T 为"碳"的汉语拼音字首，数字表示碳平均含量的千分数；"A"表示高级优质钢
	铸钢	ZG200-400 碳素铸钢，屈服点为 200 MPa 抗拉强度为 400 MPa	"ZG"代表铸钢。其后面第一组数字为屈服点，第二组数字为抗拉强度
合金钢	合金结构钢	60Si2Mn 平均 w_C 为 0.6% 平均 w_{Si} 为 2% 平均 $w_{Mn} \leqslant 1.5\%$ GCr15SiMn 平均 w_{Cr} 为 1.5%	数字+化学元素符号+数字，前面的数字表示钢的平均 w_C，以万分之几表示；后面的数字表示合金元素的含量，以平均该合金元素的质量分数的百分之几表示，质量分数少于 1.5% 时，一般不标明含量。若为高级优质钢，则在钢号的最后加"A"字；滚动轴承钢的钢号前面加"G"，w_{Cr} 用千分之几表示

续表

	分类	典型牌号	编号说明
合金钢	合金工具钢	5CrMnMo 平均 w_C 为 0.5% 平均 w_{Cr}、w_{Mn}、w_{Mo} 小于 1.5%	平均 w_C 为 <1.0% 时以千分之几表示，≥1.0% 时不标出；高速钢例外，其平均含量 <1.0% 时也不标出；合金元素含量的表示方法与合金结构钢相同
	特殊性能钢	2Crl3 平均 w_C 为 0.2% 平均 w_{Cr} 为 13%	平均 w_C 以千分之几表示，但当平均 $w_C \leqslant 0.03\%$ 及 $\leqslant 0.08\%$ 时，钢号前分别冠以 00 及 0 表示；合金元素含量的表示方法与合金结构钢相同

三、结构钢

结构钢在工程中应用最多。凡用于各种机器零件及各种工程结构（如屋架、井架、桥梁、车辆构架等）的钢称为结构钢。

1. 一般工程结构钢

（1）普通碳素结构钢。碳素结构钢的硫、磷的质量分数较高（$w_P \leqslant 0.045$，$w_S \leqslant 0.055$），大部分用于工程结构，小部分用于机械零件。

碳素结构钢一般在供应状态下使用，必要时可进行锻造、焊接等热加工，亦可通过热处理调整其力学性能。碳素结构钢的性能特点和用途见表 4-2。较典型的牌号是 Q235。

表 4-2　碳素结构钢的性能特点和用途

种类	性能特点	用途
Q195	具有较高的塑性和韧性，易于冷加工	制造载荷小的零件。如垫圈、铆钉、地脚螺栓、开口销、拉杆、冲压零件及焊接件
Q215	具有较高的塑性和韧性，易于冷加工	制造薄钢板、低碳钢丝、焊接钢管、螺钉、钢丝网、护撑、烟囱、屋面板、铆钉、垫圈、犁板等
Q235A，Q235B	强度、塑性、韧性及焊接性等方面都较好，可满足钢结构的要求，应用广泛	制造薄钢板、钢筋、型条钢、中厚板、铆钉及机械零件，如拉杆、齿轮、螺栓、钩子、套环、轴、连杆、销钉、心部要求不高的渗碳件、焊接件等。Q235C 级与 D 级则作为重要的焊接构件
Q255A，Q255B	含碳量较高，强度和屈服点也较高，塑性及焊接性较好，应用不如 Q235 广泛	制造钢结构的各种型钢、钢板及各种机械零件，如轴、拉杆、吊钩、摇杆、螺栓、键和其他强度要求较高的零件
Q275	强度、屈服点较高，塑性和焊接性较差	钢筋混凝土结构配件、构件、农机用型钢、螺栓、连杆、吊钩、工具、轴、齿轮、键及其他强度要求较高的零件

（2）低合金高强度结构钢。低合金高强度结构钢是在低碳钢的基础上，加入少量合金元素（Mn 为主加元素）发展起来的。它在具有良好的焊接性、较好的韧性和塑性的基础上，强度显著高于相同含碳量的碳钢。低合金高强度结构钢因有较高的强度，故可大幅度减轻结构质量，节约钢材，在工程结构中应推广使用。

常用低合金高强度结构钢的牌号有 Q295、Q355、Q390、Q420 等，其中 Q355 钢应用最为广泛。

2. 优质结构钢

（1）优质碳素结构钢。这类钢的硫、磷的质量分数较低，为 ≤0.035%，广泛用于较重要的机械零件。较典型的牌号是 45。较高含锰量的优质碳素结构钢可制作尺寸稍大或强度要求略高的零件。部分优质碳素结构钢的力学性能和用途见表 4-3。

（2）碳素铸钢。冶炼后直接铸造成毛坯或零件的碳素铸钢适用于形状复杂且韧性、强度要求较高的零件，也常用于韧性、强度要求较高的大型零件。

碳素铸钢的含碳量一般在 0.15%～0.60% 范围内，过高则塑性差，易产生裂纹。

表 4-3　优质碳素结构钢的力学性能和用途

牌号	力学性能					用　　途
	R_{el}/MPa	R_m/MPa	A/%	Z/%	K/J	
08	195	325	33	60	—	这类低碳钢由于强度低，塑性好，一般用于制造受力不大的冲压件，如螺栓、螺母、垫圈等。经过渗碳处理或氰化处理可用作表面要求耐磨、耐腐蚀的机械零件，如凸轮、滑块等
10	205	335	31	55	—	
15	225	375	27	55	—	
20	245	410	25	55	—	
25	275	450	23	50	71	
30	295	490	21	50	63	这类中碳钢的综合力学性能和切削加工性均较好，可用于制造受力较大的零件，如主轴、曲轴、齿轮等
35	315	530	20	45	55	
40	335	570	19	45	47	
45	335	600	16	40	39	
50	375	630	14	40	31	
55	380	645	13	35	—	这类钢有较高的强度、弹性和耐磨性，主要用于制造凸轮、车轮、螺旋弹簧和钢丝绳等
60	400	675	12	35	—	
65	410	695	10	30	—	

3. 合金结构钢

1）合金渗碳钢

合金渗碳钢含碳量一般为 0.10%～0.25%，常加入 Cr、Mn、Ti、B 等合金元素。渗碳钢经过表面渗碳后，再经过淬火与低温回火可获得"表面硬、心部韧"的优良性能。主要用以制造承受强烈摩擦、磨损和冲击载荷的机械零件，如汽车、拖拉机变速齿轮、内燃机的凸轮、活塞销等。

常用的钢号为 20CrMnTi、20Cr 等。

2）合金调质钢

含碳量一般为 0.30%～0.50%，常加入 Cr、Si、Mn、M 等合金元素。调质钢经调质处理后具有良好的综合力学性能，即强度高，塑性、韧性好。调质钢广泛用于制造各种重要的机器零件，如齿轮、连杆、轴及螺栓等。

常用的钢号有 40Cr、35CrMo 等。

3）合金弹簧钢

一般含碳量为 0.45%～0.75%，常加入 Si、Mn、V 等合金元素。弹簧钢经淬火加中温回火后，具有较高的弹性极限、疲劳强度、屈服强度及韧性。主要用于制造各种弹簧等弹性零件。

常用的合金弹簧钢有 60Si2Mn、50CrVA 等。

4）滚动轴承钢

一般含碳量为 0.95%～1.10%，Cr 是基本元素，含量为 0.10%～1.65%，目的是提高淬透性。滚动轴承钢用来制造各种滚动轴承元件（滚珠、滚柱、滚针、轴承套等）及其他各种耐磨零件。

常用的轴承钢为 GCr9、GCrl5 等。

四、工具钢

为了满足高硬度和耐磨性的使用要求，工具钢均为高碳成分，一般经过淬火和低温回火后使用。碳素工具钢虽然能达到较高的硬度和耐磨性，但其淬透性差，淬火变形倾向大，并且韧性和红硬性差（只能在 200 ℃ 以下保持高硬度）。因此，尺寸大、精度高、承受冲击载荷和较高工作温度的工具都要采用合金工具钢制造。

工具钢按用途可分为刃具钢、模具钢和量具钢 3 种。然而，各类工具钢并无严格的使用界限，可以交叉使用。

1. 刃具钢

刃具在切削时受切削力作用且切削发热，还要有一定的冲击和振动。因此，要求有高强度（特别是抗弯和抗压）、高硬度、高耐磨性、高热硬性、足够的塑性和韧性。

碳素工具钢（T8、T8A、T10、T12 等）均为高碳钢；合金刃具钢（Cr06、9SiCr 等）的 w_C 一般在 0.9%～1.1%，加入 Cr、Mn、Si、W、V 等合金元素，这类钢的最高工作温度不超过 300 ℃；高速钢（W18Cr4V）的 w_C 在 0.7% 以上，最高可达 1.5% 左右，加入 w_{Cr} 为 4% 的 Cr 可使钢具有最好的切削加工性能，加入 W、Mo 可保证高的热硬性，加入 V 可提高其耐磨性。

2. 模具钢

模具钢按工作条件不同分为冷作模具钢和热作模具钢。

（1）冷作模具钢。冷作模具钢工作时有很大压力、弯曲力、冲击载荷和摩擦。主要损坏形式是磨损，常出现崩刃、断裂和变形等失效现象。因此，冷作模具钢要求具有高硬度、高耐磨性、足够的韧性与疲劳抗力和热处理变形小等特性。

冷作模具钢主要用于制造冷冲模、冷挤模、拉丝模等。尺寸小的冷作模可采用 9Mn2V、CrWMn 等。尺寸较大的可采用 Cr12、Cr2MoV 等。

（2）热作模具钢。热作模具钢在工作中有很大的冲击载荷、摩擦、剧烈的冷热循环所引起的不均匀热应变和热应力及高温氧化，常出现崩裂、塌陷、磨损、龟裂等失效现象。因此，热作模具钢要求具有高的热硬性、高温耐磨性、高的抗氧化能力、高的热强性和足够高的韧性，尤其是受冲击较大的热锻模钢，要求有高的热疲劳抗力，以防止龟裂破坏。此外，由于热模具一般较大，还要求有较高的淬透性和导热性。

热作模具钢主要用于制造各种热锻模、热挤压模和压铸模等，在工作时型腔表面温度可达 600 ℃ 以上。其中 Cr12、5CrMnMo 应用最为广泛。

3. 量具钢

量具在使用过程中主要受磨损，因此对量具钢性能要求是：高的硬度（不小于 56 HRC）和耐磨性，高的尺寸稳定性。

量具钢用于制造各种测量工具，如卡千分尺、螺旋测微仪、块规和塞规等。

量具钢没有专用钢。尺寸小、形状简单、精度较低的量具，用高碳钢制造；复杂的较精密的量具一般用低合金刃具钢制造；CrWMn 的淬透性较高，淬火变形很小，可用于精度要求高且形状复杂的量规及块规；GCr15 耐磨性、尺寸稳定性较好，多用于制造高精度块规、螺旋塞头、千分尺。

五、特殊性能钢

特殊性能钢是指有特殊物理性能和化学性能的合金钢，包括不锈钢、耐热钢、耐磨钢等。

1. 不锈钢

不锈钢是指在腐蚀介质中具有较强抗腐蚀性能的钢。其成分上的特点是低碳，并加入大量 Cr、Ni 等合金元素，使钢获得单相组织，具有较高的电极电位，形成致密氧化膜，以阻止或减缓化学和电化学腐蚀的进程。不锈钢按正火状态的组织可分为铁素体型不锈钢（Cr17 型）、马氏体型不锈钢（Cr13 型）和奥氏体型不锈钢（18-8 型）等。

Cr13 型不锈钢（1Cr13 应用最广）一般用来制造既能承受载荷又要耐蚀性的各种阀、机泵等零件及一些不锈刀具；Cr17 型不锈钢（1Cr17 应用最广）主要用于制造耐蚀零件，广泛用于硝酸和氮肥工业中；18-8 型不锈钢（1Cr18Ni9Ti 应用最广）广泛用于制造化工生产中的某些设备零件或构件及管道等。

2. 耐热钢

耐热钢具有高温抗氧化性，同时又具有较高的高温强度以提高蠕变抗力。常用的耐热钢有珠光体耐热钢，典型钢号有 15CrMo、12MnMo 等，用作锅炉材料、过热器管道等；马氏体耐热钢，典型钢号有 1Cr13Mo、4Cr9Si2 等，多用于制造汽轮机叶片、发动机排气阀等；奥氏体耐热钢，典型钢号有 0Cr19Ni9，工作温度可高于 650 ℃，可用于锅炉和汽轮机过热管道、内燃机重负荷排气阀等。

3. 耐磨钢

对耐磨钢的主要性能要求是很高的耐磨性和韧性。目前最重要的耐磨钢有高锰钢，牌号为 ZGMn13，它广泛应用于要求既耐磨又耐激烈冲击的一些零件，如破碎机齿板、坦克履带、挖掘机铲齿等构件。

■ 任务实施

装载机、拖拉机、起重机的履带都是在严重摩擦和强烈冲击下工作的，在此工作环境下要求履带表面耐磨性好，而心部具有很高的韧性。因此，只有选用耐磨钢制造履带，才能够满足其使用性能要求。

任务 4-2　铸铁的选择

■ 任务引入

箱体是减速器的基础零件，它将减速器中的轴、套、齿轮等有关零件组装成一个整体，使它们之间保持正确的相互位置，并按照一定的传动关系协调地传递运动或动力。减速器箱体形状复杂、壁薄且不均匀，内部呈腔形，加工部位多，加工难度大。因此，箱体的质量将直接影响机器或部件的精度、性能和寿命。应选用什么材料制造箱体？

■ **任务目标**

熟悉铸铁的石墨化影响因素，掌握各类铸铁的组织特点及性能，掌握合金铸铁的性能，能够识别及分类常见铸铁，正确识别常见铸铁牌号，能够正确选择和合理使用铸铁。

■ **相关知识**

铸铁通常是指 $w_C \geq 2.11\%$，含杂质比钢多的铁碳合金，常见的杂质元素有硅、锰、硫、磷等。铸铁有良好的减震、减磨作用，良好的铸造性能及切削加工性能，且价格低、生产方法简便。在一般机械中，铸铁件占机器总质量的 $40\% \sim 70\%$，在机床和重型机械中甚至高达 $80\% \sim 90\%$。近年来铸铁组织得到进一步改善，热处理对基体的强化作用也更明显。铸铁日益成为一种物美价廉、应用广泛的结构材料。

一、铸铁的石墨化

影响铸铁组织和性能的关键是碳在铸铁中存在的形态、大小及分布。铸铁的发展就是围绕如何改变石墨的数量、大小、形状和分布这一核心问题进行的。

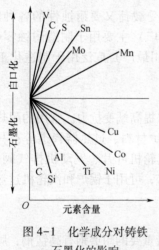

图 4-1 化学成分对铸铁
石墨化的影响

铸铁的石墨化就是铸铁中碳原子析出和形成石墨的过程。一般认为石墨既可以直接由液体铁水中析出，也可以自奥氏体中析出，还可以由渗碳体分解得到。

影响铸铁石墨化的主要因素是化学成分和冷却速度。

（1）化学成分的影响。碳、硅、锰、磷对石墨化有不同的影响。如图 4-1 所示，其中碳、硅、铝是促进石墨化的元素，锰和硫是阻碍石墨化的元素。碳、硅的含量过低，铸铁易出现白口，力学性能和铸造性能都较差；碳、硅的含量过高，铸铁中石墨数量多且粗大，基体内铁素体量多，力学性能下降。

（2）冷却速度的影响。铸件冷却速度越缓慢，越有利于石墨化过程充分进行。当铸铁冷却速度较快时，原子扩散能力减弱，越有利于 Fe-Fe$_3$C 系相图进行结晶和转变，不利于石墨化的进行。

二、常用铸铁

根据碳在铸铁中存在的形式及石墨的形态，可将铸铁分为灰铸铁、球墨铸铁、蠕墨铸铁、可锻铸铁等。灰铸铁、球墨铸铁、蠕墨铸铁中的石墨都是自液体铁水在结晶过程中获得的，而可锻铸铁中石墨则是由白口铸铁通过在加热过程中石墨化获得。图 4-2 所示为铸铁的金相组织。

石墨虽然降低了铸铁的力学性能，但却使铸铁具有诸多优良的性能。例如，石墨本身的润滑作用，以及脱落后留下的空洞具有储油能力，故铸铁有良好的减磨性。由于石墨松软，能够吸震，所以铸铁有良好的减震性。另外，石墨使工件加工形成的切口作用相对减弱，故

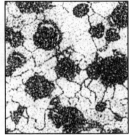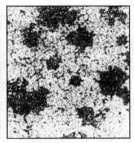

（a）片状石墨（灰铸铁）　　（b）球状石墨（球墨铸铁）　　（c）团絮状石墨（可锻铸铁）　　（d）蠕虫状石墨（可锻铸铁）

图 4-2　铸铁的金相组织

铸铁有较低的缺口敏感性。而石墨的润滑和断屑作用使灰铸铁在切削加工时具有良好的切削加工性。灰铸铁的熔点低于钢，流动性好，析出的石墨比体积大，减小了收缩率，具有良好的铸造工艺性，因此灰铸铁受到极为广泛的应用。

1. 灰铸铁

根据国家标准规定，灰铸铁牌号是由"HT"（"灰铁"的汉语拼音首字母）加一组数字（最低抗拉强度 R_m）组成。

灰铸铁的组织是由片状石墨和钢的基体两部分组成。钢的基体又可分为铁素体、铁素体+珠光体、珠光体 3 种。片状石墨对基体的割裂程度较严重，灰铸铁中基体强度的利用率仅为 30%～50%。

灰铸铁的性能与普通碳钢相比，具有力学性能低、耐磨性与消震性好和工艺性能好等特性。

由于热处理只能改变灰铸铁的基体组织，而不能消除片状石墨的有害作用，故灰铸铁的热处理只能用于消除铸造应力、白口组织及提高铸件的表面硬度和耐磨性。常用的灰铸铁热处理有以下几种。

（1）退火用于消除铸件内应力和白口组织，稳定尺寸。

（2）表面淬火可提高铸件的表面硬度和耐磨性，如机床导轨面和内燃机气缸套内壁进行表面淬火。机床导轨经表面淬火后，可使寿命提高约 1.5 倍。

常用的灰铸铁牌号是 HT150、HT200，前者主要用于机械制造业承受中等应力的铸件，如底座、刀架、阀体、水泵壳等；后者主要用于一般运输机械和机床中承受较大应力与较重要零件，如气缸体、缸盖、机座、床身等。

2. 球墨铸铁

球墨铸铁牌号由"QT"（"球铁"的汉语拼音首字母）加两组数字组成，前一组数字表示最低抗拉强度（R_m），后一组数字表示最低断后伸长率（A）。球墨铸铁中石墨呈球状，基体强度的利用率可达 70%～90%，其拉伸强度、韧性、塑性高，可与钢媲美。球墨铸铁的力学性能除了与基体组织类型有关外，主要决定于球状石墨的形状、大小和分布。一般来说，石墨球越细，球的直径越小，分布越均匀，则球墨铸铁的力学性能越高。铁素体基体的球墨铸铁强度较低，塑性、韧性较高；珠光体基体的球墨铸铁强度高，耐磨性好，但塑性、韧性较低。

球墨铸铁的热处理如下。

（1）退火。目的是获得铁素体，从而改善球墨铸铁的切削加工性能，消除铸造应力。当铸铁组织中不仅有珠光体，还有渗碳体时，须采用高温退火（900～950 ℃）。

（2）正火。目的是得到珠光体基体，并细化组织，提高强度和耐磨性。

（3）调质处理。对于受力比较复杂，要求综合力学性能较高的球墨铸铁件，如连杆、曲轴等，可采用调质处理，获得回火索氏体和球状石墨组织。调质处理一般只适合于小尺寸铸件。

（4）等温淬火。等温淬火是获得高强度和超高强度球墨铸铁的重要热处理方法。等温淬火可以有效地防止变形和开裂。

球墨铸铁兼有钢的高强度和灰铸铁的优良铸造性能，是一种有良好发展前途的铸造合金，用来制造受力复杂、力学性能要求高的铸件。但是，当球墨铸铁凝固时收缩率较大，对原铁液成分要求较严，对熔炼工艺和铸造工艺要求较高，还有待进一步改进。

常用的球墨铸铁牌号是 QT400-15、QT600-3，前者属铁素体型球墨铸铁，主要用于承受冲击、振动的零件，如汽车、拖拉机的轮毂，中低压阀门，电动机壳，齿轮箱等；后者属珠光体+铁素体型球墨铸铁，主要用于载荷大、受力复杂的零件，如汽车、拖拉机曲轴、连杆、气缸套等。

3. 蠕墨铸铁

蠕墨铸铁的牌号由"R_uT"（"蠕铁"的汉语拼音首字母）加一组数字组成，数字表示最低抗拉强度值（R_m）。如 R_uT420 表示抗拉强度不低于 420 MPa 的蠕墨铸铁。

蠕墨铸铁是近三十几年来发展起来的一种新型铸铁，组织中的碳主要以蠕虫状石墨形式存在，其石墨形状介于片状和球状之间。蠕墨铸铁兼有灰铸铁工艺性能优良和球墨铸铁力学性能优良的共同特点，而克服了灰铸铁力学性能低和球墨铸铁工艺性能差的缺点。目前主要用于生产气缸盖、钢锭模等铸件。蠕墨铸铁的缺点在于生产技术尚不成熟和成本偏高。

4. 可锻铸铁

可锻铸铁的牌号由"KT"（"可铁"的汉语拼音首字母）及其后的 H（表示黑心可锻铸铁）或 Z（表示珠光体可锻铸铁），再加上分别表示其最低抗拉强度和伸长率的两组数字组成。

可锻铸铁中的石墨呈团絮状，它对基体的割裂程度较灰铸铁轻，因此，性能优于灰铸铁；在铁液处理、质量控制等方面又优于球墨铸铁。

可锻铸铁的典型牌号 KTH350-10、KTH450-06 等，主要用于制造截面薄、形状复杂、强韧性又要求较高的零件。如低压阀门、连杆、曲轴、齿轮等零件。

三、合金铸铁

为了进一步提高铸铁的力学性能和获得某些特殊性能，如耐热、耐蚀及耐磨性能等，在灰铸铁或球墨铸铁中加入一些合金元素，获得合金铸铁（或称特殊性能铸铁）。

常用的合金铸铁有耐磨铸铁、耐热铸铁和耐蚀铸铁。

1. 耐磨铸铁

在无润滑干摩擦条件下工作的零件应具有均匀的高硬度组织。白口铸铁是较好的耐磨铸铁，但脆性大，不能承受冲击载荷。因此，生产中常采用冷硬铸铁（或称激冷铸铁），即用金属型铸造耐磨的表面，而其他部位用砂型，同时适当调整铁液化学成分（如减少含硅量），保证白口层的深度，而心部为灰口组织，从而使整个铸件既有较高的强度和耐磨性，又能承受一定的冲击。

我国试制成功的中锰球墨铸铁，即在稀土镁球墨铸铁中加入 w_{Mn} 为 $5.0\% \sim 9.5\%$，w_{Si} 控制在 $3.3\% \sim 5.0\%$，并适当提高冷却速度，使铸铁基体获得马氏体、大量残余奥氏体和渗碳体。这种铸铁具有高的耐磨性和抗冲击性，可代替高锰钢或锻钢，适用于制造农用耙片、犁铧、饲料粉碎机锤片、球磨机磨球、衬板、煤粉机锤头等。

在润滑条件下工作的耐磨铸铁，其组织应为软基体上分布有硬的组织组成物，使软基体磨损后形成沟槽，保持油膜。珠光体灰铸铁基本上能满足这样的要求，其中铁素体为软基体，渗碳体层片为硬的组织组成物，同时石墨片起储油和润滑作用。为了进一步改善其耐磨性，通常将 w_P 提高到 $0.4\% \sim 0.6\%$，做成高磷铸铁。由于普通高磷铸铁的强度和韧性较差，故常在其中加入铬、钼、钨、钛、钒等合金元素，做成合金高磷铸铁，主要用于制造机床床身、气缸套、活塞环等。此外，还有钒钛耐磨铸铁、铬钼铜耐磨铸铁、硼耐磨铸铁等。

2. 耐热铸铁

铸铁的耐热性主要是指在高温下的抗氧化和抗热生长能力。

在铸铁中加入硅、铝、铬等合金元素，使表面形成一层致密的 SiO_2、Al_2O_3、Cr_2O_3 保护膜等。此外，这些元素还会提高铸铁的临界点，使铸铁在使用温度范围内不发生固态相变，使基体组织为单相铁素体，因而提高了铸铁的耐热性。

耐热铸铁按其成分可分为硅系、铝系、硅铝系及铬系等。其中铝系耐热铸铁脆性较大，铬系耐热铸铁价格较贵，故我国多采用硅系和硅铝系耐热铸铁。主要用于制造加热炉附件，如炉底、烟道挡板、传递链构件等。

3. 耐蚀铸铁

耐蚀铸铁是指在腐蚀性介质中工作时具有耐腐蚀能力的铸铁。普通铸铁的耐蚀性差，因为组织中的石墨或渗碳体促进铁素体腐蚀。

加入 Al、Si、Cr、Mo 等合金元素，在铸铁件表面形成保护膜或使基体电极电位升高，可以提高铸铁的耐蚀性能。耐蚀铸铁分高硅耐蚀铸铁及高铬耐蚀铸铁。其中应用最广的是高硅耐蚀铸铁，其中 w_{Si} 高达 $14\% \sim 18\%$，在含氧酸（如硝酸、硫酸等）中的耐蚀性不亚于 1Cr18Ni9，而在碱性介质和盐酸、氢氟酸中，由于表面 SiO_2 保护膜遭破坏，会使耐蚀性降低。在铸铁中加入 $6.5\% \sim 8.5\%$ 的铜，可改善高硅铸铁在碱性介质中的耐蚀性；为改善其在盐酸中的耐蚀性，可向铸铁中加入 $2.5\% \sim 4.0\%$ 的钼。

耐蚀铸铁主要用于化工机械，如制造容器、管道、泵、阀门等。

■ 任务实施

减速器箱体是机械设备中常见的零部件，要求其具有足够的强度、较好的减震性和良好的铸造性。因此，减速器箱体常选用最低抗拉强度为 200 MPa 的灰铸铁 HT200 制造。

任务 4-3　非铁合金及粉末冶金的选择

■ 任务引入

齿轮泵泵体所用材料为 ZL401，请说明 ZL401 具体属于哪类材料，并解释牌号的含义。

■ **任务目标**

掌握各类非铁合金的分类及性能，了解粉末冶金和硬质合金的类型及特点，能够识别及分类常见非铁合金，正确识别常见非铁合金牌号，能够正确选择和合理使用非铁合金。

■ **相关知识**

工程中通常将钢铁材料以外的金属或合金统称为非铁金属及非铁合金。因其具有良好的物理、化学和力学性能而成为现代化工业中不可缺少的重要的工程材料。目前，广泛应用的非铁金属有铝及铝合金、铜及铜合金、轴承合金等。

一、铝及铝合金

铝及铝合金在工业上的重要性仅次于钢，尤其在电力、航空、航天、汽车、机车、车辆等部门及日常生活用品中得到广泛的应用。

1. 工业纯铝

工业上使用的纯铝，其纯度（质量分数）为 99%～99.99%。银白色，熔点为 657 ℃，密度为 2.72 g/cm^3，仅为铁的 1/3，是一种轻型金属。

铝具有面心立方晶格，无同素异构转变。其特点是密度小、导电性和导热性好、抗蚀性好。工业纯铝塑性好，可进行各种加工，制成板材、箔材、线材、带材及型材，但强度低。适用于制造电缆、电气零件、装饰件及日常生活用品等。

工业纯铝的牌号为 1070A、1060A、1050A。

2. 铝合金的分类及热处理特点

铝与硅、铜、镁、锰等合金元素所组成的铝合金具有较高的强度，能用于制造承受载荷的机械零件。通常提高铝合金强度的方法有冷变形加工硬化和时效硬化。

1）铝合金的分类

根据铝合金的成分及生产工艺特点，可将铝合金分为变形铝合金和铸造铝合金两大类。当加热至高温时能形成单相固溶体组织，塑性较高，适于压力加工的铝合金，称为加工铝合金，又称变形铝合金；含有共晶组织，液态流动性较高，适于铸造的铝合金，称为铸造铝合金。

（1）变形铝合金。不可热处理强化的变形铝合金主要有防锈铝合金；可热处理强化的变形铝合金主要有硬铝合金、超硬铝合金和锻铝合金。

① 防锈铝合金。防锈铝合金主要是 Al-Mn 系合金和 Al-Mg 系合金，其特点是强度比纯铝高，有良好的耐蚀性、塑性和焊接性，但切削加工性较差。常用于制造各种高耐蚀性的薄板容器、防锈蒙皮等。典型牌号有 5A05、3A21 等。

② 硬铝合金。硬铝合金属于 Al-Cu-Mg 系合金。这类合金既可通过热处理（时效处理）强化来获得较高的强度和硬度，还可以进行变形强化。通过淬火，其强度可达 420 MPa，但其耐蚀性差。硬铝合金典型牌号是 2A01、2A11，主要用于航空工业中，如制造飞机构架、叶片、螺旋桨等。

③ 超硬铝合金。超硬铝合金属于 Al-Cu-Mg-Zn 系合金，并含有少量的 Cr 和 Mn。超硬铝合金时效强化效果好，具有很高的强度和硬度，切削性能良好，但耐腐蚀性较差。超硬铝合金典型牌号是 7A04，主要用于制造飞机上的主要受力部件，如大梁桁架、加强框和起落架等。

④ 锻铝合金。锻铝合金属于 Al-Cu-Mg-Si 系合金，元素种类多，但含量少，因而合金的热塑性好，适于锻造，故称"锻铝"。锻铝通过固溶处理和人工时效来强化。典型牌号是 2A05、2A07，主要用于制造外形复杂的锻件和模锻件。

（2）铸造铝合金。根据主加元素的不同，铸造铝合金分为 Al-Si 系、Al-Cu 系、Al-Mg 系及 Al-Zn 系 4 类，其中 Al-Si 系合金是工业中应用最为广泛的铸造铝合金。

铸造铝合金的代号由"ZL"（"铸铝"的汉语拼音首字母）加顺序号组成。

在顺序号的 3 位数字中：第一位数字为合金系列，1 表示 Al-Si 系，2、3、4 分别表示 Al-Cu 系、Al-Mg 系、Al-Zn 系；后两位数字为合金的顺序号。例如，ZL201 表示 1 号铝铜系铸造铝合金，ZL107 表示 7 号铝硅系铸造铝合金。

① 铝硅合金。Al-Si 系铝合金又称硅铝明，其中 ZL102 称为简单硅铝明，含 Si 量 11%～13%，铸造性能好、密度小，抗蚀性、耐热性和焊接性也相当好，但强度低，只适用于制造形状复杂但对强度要求不高的铸件，如仪表壳体等。

若在 ZL102 中加入适当的合金元素 Cu、Mg、Mn、Ni 等，称为特殊硅铝明，经淬火时效或变质处理后强度显著地提高。由于特殊硅铝明具有良好的铸造性和较高的抗蚀性及足够的强度，在工业上应用十分广泛，如 ZL108、ZL109 是目前常用的铸造铝活塞的材料。

② 铝铜合金。Al-Cu 合金的强度较高，耐热性好，但铸造性能较差，有热裂和疏松倾向，耐蚀性较差。

③ 铝镁合金。Al-Mg 合金（ZL301、ZL302）强度高，相对密度小（约为 2.55），有良好的耐蚀性，但铸造性能差，耐热性低，多用于制造承受冲击载荷、在腐蚀性介质中工作的零件，如舰船配件、氨用泵体等。

④ 铝锌合金。Al-Zn 合金（ZL401、ZL402）价格便宜，铸造性能优良，经变质处理和时效处理后强度较高，但抗蚀性差，热裂倾向大，常用于制造汽车、拖拉机的发动机零件及形状复杂的仪器零件，也可用于制造日用品。

铸造铝合金的铸件，由于形状较复杂，组织粗糙，化合物粗大，并有严重的偏析，因此它的热处理与变形铝合金相比，淬火温度应高一些，加热保温时间要长一些，以使粗大析出物完全溶解并使固溶体成分均匀化。淬火一般用水冷却，并多采用人工时效。

2）热处理特点

提高铝合金强度的主要途径有以下几种。

（1）固溶强化。在纯铝中加入合金元素，形成铝基固溶体，造成晶格畸变，阻碍位错的运动，起到固溶强化的作用，可使其强度提高。形成无限固溶体或高浓度的固溶体型合金时，不仅能获得高的强度，而且还能获得优良的塑性与良好的压力加工性能。Al-Cu、Al-Mg、Al-Si、Al-Zn、Al-Mn 等二元合金一般都能形成有限固溶体。

（2）时效强化。将适于热处理的合金加热到固态溶解度线以上某一温度，获得单相固溶体 α，然后水冷（淬火）获得过饱和固溶体 α 称为固溶处理。这种过饱和固溶体是不稳定的，在室温放置或在低于固溶线某一温度下加热时，其强度和硬度随时间延长而增高，塑性、韧性降低，这个过程称为时效。时效过程中使铝合金的强度、硬度增高的现象称为时效强化。在室温下进行的时效称为自然时效，在加热条件下进行的时效称为人工时效。

（3）细晶强化。铝合金在浇注前进行变质处理，即在浇注前向合金液中加入变质剂，可有效地细化晶粒，从而提高合金强度，称为细化晶粒强化。对于变形铝合金，常用的变质剂有 Ti、B、Nb、Zr 等元素，它们所起的作用就是形成外来晶核，细化铝的晶粒。对于铸造铝合金（如硅铝明），若在浇注前加入一定量的变质剂 [常用钠盐混合物：(2/3)NaF + (1/3)NaCl]，可以增加结晶核心，得到细小均匀的组织，显著地提高合金的强度和塑性。

（4）过剩相强化。如果铝中加入合金元素的数量超过了极限溶解度，则在固溶处理加热时，就有一部分不能溶入固溶体的第二相出现，称为过剩相。这些过剩相通常是硬而脆的金属间化合物，它们在合金中阻碍位错运动，使铝合金强度、硬度提高，这称为过剩相强化。在生产中常常采用这种方式来强化铸造铝合金和耐热铝合金；但过剩相太多，则会使强度降低，合金变脆。

二、铜及铜合金

1. 纯铜

工业用纯铜，含铜量高于 99.5%，通常呈紫红色，故常称为紫铜。纯铜具有优良的导电、导热、耐蚀和焊接性能，又具有一定的强度，广泛用于导电、导热和耐蚀器件。

工业纯铜中含有锡、铋、氧、硫、磷等杂质，微量的杂质元素对铜的力学性能和物理性能影响很大。磷、硅、砷等显著降低纯铜的导电性；铅、铋与铜形成低熔点的共晶体（Cu + Pb）或（Cu+Bi），共晶温度分别为 326 ℃ 和 270 ℃，共晶体分布在晶界上，在进行压力加工时（820～860 ℃），晶界易熔化，使工件开裂产生"热脆性"；氧和硫能与铜形成脆性化合物 Cu_2O、Cu_2S，使铜的塑性降低，冷加工时易开裂，称为"冷脆性"。

工业纯铜牌号有 T1、T2、T3 和 T4 四种。序号越大，纯度越低。无氧铜含氧量低于 0.003%，牌号有 Tu1、Tu2 等，主要用于电真空器件。

2. 铜合金

纯铜的强度低，不适于制作结构件，为此常加入适量的合金元素制成铜合金。

铜合金按加入的合金元素，可分为黄铜、青铜和白铜。在机械生产中普遍使用的铜合金是黄铜和青铜。

1）黄铜

黄铜是以锌为主加合金元素的铜合金。按其化学成分的不同，分为普通黄铜和特殊黄铜两种。

（1）普通黄铜。以锌和铜组成的合金叫普通黄铜。普通黄铜的牌号由"H"（"黄"的汉语拼音首字母）加数字（表示铜的平均含量）组成，如 H68 表示 w_{Cu} 为 68%，其余为锌。锌加入铜中不但能使强度增高，也能使塑性增高。当 w_{Zn} 增加到 30%～32% 时，塑性最高。当 w_{Zn} 增至 40%～42% 时，塑性下降而强度最高。当 w_{Zn} 超过 45% 以后，黄铜的强度急剧下降，塑性太差，已无使用价值。

普通黄铜的力学性能、工艺性和耐蚀性都较好，应用较为广泛。较典型牌号为 H96，主要用于制造冷凝器、散热片及冷冲、冷挤零件等。

（2）特殊黄铜。在普通黄铜的基础上加入其他合金元素的铜合金，称为特殊黄铜。特殊黄铜的牌号仍以"H"为首，后跟添加元素的化学符号及数字，依次表示含铜量和加入元素的含量。铸造用黄铜的牌号前面还加"Z"字。如 HPb59-1 表示加入铅的特殊黄铜，其 w_{Cu} 为 59%，w_{Pb} 为 1%。常加入的合金元素有铅、铝、锰、锡、铁、镍、硅等。这些元素的加入都能提高黄铜的强度，其中铝、锰、锡、镍还能提高黄铜的抗蚀性和耐磨性。特殊黄铜可分为压力加工和铸造用的两种，前者加入合金元素较少，使之能溶入固溶体中，以保证较高的塑性，后者为了提高强度和铸造性能，可以加入较多的合金元素。

特殊黄铜的典型牌号是 HP59-1，主要用于制造各种结构零件，如销、螺钉、螺母、衬套、热圈等。

2）青铜

青铜原指铜锡合金，又叫锡青铜。但目前已将含铝、硅、铍、锰等的铜合金都包括在青铜内，统称为无锡青铜。

（1）锡青铜。以锡为主加元素的铜合金称锡青铜。按生产方式，锡青铜分为压力加工锡青铜和铸造锡青铜两类。

压力加工锡青铜含锡量 w_{Sn} 一般小于 10%，适宜于冷热压力加工。这类合金经变形强化后，强度、硬度提高，但塑性有所下降。其典型牌号是 ZCuSn5Pb5Zn5，主要用于仪表上耐磨、耐蚀零件，弹性零件及滑动轴承、轴套等。

铸造锡青铜 w_{Sn} 为 10%～14%，这个成分范围内的合金结晶凝固后体积收缩很小（<1%）有利于获得尺寸接近铸型的铸件。但由于其结晶温度范围宽，合金流动性差，易形成疏松，铸件致密性差，再加上结晶时偏析严重而强度降低，故锡青铜只宜于用来生产强度和密封性要求不高、形状复杂的铸件。其典型牌号是 ZCuSn10Zn2，主要用于制造阀、泵壳、齿轮、涡轮等零件。

（2）无锡青铜。无锡青铜是指不含锡的青铜，常用的有铝青铜、铍青铜、铅青铜、锰青铜、硅青铜等。

铝青铜是无锡青铜中应用最广泛的一种，其强度高、耐磨性好，且受冲击时不产生火花。在铸造时，由于流动性好，可获得致密的铸件。铝青铜典型牌号是 ZCuAl9Mn2，常用来制造齿轮、摩擦片、涡轮等要求高强度、高耐磨性的零件。

三、轴承合金

滑动轴承中用于制作轴瓦和轴衬的合金称为轴承合金。当轴承支撑轴进行工作时，由于轴的旋转，使轴和轴瓦之间产生强烈的摩擦。为了减少轴承对轴颈的磨损，确保机器的正常运转，轴承合金应具有以下性能要求。

（1）足够的强度和硬度，以承受轴颈所施加的较大的单位压力。

（2）足够的塑性和韧性，以保证轴与轴承良好配合并耐冲击和振动。

（3）与轴之间有良好的磨合能力及较小的摩擦系数，并能保持住润滑油。

（4）有良好的导热性和抗蚀性。

（5）有良好的工艺性，容易制造且价格低廉。

为了满足要求，轴承合金的组织应是在软的基体上均匀分布硬相质点，如图 4-3 所示。

当机器运转时，软的基体很快磨凹下去，而硬的质点凸出于基体，起支撑轴的作用，承受其施加的压力，减小轴与轴瓦之间的接触面，且凹下去的基体可以储存润滑油，从而减小轴与轴颈间的摩擦系数。同时，外来硬物能嵌入基体中，不至于擦伤轴。软的基体还能承受冲击与振动，并使轴与轴瓦很好地磨合。

最常用的轴承合金是锡基或铅基"巴氏合金"，其牌号是"ZCh"（"轴承"的汉语拼音首字母）后附以基本元素和主加元素的化学符号，并标明主加元素和辅加元素的含量。例如，ZChSnSb11Cu6 表示含 11.0% Sb、6% Cu 的锡锑轴承合金。

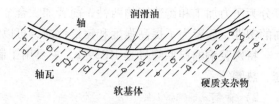

图 4-3　软基体硬质点轴瓦与轴的分界面

1. 锡基轴承合金

锡基轴承合金是工业上广泛应用的轴承材料。它是以锡为基加入锑、铜等元素组成的合金。锡基轴承合金具有较好的耐磨性能，塑性好，有良好的磨合性、镶嵌性和抗咬合性，耐热性和耐蚀性均好，适用于制造承受高速度、大压力和受冲击载荷的轴承。典型锡基轴承合金的牌号是 ZChSnSb11-6，主要用于制造汽车、拖拉机、汽轮机等高速轴瓦。但锡基轴承合金疲劳强度差，工作温度低（<150 ℃）。

2. 铅基轴承合金

铅基轴承合金是以铅-锑为基，加入锡、铜等元素组成的合金。其组织是在铅的软基体上均匀分布硬相颗粒。与锡基轴承合金相比，铅基轴承合金较脆，易形成疲劳裂纹，其热导率、热膨胀系数、浇铸性能、耐蚀性能都低于锡基合金，但强度却接近或高于锡基合金，而且价格低，故这类合金广泛应用于制造中等载荷或高速低载荷、工作中冲击力不大、温度较低的轴承。典型铅基轴承合金的牌号是 ZChPbSb16-16-2，主要用于制造如汽车、拖拉机的曲轴轴承及电动机、破碎机轴承等。

3. 铝基轴承合金

铝基轴承合金是一种新型减磨材料，相对密度小、导热性好、疲劳强度高和耐蚀性好，价格便宜，广泛用于在高速、高负荷条件下工作的轴承。其按化学成分可分为铝锡系（Al-20% Sn-1% Cu）、铝锑系（Al-4% Sb-0.5% Mg）和铝石墨系（Al-8% Si 合金基体+3%～6% 石墨）。

铝锡系轴承合金具有疲劳强度高、耐热性和耐磨性良好等优点，适用于制造在高速、重载条件下工作的轴承；铝锑系轴承合金适用于载荷不超过 20 MPa、滑动线速度不大于 10 m/s 工作条件下的轴承；铝石墨系轴承合金具有优良的自润滑作用、减震作用及耐高温性能，适用于制造活塞和机床主轴的轴承。

4. 铜基轴承合金

锡青铜、铅青铜、铝青铜、铍青铜等，在一定场合均可作为轴承材料。常用的铜基轴承合金有 ZCuPb30 和 ZCuSn10P1，有良好的保持润滑油膜和减磨性能，有较高的疲劳极限和承载能力，导热性高，能在高温下工作，但强度较低。

5. 多层轴承合金

多层轴承合金是一种复合减磨材料，综合了各种减磨材料的优点，弥补其单一合金的不足。例如，将锡锑合金、铅锑合金、铜铅合金、铝基合金等之一与低碳钢带一起轧制，复合成双金属。为了进一步改善其顺应性、嵌镶性及耐蚀性，可在双层减磨合金表面上再镀上一层软而薄的镀层，构成具有更好减磨性及耐磨性的三层减磨材料，其特点是利用增加钢背和减少减磨合金层的厚度以提高疲劳强度，采用镀层来提高表面性能。

四、粉末冶金与硬质合金

1. 粉末冶金简介

粉末冶金是指直接用金属粉末或金属与非金属粉末作为原料，通过配料、压制成型、烧结和后处理等制作成成品或半成品的生产工艺过程。近20多年来，粉末冶金得到迅速的发展，粉末冶金法在机械、冶金、化工、原子能、宇航等部门得到越来越广泛的应用。

粉末冶金法和金属熔炼法及铸造方法有根本的不同。其生产过程包括粉末的生产、混料、压制成型、烧结及烧结后的处理等工序。用粉末冶金方法不但可以生产多种具有特殊性能的金属材料，如硬质合金、难熔金属材料、无偏析高速钢、耐热材料、减磨材料、热交换材料、摩擦材料、磁性材料及核燃料组件等，而且还可以制造很多机械零件，如齿轮、凸轮、轴套、衬套、摩擦片等。与一般零件的生产方法相比，它具有少切削或无切削、生产率高、材料利用率高、节省生产设备和占地面积小等优点。

2. 硬质合金

硬质合金是以碳化钨（WC）、碳化钛（TiC）等高熔点、高硬度的碳化物的粉末和起黏结作用的金属钴粉末经混合、加压成型，再烧结而制成的一种粉末冶金制品。因其工艺与陶瓷烧结相似，所以也称金属陶瓷硬质合金或烧结硬质合金。硬质合金具有高硬度（69～81HRC）、高热硬性（可达900～1 000 ℃）、高耐磨性和较高抗压强度。用它制造刀具，其切削速度、耐磨性与寿命都比高速钢高。硬质合金通常制成一定规格的刀片，装夹或镶焊在刀体上使用。它还用于制造某些冷作模具、量具及不受冲击、振动的高耐磨零件。

■ 任务实施

齿轮泵泵体所用材料 ZL401 为 1 号铝锌系铸造铝合金。

复习思考题

1. 钢中常存杂质元素有哪些？它们对钢的性能有何影响？

2. 指出下列材料牌号的含义：Q235A、60Si2Mn、9SiCr、GCr2W8、3Cr2W8、W18Cr4V、1Cr18Ni9、HT200、QT600-3、KTH300-06

3. 铸铁与钢相比，有哪些特点？

4. 机床底座是用铸钢好，还是用铸铁好呢？为什么？

5. 从综合力学性能和工艺性能来考虑，安排球墨铸铁、可锻铸铁、灰铸铁的优劣顺序，并说明原因。

6. 耕地用的犁铧用什么样的铸铁来制造？加热炉的炉底板用什么样的铸铁？

7. 变形铝合金和铸造铝合金是怎样区分的？能热处理强化的铝合金和不能热处理强化的铝合金是根据什么确定的？

8. 不同铝合金可通过哪些途径达到强化的目的？

9. 常用滑动轴承合金有哪几种？简单说明其组织、性能特点，并指出其主要应用范围。

项目 5

铸造成形

【项目引入】

汽车发动机缸体是发动机的基础零件，通过它把发动机的曲柄连杆机构（包括活塞、连杆、曲轴、飞轮等零件）和配气机构（包括缸盖、凸轮轴等）及供油、润滑、冷却等系统连接成一个整体。缸体形状复杂，在制造时，先铸造出缸体毛坯，再经过机械加工加工出成品。

【项目分析】

铸造是将液体金属浇铸到与零件形状相适应的铸造空腔中，待其冷却凝固后，以获得零件或毛坯的方法。被铸物质多原为固态但加热至液态的金属（如铜、铁、铝、锡、铅等），而铸模的材料可以是砂、金属甚至陶瓷。

本项目主要学习：

铸造成形工艺基础，铸造成形方法，铸造成形工艺设计，铸件结构工艺性。

1. 知识目标

◆ 掌握铸造成形工艺基础知识。

◆ 掌握常见铸造缺陷产生原因及预防措施。

◆ 熟悉常用铸造工艺方法。

◆ 掌握铸件成形工艺设计知识。

◆ 掌握铸件结构工艺性知识。

2. 能力目标

◆ 能进行常见铸造缺陷产生原因分析及预防措施的确定。

◆ 能进行简单的铸造工艺设计。

◆ 能进行铸件结构工艺性分析。

3. 素质目标

培养吃苦耐劳精神和工匠精神。

4. 工作任务

任务 5-1　铸造成形的认知

任务 5-2　铸造成形方法的选择

任务 5-3　铸造成形工艺设计

任务 5-4　铸件结构工艺性分析

大国工匠：执着与
专注练就"火眼金睛"

　　铸造成形是熔炼金属、制造铸型并将熔炼金属浇入铸型，凝固后获得成形毛坯或零件的一种生产方法。它是机器零件成形的主要方法之一，在机械制造中应用十分广泛，特别是在汽车、拖拉机中，铸件质量占 60%～70%，在金属切削机床中占 70%～80%，在重型机械、矿山机械、水力发电设备中约占 85% 以上。铸造之所以被如此广泛地应用，是因为铸造为液态成形，具有很多优点：液态金属易于成形，几乎可以铸造出任何形状的铸件，特别是内腔很复杂的铸件；铸造所适用的合金范围最为宽泛，它包括钢铁材料和有色金属中的绝大多数品种，尤其是一些塑性差、焊接性差而用途又极为广泛的合金材料，如铸铁、青铜和铝合金等，铸造几乎是这些合金的唯一生产方法；毛坯形状、尺寸与零件接近，不仅意味着可减少金属材料的消耗，同时还将大大减少切削加工的工时，因而具有重要的经济意义；应用精密铸造工艺所得到的铸件，可以大大减少切削加工，甚至无须切削加工就可直接使用。

任务 5-1　铸造成形的认知

■ 任务引入

什么是合金的铸造性能？铸造性能对铸造工艺、铸件结构及铸件质量有什么影响？

■ 任务目标

掌握充型能力和流动性的概念、充型能力和流动性对铸件质量的影响、影响充型能力和流动性的主要因素、提高充型能力和流动性的主要措施及收缩的概念，了解铸造应力、收缩对铸件质量的影响，掌握缩孔、缩松、变形、裂纹等铸造缺陷的形成机理和防止措施，能进行常见铸造缺陷产生原因分析及预防措施的确定。

■ 相关知识

合金的铸造性能是表示合金通过铸造成形（液态成形）获得优质铸件的能力，通常指流动性、收缩性、偏析和吸气性。铸造性能是一个极其重要的工艺性能，对铸造成形过程中的铸造工艺、铸件结构及铸件质量有显著的影响。

一、合金的流动性和充型能力

1. 流动性和充型能力的概念

液态金属的充型过程是铸件形成的第一阶段，在充型不利的情况下，易产生浇不足、冷隔、砂眼、铁豆、抬箱、卷入性气孔和夹砂等铸造缺陷。为了获得优质的铸件，必须首先了解液态金属充填铸型的能力及其影响因素，从而可采取相应措施来提高或改善合金的充型能力，防止一些铸造缺陷的产生，以满足生产合格铸件最基本的要求。

液态金属的充型能力是指液态金属充满铸型型腔，获得形状完整、轮廓清晰的健全铸件的能力。它是一个很重要的铸造性能。液态金属的充型能力首先取决于金属本身的流动能力，同时又受铸型性质、浇注条件、浇注方法、铸件结构等外界条件的影响，因此充型能力是上述各因素的综合反映。

合金的流动性是指其流动的能力。它是合金重要的铸造性能，是影响熔融金属充型能力的主要因素之一。一般来说，流动性好的铸造合金，在多数情况下其充型能力强，在浇注后可以获得轮廓清晰、尺寸正确、薄壁和形状复杂的铸件，同时有利于液态金属中非金属夹杂物和气体的上浮与排除，使合金净化，得到不含气孔和夹杂的铸件。此外，铸件凝固期间产生的缩孔可得到金属液的及时补缩，在凝固后期因尺寸收缩受阻所出现的热裂纹能及时得到液态金属的充填而弥合，因此有利于防止这些缺陷的产生。若铸造合金的流动性差，其充型能力就差，铸件容易产生浇不足、冷隔、夹渣、气孔、缩孔和热裂等缺陷，但是可通过改善外界条件来提高其充型能力。

2. 影响因素

1) 合金性质方面的因素

合金性质方面的因素包括合金的种类、成分、结晶特征及其他物理性能等。

在常用合金中，铸铁和硅黄铜的流动性最好，铝硅合金次之，铸钢最差；在铸铁中，流动性随碳、硅含量的增加而提高，普通灰铸铁的流动性比孕育铸铁、可锻铸铁好。合金的结晶特性对流动性影响很大，结晶温度范围窄的合金流动性好，而结晶温度范围宽的合金流动性差。

2) 铸型的性质

铸型的性质对液态合金的充型能力有重要的影响，这是因为铸型的阻力会影响液态金属的充型速度，铸型与金属的热交换又会影响合金液保持流动的时间。因此，通过调整铸型的性质来改善合金的充型能力，也能取得较好的效果。铸型的性质对充型能力的影响主要表现在以下几个方面。

（1）铸型的蓄热系数。铸型的蓄热系数表示铸型从其中的金属吸取并储存在本身中热量的能力，它与铸型材料的导热系数、比热、密度有关。铸型的导热系数、比热和密度越大，铸型的蓄热系数就越大，因而铸型的激冷能力就越强，金属液在其中保持液态的时间也就越短，使充型能力降低。金属型比黏土砂型的蓄热系数大得多，所以液态合金在金属型中的充型能力比在砂型中差，但由于金属型可使液态合金迅速降温，使铸件受到激冷，因此，从控制铸件温度分布和凝固顺序或细化晶粒出发，往往要在铸件的局部或整体上采用金属型。为了使金属型浇冒口中的金属液缓慢冷却，常在一般涂料中加蓄热系数很小的石棉粉，以降低涂料的蓄热系数。砂型的蓄热系数与造型材料的性质、型砂成分的配比和其紧实度等因素有关。在砂型铸造中，在铸型表面涂刷蓄热系数很小的烟黑涂料以解决大型薄壁合金件浇不足的问题，已在生产中收到较好的效果。

（2）铸型的温度。预热铸型可以减小液态金属与铸型的温差，减慢合金的散热，从而提高其充型能力。例如，在金属型浇注铝合金铸件时，若将铸型温度由 340 ℃ 提高到 520 ℃，在相同的浇注温度（760 ℃）下，螺旋线长度可从 525 mm 增加到 950 mm。当用金属型浇注灰铸铁和球墨铸铁件时，铸型的温度不仅影响充型能力，而且还影响铸件是否会产生白口组织。提高铸型的温度可以防止白口的产生。

（3）铸型的表面状态和铸型中的气体。提高铸型壁表面的光滑度或在型腔表面涂导热系数小的涂料，均可提高充型能力。如果铸型具有适当的发气能力，能在金属液与铸型之间形成一层气膜，这样就可减小合金充型流动时的摩擦阻力，有利于提高充型能力。例如，湿砂型中含有小于 6% 的水和小于 7% 的煤粉，能提高液态金属的充型能力，高于此值，充型能力反而降低，如图 5-1 所示。这是由于水分含量过多，会加大液态金属的冷却能力，而且高温液态金属会使水分大量气化或煤粉燃烧，产生大量气体，若铸型的排气能力小或浇注速度太快，则会增大型腔中的气体压力，从而阻碍液态金属的流动，使充型能力降低。因此

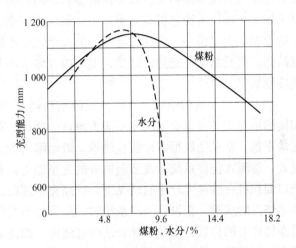

图 5-1　铸型中水分和煤粉含量对
低硅铸铁充型能力的影响

适当控制型砂中的含水量和发气物质的含量，提高型砂的透气性，在砂型上扎通气孔，或者在离浇注端最远或最高部位布置通气冒口，增加砂型的排气能力，可减小铸型中气体压力对充型能力的不利影响。

3）浇注条件

浇注条件主要是指浇注温度和浇注系统结构。

（1）浇注温度。浇注温度对液态合金的充型能力有决定性的影响，在一定温度范围内，充型能力随浇注温度的提高而明显增大。这是因为提高浇注温度可增大合金液的过热度，从而可延长液态合金保持流动的时间，同时也升高铸型的温度，使合金散热减缓。此外，还降低了液态金属的黏度。使流动阻力减小，流速加快，因此可大大提高合金的充型能力。在生产中，对于薄壁铸件或流动性差的合金，为有效而方便地改善它们的充型能力，常采用在一定温度范围内提高浇注温度，以防止铸件产生浇不足、冷隔、气孔及夹渣等缺陷。但是超过一定范围后，随着浇注温度的提高会使合金吸气增多、氧化严重、充型能力的提高幅度越来越小，而且，过高的浇注温度还会使铸件的一次结晶的晶粒粗大，容易产生缩孔、缩松、粘砂等缺陷。为此，根据生产经验，每种铸造合金都有一个合适的浇注温度范围。例如，一般铸钢的浇注温度为 1 520～1 620 ℃，铝合金为 680～780 ℃，薄壁复杂铸件取上限，厚大铸件取下限。不同壁厚的灰铸铁的浇注温度见表 5-1。在实际生产中，对铸铁常采用高温出炉、低温浇注的工艺措施，其目的就是使高温出炉的金属液能把一些高熔点的杂质全部熔

化，使金属液黏度降低，提高了合金的流动性，从而改善金属液的充型能力。而液态金属经一段时间静置后，可使一些难熔杂质上浮至金属表面，起到净化金属液的作用。

表 5-1　灰铸铁的浇注温度

铸件壁厚/mm	~4	4~10	10~20	20~50	50~100	100~150	>150
浇注温度/℃	1 450~1 360	1 430~1 340	1 400~1 320	1 380~1 300	1 340~1 230	1 300~1 200	1 280~1 180

（2）充型压力。液态合金在流动方向上所受的压力越大、充型能力越好。在生产中经常采用增大直浇口的高度，以增加液态合金的静压头的工艺措施来提高充型能力。此外，还可采用人工加压方法来提高充型压头。如压力铸造、低压铸造、真空吸铸等，都能提高合金液的充型能力。但是，要注意合金液的充型速度不能过高，否则会发生金属液飞溅，产生铁豆缺陷，而且由于填充速度过快，型腔内气体来不及排出，使反压力增加，以致造成浇不足或冷隔缺陷。

（3）浇注系统的结构。浇注系统的结构越复杂，液态金属的流动阻力越大，在静压头相同的情况下，液态金属的充型能力越低。例如，在铸造铝合金和镁合金时，为使液态合金流动平稳，常采用蛇形、片状直浇道，流动阻力大，充型能力显著降低。在铸铁件上常用阻流式、缓流式浇注系统，改变金属液的充型能力。在实际生产中，采用简化浇注系统，增大浇口面积可在线速度较小的情况下，提高充填速度，使铸型很快充满，此方法非常利于大型薄壁铸件的成形。在设计浇注系统时，除选择恰当的浇注系统结构外，还必须合理布置内浇道在铸件上的位置，以及选择合适的直浇道、横浇道和内浇道的断面积，否则，即使液态金属有较好的流动性，也会产生浇不足、冷隔等缺陷。

4）铸件结构

铸件结构对充型能力的影响主要表现在铸件的折算厚度和复杂程度的影响。

（1）铸件的折算厚度。铸件的折算厚度是指铸件的实际体积与铸件的全部表面积之比。如果铸件的体积相同，在相同的浇注条件下，折算厚度大的铸件，由于它与铸型的接触表面积相对较小，热量散失较慢，充型能力强。在铸件壁厚相同时，竖壁比水平壁容易充满。因此，为提高薄壁铸件的充型能力，除采取适当提高浇注温度和压头、增加浇口数量和尺寸等措施外，还应正确选择浇注位置。例如，当浇注盖类铸件时（见图 5-2），应选择图 5-2(c)所示的位置，让薄壁主要部分（水平壁）位于下箱，使金属液从上向下流动，而且还增加了静压头，因此不易出现缺陷。

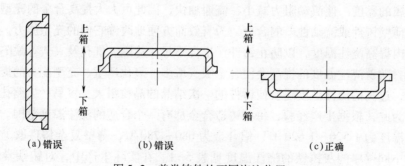

图 5-2　盖类铸件的不同浇注位置

（2）铸件的复杂程度。结构越复杂的铸件，厚、薄部分的过渡面越多，型腔结构越复杂，从而增大了流动阻力，故填充铸型越困难。

3. 提高充型能力的措施

从上述对液态金属充型能力的影响因素的分析，提高充型能力可从以下 3 方面采取措施。

（1）正确选择合金的成分和采用合理的熔炼工艺。在不影响铸件使用性能的前提条件下，可根据铸件的结构尺寸和铸型的性质等因素，将合金成分尽可能调整到共晶成分附近，或者选用结晶温度范围小的合金，以保证液态合金具有良好的流动性，从而有好的充型能力。熔炼合金所采用的原材料要洁净、干燥；严格控制熔炼操作过程，并进行充分脱氧或精炼除气，以减少液态金属中气体和非金属夹杂物。此外，对某些合金进行变质处理，使晶粒细化，也有利于提高充型能力。

（2）调整铸型的性质。适当降低型砂中的含水量和发气物质的含量，减小砂型的发气性；在砂型上扎通气孔，在离浇注端最远或最高部位设通气冒口，提高砂型的透气性；提高金属铸型和熔模壳等的铸型温度；以上措施均有利于提高充型能力。

（3）改善浇注条件。适当提高浇注温度和充型压头及简化浇注系统，这些也是提高充型能力经常采取的工艺措施。

二、合金的收缩

1. 收缩的概念

合金从液态冷却到常温的过程中，体积和尺寸缩小的现象，称为收缩。收缩是铸造合金的物理本性，又是影响铸件几何形状和尺寸、致密性及造成某些缺陷的重要铸造性能之一。合金的收缩量通常用体收缩率和线收缩率来表示。金属从液态到常温的体积改变量称为体收缩；金属在固态由高温到常温的线尺寸改变量称为线收缩。收缩量的大小用体收缩率或线收缩率来表示。当铸造合金温度由铸造开始温度 T_0 下降到铸造结束温度 T_1 时，其体（或线）收缩率用单位体积（或单位长度）的相对变化率来表示。

$$\delta_V = \frac{V_0 - V_1}{V_0} \times 100\% = K_V(T_0 - T_1) \times 100\%$$

$$\delta_l = \frac{l_0 - l_1}{l_0} \times 100\% = K_l(T_0 - T_1) \times 100\%$$

式中：δ_V，δ_l——合金体收缩率、线收缩率；

　　　V_0，V_1——合金在 T_0、T_1 时的体积；

　　　K_V，K_l——合金体收缩系数、线收缩系数；

　　　l_0，l_1——合金在 T_0、T_1 时的长度。

2. 收缩的 3 个阶段

任何一种液态金属浇入铸型后，都要经历液态收缩、凝固收缩和固态收缩 3 个互相联系的收缩阶段，各阶段的收缩特性不同，对铸件质量有不同的影响。

1）液态收缩

当液态合金在充满铸型瞬间，从浇注温度冷却到开始凝固的液相线温度过程中，由于温度的降低而发生体积收缩称为液态收缩。由于在此阶段金属处于液态，因此体积的缩小仅表现为型腔内液面的降低。液态收缩一般以体收缩率表示，其大小与合金的成分和温度有关。当合金成分一定时，提高浇注温度能增大过热度，使液态体收缩率增大。合金成分主要影响液态体积收缩系数的大小和液相线温度的高低。例如，铸钢和铸铁的液态体积收缩系数均随碳含量的增加而增大。而液相线温度随碳含量的减小相应上升。因此，当浇注温度固定后，提高钢或铸铁的含碳量不仅使液相线温度降低，过热度增大，而且由于它们的液态体积收缩系数增大，因而液态体收缩率显著增大。

2）凝固收缩

凝固收缩是合金在液相线和固相线之间的体积收缩，也用体收缩率表示。对于恒温结晶的纯金属和共晶合金，凝固收缩仅由状态的改变引起，通常仍表现为型腔内液面的降低，故具有一定的数值。对于具有一定结晶温度范围的合金，当由液态变为固态时，除伴随着体积收缩外，还因凝固过程中温度降低，也使体积缩小。因此，合金的凝固收缩率既与状态改变时的体积变化有关，又与温度降低有关，而且当结晶温度范围大时，由于温度降低所产生的体收缩率也就比较大。

3）固态收缩

固态收缩是指合金从凝固终止温度（固相线温度）冷却到室温的收缩。它表现为铸件外形尺寸的减小，通常用线收缩率 δ_1 表示。线收缩是铸造应力、变形和裂纹等铸件缺陷产生的重要原因。必须指出，对于具有一定结晶温度范围的合金，其线收缩不是从完全凝固后才开始的，而是在结晶温度范围中某一温度开始的，称此温度为线收缩开始温度。实验证明，此时合金中尚有20%～45%的残留液体。如果合金的线收缩率没有受到铸型等外部条件的阻碍，其值仅与合金的固态线收缩系数和合金的线收缩开始温度有直接关系，且合金的固态线收缩系数越大，或者合金的线收缩开始温度越高，则线收缩率越大，而合金的线收缩系数和线收缩开始温度又受合金成分的影响。

3. 合金的收缩特性对铸件质量的影响

由于液态合金冷却至室温的各个阶段具有不同的收缩特性，因而对铸件质量便有不同的影响。液态收缩和凝固收缩是铸件产生缩孔和缩松的基本原因，固态收缩是铸件产生裂纹的主要原因。

1）缩孔和缩松

（1）缩孔。由于合金收缩产生的集中在铸件上部或最后凝固部位容积较大的孔洞称为缩孔。在液态合金结晶过程中，液态收缩和凝固收缩都会引起铸件体积收缩。如果由体积收缩产生的孔洞得不到及时补充，就会在铸件内部产生缩孔或缩松。缩孔一般呈倒圆锥形（类似心形），内表面比较粗糙。圆柱体铸件缩孔形成过程如图5-3所示。

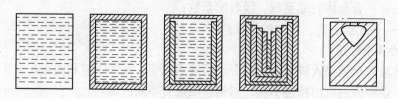

图5-3 缩孔形成过程示意图

（2）缩松。由合金收缩产生的分散于铸件区域内的细小缩孔称为缩松。缩松可分为宏观缩松和显微缩松两种。能用肉眼或放大镜看出的缩松称宏观缩松，这种缩松多分布在铸件中心轴线处或缩孔上方；只能用显微镜才能观察出来的缩松称显微缩松，这种缩松分布面积更为广泛，甚至遍及整个截面。显微缩松一般不作为缺陷对待。缩松形成过程如图 5-4 所示。

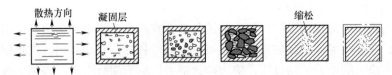

图 5-4 缩松形成过程示意图

（3）缩孔、缩松形成的影响因素。

① 合金成分。不同成分的合金其结晶温度范围不同，结晶温度范围小的合金，产生缩孔的倾向越大；结晶温度范围大的合金，产生缩松的倾向就越大。

② 浇注条件。提高浇注温度，合金总体积收缩加大，产生缩孔倾向加大。适当降低浇注速度或向明冒口中不断补浇高温合金液体，可使铸件液态收缩和凝固收缩及时得到补偿，铸件总体积收缩缩小，缩孔容积也减小。

③ 铸件结构。铸件复杂程度、铸件壁厚及壁与壁的连接等，都与缩孔、缩松的形成有密切关系。

缩孔和缩松都属于铸件的重要缺陷，必须采取适当的工艺措施加以预防。

（4）缩孔和缩松的防止方法。

① 按照顺序凝固原则进行凝固。顺序凝固的方式就是采用各种工艺措施，使铸件上从远离冒口的部分到冒口之间建立一个逐渐递增的温度梯度，从而实现由远离冒口的部分向冒口的方向顺序地凝固，如图 5-5 所示。这样，铸件上每一部分的收缩都能得到稍后凝固部分的合金液的补充，缩孔产生在最后凝固的冒口内。冒口是多余部分，切除后便得到无缩孔的致密铸件。顺序凝固主要适用于凝固收缩大或壁厚差别较大，易产生缩孔的合金铸件。如铸钢、高强度铸铁和球墨铸铁件等。其缺点是铸件各部分温差较大，在凝固期间容易产生热裂，凝固后也容易使铸件产生应力和变形。由于冒口为多余部分，同铸件的连接面积较大，因而增加材料消耗和加工工时，从而增加铸件成本。

② 合理确定内浇道位置及浇注工艺。合理确定内浇道位置及浇注工艺，例如，内浇道应从铸件厚实处引入，尽可能靠近冒口或由冒口引入，图 5-5 为顺序凝固方式示意图。浇注温度和浇注速度应根据铸件结构、浇注系统类型确定。一般采用高温慢浇可加强顺序凝固，有利于补缩，消除缩孔。

③ 合理应用冒口、冷铁等工艺措施。冒口的尺寸应保证冒口比铸件补缩部位凝固得晚，并有足够的金属液供给。冒口能够补缩

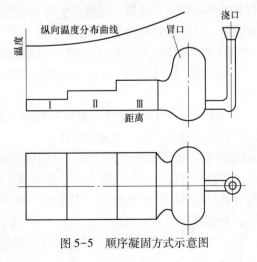

图 5-5 顺序凝固方式示意图

的最大距离称为有效补缩距离。当铸件长度超过冒口有效补缩距离时，补缩不到的部位会出现缩松或缩孔。用铸铁、钢和铜等金属材料制成的激冷物称为冷铁。冷铁放入铸型中，用以加大铸件某一局部的冷却速度，调节铸件的凝固顺序。它与冒口相配合，可扩大冒口的有效补缩距离。

2）铸造内应力及铸件的变形、裂纹

铸件凝固后将在冷却至室温的过程中继续收缩，有些合金甚至还会因发生固相相变而引起收缩或膨胀，这些收缩或膨胀如果受到阻碍或因铸件各部分互相牵制，都将使铸件内部产生应力。当引起应力的原因消除以后，应力随之消失，称为临时应力，否则为残留应力。最常见的铸造应力有热阻碍引起的热应力和机械阻碍引起的机械阻碍应力，内应力是铸件产生变形及裂纹的主要原因。

（1）热应力。铸件凝固后，由于继续冷却过程中不同部位的冷却速度不同，同一时间收缩量也不同，但铸件各部分连为一个整体，彼此间互相制约，从而使收缩受到阻碍，产生应力，即为热应力。铸件在落砂后热应力仍会存在，因此热应力是一种残留应力。

（2）机械阻碍应力。铸件冷却到弹性状态以后，由于受到铸型、型芯和浇、冒口等的阻碍而产生的应力，称为机械阻碍应力，也叫收缩应力。机械阻碍应力一般都是拉应力。如图 5-6 所示，套筒筒身及内孔在固态收缩中，受到充填过紧的砂型凸出部分及型芯的阻碍，产生拉应力。形成应力的原因一经消除，如落砂、打断浇冒口后，应力随之消除，因此机械阻碍应力是一种临时应力。

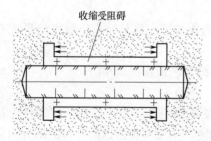

收缩受阻碍

图 5-6　受砂型和砂芯机械阻碍的铸件

铸造应力是热应力和机械阻碍应力等的代数和。因此，尽管机械阻碍应力为临时应力，但是如果和热应力同时作用，在某一个瞬间超过铸件的抗拉强度，铸件将会产生裂纹。

（3）减小和消除铸造应力的方法。铸造应力使铸件的精度和使用寿命大大降低。在存放、加工甚至使用过程中，铸件内的残留应力将重新分布，使铸件发生变形或裂纹，它还降低铸件的耐腐蚀性，因此必须尽量减小或消除铸造应力。减小铸造应力的主要途径是针对铸件自身的结构特点，在制定铸造工艺时采用同时凝固原则，提高铸型和型芯的退让性，减小机械阻碍。具体措施有以下几项。

① 在零件满足工作条件的前提下，选择弹性模量和收缩系数小的合金材料。

② 减小砂型的紧实度，或者在型芯、型砂内加入木屑、焦炭末等附加物，提高砂型的退让性。

③ 内浇口和冒口的设置应有利于铸件各部分温度的均匀分布，减小收缩阻力。例如，内浇口开在薄壁处，厚壁处放置冷铁。

④ 尽量避免阻碍收缩的结构，采用壁厚均匀、壁与壁之间均匀连接、热节小而分散的结构，使铸件各部分收缩阻碍最小。消除铸件中残留应力的有效措施为去应力退火。一般规律是将铸件加热到弹塑性状态（铸铁为 500～600 ℃），在此温度下保温一段时间，使应力消失，再缓慢冷却到室温。

（4）铸件的变形和冷裂。当铸造应力值超过合金的屈服强度时，铸件将发生塑性变形；

当铸造应力值超过合金的抗拉强度时，铸件将产生冷裂纹。在铸件产生变形以后，常因加工余量不够或因铸件无法放入夹具导致无法加工而报废。在铸件中，存在任何形式的裂纹都严重损害其力学性能，使用时会因裂纹扩展而使铸件断裂，造成事故。

① 铸件的变形。对于厚薄不均匀、截面不对称及具有细长特点的杆类、板类及轮类等铸件，当残余铸造应力超过铸件材料的屈服强度时，往往产生翘曲变形。一般来说，薄壁或外层部位冷却速度快，存在压应力，如果铸件刚度不够，应力释放后往往会引起伸长或外凸变形；反之，厚壁或内层部位冷却速度慢，存在拉应力，会导致压缩或内凹变形。

② 铸件的冷裂。冷裂是铸件处于弹性状态即在低温时形成的裂纹。冷裂往往出现在铸件受拉应力的部位，特别是在应力集中处。冷裂纹表面具有金属光泽或呈微氧化色。脆性大、塑性差的合金，如白口铸铁、高碳钢，以及某些合金钢最易产生冷裂纹，大型复杂铸件也易形成冷裂纹。

图 5-7 所示是带轮铸件的冷裂现象。带轮的轮缘、轮辐比轮毂薄，因此冷却速度较快，比轮毂先收缩，当铸件冷至弹性状态后，轮辐的收缩受到先冷却的轮缘的阻碍，使轮辐中产生拉应力，当拉应力过大时轮辐发生断裂。

防止冷裂的方法是尽量减小铸造应力。防止带轮冷裂的措施有：

图 5-7　带轮铸件的冷裂

- 把内浇口开在薄的轮辐处，以实现同时凝固；
- 较早打箱，以去除铸型对收缩的阻碍，打箱后立即用砂子埋好铸件，使其缓慢冷却；
- 修改结构，加大轮辐和轮缘的连接圆角，以增加强度和减少应力集中。

3）合金的收缩性与铸件质量关系

合金的收缩性与铸件质量密切相关，如果控制不当，将会带来铸件的质量问题，轻者影响铸件的外观和尺寸精度，重者使铸件报废。

如前所述，当合金的液态收缩和凝固收缩得不到足够的合金液补偿时，铸件将产生缩孔、缩松缺陷，这种缺陷减少了铸件的有效截面，并在缩孔、缩松附近产生较大的应力集中现象，从而降低铸件的实际强度，产生裂纹的倾向增加，或者在承受液压、气压等压力试验时发生渗漏现象。合金从液态凝固冷却到室温的过程中，因收缩受阻而产生铸造应力，使铸件产生变形或裂纹缺陷。铸件的变形如果较轻微或能矫正，不影响加工余量和使用要求，则可不作废品处理。但变形严重，不能矫正的铸件，以及有裂纹的铸件只能报废。

此外，合金的固态收缩使铸件的体积产生收缩，表现为 3 个方向尺寸的缩小，如果在工艺设计时，模样预留的收缩量不够或不准确，则会造成铸件的尺寸精度达不到设计要求。另外，铸件尺寸的改变会使某些加工面可能因加工余量不够而留下铸造表皮，或者因加工余量过多而削弱铸件的结构强度。

三、合金的吸气性和氧化性

1. 合金的吸气性

合金在熔炼和浇注时吸收气体的性能称为合金的吸气性。合金液所吸收的气体如不能逸出而停留在合金液内，则使铸件产生气孔缺陷。根据气体来源不同，气孔可分为侵入气孔、析出气孔和反应气孔 3 类。

1）侵入气孔

侵入气孔是由于砂型或砂芯受热而产生的气体侵入金属液内部形成的。

（1）特征：在铸件上表面或砂型和砂芯表面附近有呈梨形或椭圆形的较大孔洞，且表面光滑。

（2）形成原因：砂型（芯）的水分、有机附加物含量过多，发气量大，发气速度快；型（芯）砂的透气性差；砂型排气不畅；当浇注时卷入气体等。

（3）防止侵入气孔的主要途径：尽量降低型（芯）砂的发气量和增强砂型（芯）的排气能力，并正确设计浇、冒口系统。

2）析出气孔

合金在熔炼和浇注过程中因接触气体而使氢、氧、氮等气体溶解在其中，且其溶解度随温度的升高而增加，当达到合金熔点时急剧上升。当合金液冷凝时，气体在合金中的溶解度逐渐下降而以气泡形式析出。气泡如不能及时上浮逸出，便会在铸件中形成析出气孔。

（1）特征：体积较小，大面积分布于铸件截面上，且同一炉、同种材料所浇注的铸件大部分都有这种气孔。

（2）防止析出气孔的主要途径：严格控制炉料质量、熔炼操作和浇注工艺。如去除炉料中水、氧化物和油污；在熔炼时加覆盖剂，隔绝合金液同空气的接触，尽量缩短熔炼时间；保证浇包等工具干燥；避免剧烈搅拌；合理设计浇注系统等。

3）反应气孔

合金液与型砂中的水分、冷铁、芯撑之间或合金内部某些元素、化合物之间发生化学反应产生气体而形成的气孔称为反应气孔。

（1）特征：数量多而尺寸小（孔径一般为 1～3 mm），大多数产生于铸件表皮下 1～3 mm 处，形状多呈针状（也有的呈球状），故又称皮下针孔或皮下气孔。

（2）防止反应气孔的主要途径：控制型砂的水分；尽量降低合金液的含气量；保证冷铁、芯撑干燥、无锈、无油污等。

4）合金的吸气与铸件质量关系

溶解在合金中的气体因合金的凝固、冷却、溶解度下降而析出，使铸件形成气孔缺陷。气孔与缩孔一样，同为孔洞类缺陷，破坏了金属材质的连续性，减少了铸件的截面，并在其周围引起应力集中。因此，它使铸件的力学性能，特别是冲击韧性和疲劳强度显著下降。同时，对于要求高致密性的铸件，由于气孔的存在，有可能使铸件在液压、气压试验时产生渗漏，达不到技术要求而报废。

2. 合金的氧化性

合金的氧化性是指合金液与空气接触，被空气中的氧气氧化，形成氧化物。氧化物若不及时清除，随金属液一起填充到型腔中，在铸件中就会出现夹渣缺陷。

■ 任务实施

合金的铸造性能通常指流动性、收缩性、偏析和吸气性，对铸造成形过程中的铸造工艺、铸件结构及铸件质量有显著的影响。

任务 5-2　铸造成形方法的选择

■ 任务引入
常用的铸造方法有哪些？如何正确选择合适的铸造方法？

■ 任务目标
掌握砂型铸造过程、方法特点及应用，了解熔模铸造、金属型铸造、低压铸造、压力铸造和离心铸造等特种铸造方法的工艺过程、特点及应用。

■ 相关知识
根据造型材料的不同，可将铸造成形分为砂型铸造和特种铸造两大类方法，砂型铸造是指采用以原砂为主要骨干材料并配入相应的黏结剂、添加物等辅助材料混制形成的造型材料，进行造型和制芯的铸造成形方法。各种有别于砂型铸造的其他铸造方法，统称为特种铸造。

一、砂型铸造

砂型铸造是目前各种液态成形方法中最基本、应用最广泛的成形方法，生产的铸件约占铸件总产量的 80% 以上，它具有灵活性大、生产周期短、成本最低等优点。但是砂型铸造生产工序较多，有些工艺过程难以控制，因此易产生一些铸造缺陷，铸件质量也不够稳定，废品率较高。

砂型铸造

其工艺过程如图 5-8 所示。

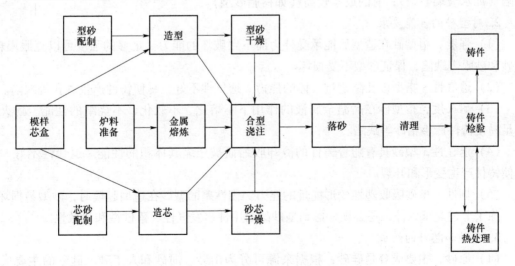

图 5-8　砂型铸造生产工序流程

1. 砂型的种类

常用的砂型种类有湿型、干型、表面干型和化学硬化砂型等。

1) 湿型

湿型是指不经烘干即浇注的砂型。制造湿型的湿型砂由硅砂、黏结剂（如黏土）、附加物（如煤粉、渣油等）和水分按一定比例配制而成。湿型不必烘干，因而节省烘干设备和能源，具有生产周期短，生产率高，较经济，容易实现机械化、自动化生产和劳动条件较好等优点，是目前机械化、自动化生产中广泛采用的砂型。但是，湿型的强度低、水分高，不易保证铸件质量，故多用于中小型铸件的生产，对于质量要求高的、厚壁的中、大型铸件不宜采用。

2）干型

经过烘干后浇注的砂型称为干型。砂型经烘干后，其强度、透气性显著提高，而水分大大减少。但因要烘干，使生产周期长，耗能多，设备投资大，劳动条件较差，实现机械化、自动化生产较湿型难度大。所以，它主要用于质量要求高的中、大型铸件的单件、小批生产。

3）表面干型

仅将砂型型腔表面一薄层烘干，而其余部分仍是湿的。这样，烘干时间大大缩短，表层的强度有较大提高。所以，它兼有干型和湿型的一些优点，可用于生产中、大型铸件。为了适应中、大件的要求，提高型腔表面强度，要选择粗的硅砂作原砂，用质量好的膨润土作黏结剂，且型腔表面要刷上涂料，以便获得较低的表面粗糙度。

4）化学硬化砂型

化学硬化砂型特点是靠黏结剂自身的化学反应使砂型硬化而获得很高的强度，如水玻璃砂型、水泥砂型、树脂砂型等都属于这一类。它们一般不用烘干，或者只需低温烘烤，具有生产周期短、效率高、劳动条件好等优点，多用于生产铸钢件及中、大型铸铁件，树脂砂型往往用于生产质量要求高的铸件。但在这类砂型中，有的旧砂回用较困难，铸件易产生粘砂缺陷（如水玻璃砂型）；有的成本较高（如树脂砂型）。

2. 对型砂的性能要求

（1）强度，指型砂在造型后能承受外力而不致破坏的能力。足够的强度可以克服塌箱、冲砂和砂眼等缺陷，保证砂型不受损坏。

（2）透气性，指型砂孔隙透过气体的能力。透气性不好，易使铸件产生气孔等缺陷。

（3）耐火度，指型砂在高温金属液的作用下不熔化、不软化、不烧结的性能。耐火性不足易使铸件产生粘砂等缺陷。

（4）退让性，型砂具有随着铸件的冷却收缩而被压缩其体积的性能。退让性不好，容易使铸件产生变形和开裂。

（5）韧性，型砂吸收塑性变形能量的能力。韧性差的型砂在造型起模时，砂型易损坏。

除了上述要求以外，还必须考虑到型砂的耐用性、发气性、落砂性和溃散性。

3. 型砂和芯砂的组成

（1）原砂，主要成分是硅砂，根据来源可分为山砂、河砂和人工砂。硅砂的主要成分是 SiO_2。

（2）黏结剂，用来黏结砂粒的材料。常用的黏结剂有黏土和特殊黏结剂。

（3）附加物，为了改善型砂的某些性能而加入的材料。如加入煤粉，以降低铸件的表面粗糙度；加入木屑可以提高型砂的退让性和透气性。

（4）涂料和补料，不是配制型砂时加入的成分，而是造型结束后涂补或散撒在铸型表面的材料，用于降低铸件表面粗糙度，防止产生粘砂缺陷。

4. 造型

造型是砂型铸造中最重要的工序之一。选择合理的造型方法对提高铸件质量、简化工艺操作和降低生产成本具有重要影响。通常有手工造型和机器造型两大类。

1）手工造型

手工造型是指用手工进行紧砂、起模、修型、下芯及合箱等主要操作过程的造型方法。手工造型是最基本的造型方法。其主要特点是适应性强，操作灵活，成本低，工艺装备简单，不需专用的复杂设备，因而广泛用于单件、小批生产中，特别是大型、复杂的铸件，往往要用手工造型。但这种造型方法劳动强度大，铸件质量不稳定，精度差，生产率低，要求工人的技术水平高、操作熟练。手工造型的方法很多，根据铸件的尺寸、形状、材料和生产批量等要求，在一般生产中主要有整模造型、分模造型、挖砂造型、刮板造型、地坑造型、活块造型等，应用最广的是两箱分模造型。表 5-2 为常用的手工造型方法。在选择时，应根据铸件的结构形状、生产批量、技术要求、生产条件等选择较合理的造型方法。

表 5-2　常用手工造型方法

造型方法	简　图	特　点	适用范围
整模造型		模样是整体结构，最大截面在模样一端且是平面的；分型面多为平面，操作造型简便	适用于形状简单的铸件
分模造型		将模样沿外形的最大截面分成两半，并用定位销钉定位。其造型操作方法与整模基本相似，不同的是在造上型时，必须在下箱的模样上靠定位销放正上半模样	适用于形状较复杂的铸件，特别是用于有孔的铸件，如套筒、阀体管子等
挖砂造型		铸件的外形轮廓为曲面或阶梯面，其最大截面亦是曲面，由于条件所限，模型不便分成两半。挖砂造型操作麻烦，生产率低	仅用于形状较复杂铸件的单件生产
假箱造型		假箱一般是用强度较高的型砂制成，舂得比砂箱造型硬。假箱造型可免去挖砂操作，提高造型效率	适用于用挖砂造型且具有一定批量的铸件的生产
三箱造型		中型的上、下两面都是分型面且中箱高度与中型的模样高度相近。此方法操作较复杂，生产率较低	适用于两头大、中间小的形状复杂且不能用两箱造型的铸件

造型方法	简　图	特　点	适用范围
刮板造型	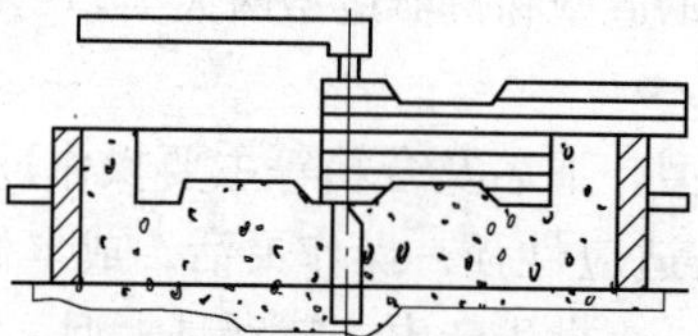	模样简单，节省制模材料和工时，但操作复杂，生产效率很低	用于大中型旋转体铸件的单件、小批量生产
地坑造型	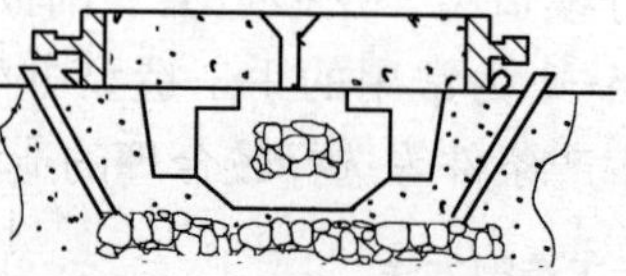	造型是利用车间地面砂床作为铸型的下箱。大铸件需在砂床下面铺以焦炭，埋上通气孔，地坑造型仅用或不用上箱即可造型，因而减少了造砂箱的费用和时间，但造型费时，生产效率低，要求工人技术水平高	适用于砂箱不足、生产批量不大、质量要求不高的中、大型铸件
组芯造型	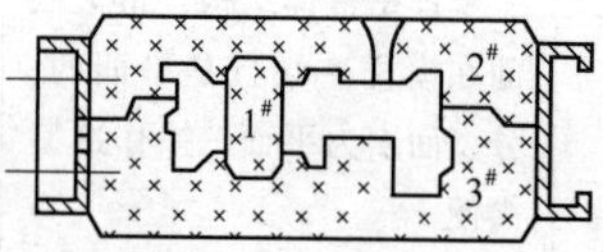	用若干块砂芯合成铸型而无须砂箱。它可提高铸件的精度。但成本高	适用于大批量生产形状复杂的铸件
活块造型	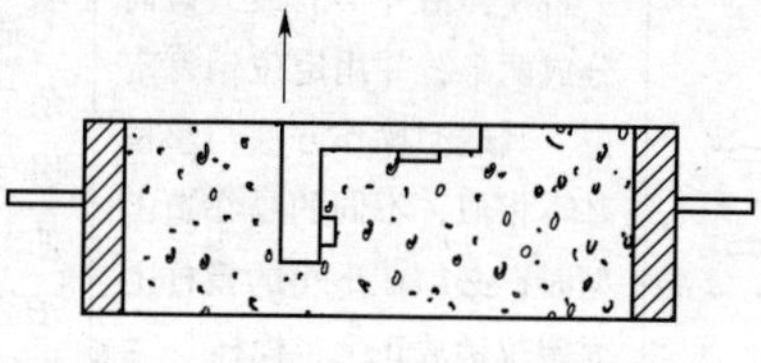	模样上可拆卸或活动的部分叫活块。要求造型特别细心，操作技术水平高，生产率低，质量也难以保证	单件、批量有凸起、难起模的铸件

2）机器造型

机器造型是指用机器完成填砂、紧实、起模等主要工序的造型方法。它是现代化铸造车间的基本造型方法，机器造型与手工方法相比，其主要特点是铸件质量稳定、表面质量好、铸件精度高、加工余量小、生产效率高、劳动条件好、生产总成本低、便于实现自动化；需用专用设备和工艺装备（如模板、夹具、砂箱等），以及流水线上配套的各种机构，因而要投入较大的资金和技术力量，生产准备期长。故适用于大量和成批生产铸件。

机器造型的两个主要环节是铸型的紧实和起模。造型机的紧砂方法很多，生产中最常用的是震压紧实和抛砂紧实。震压紧实可使型砂紧实度分布均匀，且生产率高，它是生产中小型铸件的主要方法。抛砂紧实生产率高，型砂紧实度均匀。由于抛砂头可沿水平面运动，适应性强，故可用于任何批量的大、中型铸件生产。

造型机的起模方法有顶箱起模、漏模起模和翻转起模。顶箱起模如图 5-9 所示，易掉砂，仅适用于型腔形状简单，高度较小的铸型，用于制造上箱，以省去翻箱工序。漏模起模如图 5-10 所示，避免了掉砂，故常用于形状复杂或高度较高的铸型。翻转起模如图 5-11 所示，不易掉砂，适用于型腔较深、形状复杂的下箱起模。

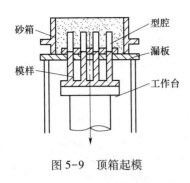

图 5-9　顶箱起模

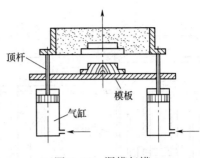

图 5-10　漏模起模

（1）震压造型。以压缩空气为动力的震压造型机最为常用，这种机器的结构如图 5-12 所示。其紧砂原理是：多次使充满型砂的砂箱、震击活塞、气缸等抬起几十毫米后自由下落，撞击压实气缸，多次震击后砂箱下部型砂由于惯性力的作用而紧实，再用压头将砂箱上部松散的型砂压实，这种方法所用机器结构简单，价格低廉，应用较普遍，但噪声大、砂型紧实度不高。

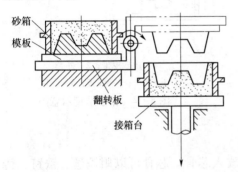

图 5-11　翻转起模

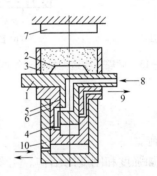

1—工作台；2—模板；3—砂箱；4—震实气；5—震实活塞；
6—压实活塞；7—压头；8—震实进气口；
9—震实排气口；10—压实气缸

图 5-12　震压造型机示意图

（2）微震压实造型。微震压实造型的紧砂原理是对型砂压实的同时进行微震。微震紧砂与震击紧砂不同之处在于微震紧砂震击缸是向上运动撞击活塞的，震动频率较高（480～900 次/min），振幅较小（数毫米至数十毫米），微震压实造型机的工作过程如图 5-13 所示。

（3）抛砂造型。图 5-14 所示为抛砂造型示意图。型砂由传送带进入抛砂头后，被高速旋转的叶片甩向弧板，在离心力的作用下初步紧实成砂团，然后高速抛入砂箱内，再次紧实。砂团速度越高，动能越大，则紧实度就越高。抛砂造型的填砂与紧实同时进行，效率大，噪声小。但起模、翻箱需要另外的设备，而且紧实度的大小和均匀性与操作者的技术水平有关。这种造型方法通常用于中、大型铸件的造型。

5. 制芯

型芯的主要作用是形成铸件的内腔，有时也形成铸件局部外形。

1）提高型芯综合性能措施

型芯应具有良好的综合性能，除对芯砂及涂料有较严格的要求外，提高型芯综合性能还

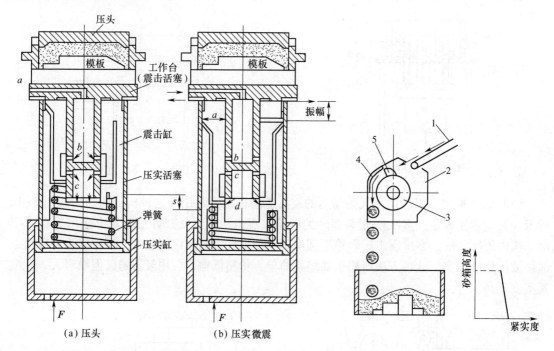

(a) 压头　　　　(b) 压实微震

图 5-13　微震压实造型机的工作过程示意图

1—送砂皮带；2—外壳；
3—转子；4—弧板；5—叶片
图 5-14　抛砂造型示意图

采用以下措施。

（1）增加强度和刚度的结构。主要是在型芯中放入芯骨。芯骨可以用铁丝、铁钉、铸铁和钢条焊接。

（2）提高透气性的结构。主要是在型芯中设置通气孔。型芯的通气孔一定要与砂型的出气孔相通，以便将气体排出型外。

（3）提高退让性的结构。对于小型型芯，一般只靠合理地配制芯砂来保证其退让性；大型型芯可以采用空心结构或在芯骨上缠草绳来提高退让性。

此外，在砂芯的表面刷一层涂料以提高耐高温性能，防止粘砂；在砂芯烘干后，强度和透气性均能提高。

2）型芯制作方法

型芯可用手工和机器制造，在单件、小批生产中多用手工制芯。但在成批、大量生产中，需用机器制芯才能满足高速造型线对砂芯量的需求。目前使用较多的是射芯机和壳芯机制芯。

（1）射芯机制芯。其工作原理如图 5-15

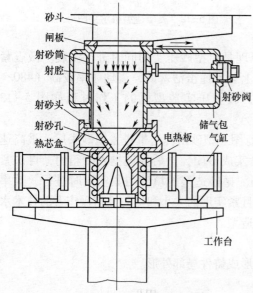

图 5-15　热芯盒射芯机示意图

所示。射砂筒内的芯砂在压缩空气带动下高速射进芯盒，从而使芯砂紧实。射芯机制芯主要有冷芯盒和热芯盒两种。冷芯盒制芯射芯机，芯盒不加热，芯砂为油砂、合脂砂等，制好的砂芯需用烘炉烘干硬化。热芯盒制芯射芯机，芯砂为热固性树脂砂。在制芯时，射芯机将芯砂射入已加热的芯盒内，经十几秒至数十秒即可硬化，利用顶芯装置将砂芯顶出。此法生产率很高，砂芯质量好，是大批量流水线生产中广泛采用的制芯方法。

（2）壳芯机制芯。吹砂法壳芯机制芯过程如图 5-16 所示，芯砂为树脂覆膜砂，当芯盒预热到 260～300 ℃时，翻转吹砂斗（连同芯盒）进行吹砂结壳，经一定时间（称结壳时间）后，再翻转 180°，将尚未结壳的芯砂倒回砂斗中待用，再经一段时间（称硬化时间）硬化后即可顶出砂芯。整个制芯过程少则 1～2 min，多则 3～5 min，视壳芯的大小和要求的壳层厚度而定。

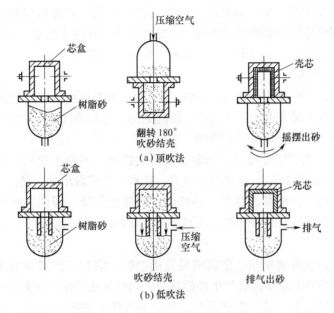

图 5-16　吹砂法壳芯机制芯过程示意图

6. 合型

将上型、下型、型芯、浇口等组成一个完整铸型的操作过程称为合型，也叫合箱。合型是浇注前的最后一道工序。在合型时一定要全面检查砂型和型芯的质量，然后将型芯安放准确、牢固，最后盖上上型。为防止上、下型位置不正确及在搬运和浇注时相互间的位置移动，可采用定位销、定位线等保证合型时位置正确。

7. 浇注

把金属液浇入铸型的操作叫浇注。浇注系统是指为了将金属液导入型腔，而在铸型中开出的通道，其作用为：能平稳地将金属液导入并充满型腔，避免冲坏型腔和型芯；防止熔渣、砂粒或其他杂质进入型腔；能调节铸件的凝固顺序。

1）浇注系统组成

浇注系统是由外浇口（浇口杯）、直浇道、横浇道及内浇道组成。如图 5-17 所示。

（1）外浇口（浇口杯）。外浇口是金属液的直接注入处。作用是便于浇注，并缓解金属

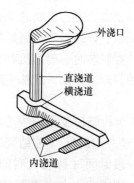

图 5-17　浇注系统

液对铸型的冲击，防止部分熔渣和气体随同金属液流入型腔。外浇口的形状有漏斗形和盆形。

（2）直浇道。直浇道是金属液的垂直通道，其断面多为圆形。其主要作用是调节金属液流入型腔的速度和压力，直浇道越高，速度和压力越高，型腔的薄壁部分和最高处越容易被金属液充满。一般直浇道应高出型腔最高处 100～200 mm。

（3）横浇道。横浇道是金属液的水平通道，可将液体金属导入内浇道，简单小铸件有时可以省去不用。其主要作用是防止熔渣、砂粒、气体等进入型腔，并将金属液合理地分配给内浇道。横浇道的剖面形状有倒梯形、半圆形、圆形等，倒梯形最常用。

（4）内浇道。金属流入型腔的最后通道常设置在下箱，主要作用是控制金属液的流速和流向。内浇道影响铸件内部的温度分布，对铸件的质量有较大影响。内浇道的剖面形状有高度不同的倒梯形、半圆形、弓形等，高度较小的倒梯形较为常用。

2）浇注过程注意事项

因为浇注不当，会引起浇注不足、冷隔、跑火、夹渣和缩孔等铸造缺陷。所以在浇注前，应把浇包中液态金属表面的浮渣去掉，清理通道，做好操作者的防护等。为保证铸件质量和操作安全，浇注过程应注意以下事项。

（1）浇注温度。浇注温度过低，则金属液流动性差，不利于金属液充满型腔，易产生浇注不足、冷隔、气孔等缺陷。浇注温度过高，铁水的收缩量增加，易产生缩孔、缩松、裂纹及粘砂等缺陷，同时会使晶粒变粗，铸件的机械性能下降。因此，必须严格控制浇注温度。对于铸铁件，形状复杂的薄壁件浇注温度为 1 350～1 400 ℃，形状简单的厚壁件浇注温度为 1 260～1 350 ℃。

（2）浇注速度。浇注速度快，金属液易充满型腔，同时可以减少氧化。但浇注速度太快，金属液对铸型的冲击加剧，会产生冲砂现象，同时速度太快也不利于补缩。浇注速度太慢，使金属液的降温过多，易产生浇不足、冷隔和夹渣等缺陷。通常，薄壁件宜用快速浇注，厚壁件宜用慢—快—慢的方式浇注。

（3）其他注意事项。在浇注时，应注意挡渣、扒渣及引火。浇注过程要连续。

8. 落砂及清理

1）落砂

从砂型中取出铸件的过程称为落砂。落砂时要注意开箱的时间，开箱过早，铸件未凝固好或温度过高，铸件会跑火、表面易产生硬化、过大的变形甚至开裂；开箱过晚，会长时间占用场地和工装，使生产效率降低。

2）清理

清除落砂后铸件表面的型砂、内部砂芯、飞边毛刺、浇口和冒口及修补缺陷等一系列工作称为铸件的清理。清理时工人劳动强度大，卫生条件差，费时、费工。目前，许多清理工作已由机器完成。

二、特种铸造

除砂型铸造方法以外的各种铸造方法统称为特种铸造，特种铸造方法正在不断出现。下面列举的是几种较常用的方法。

1. 熔模铸造

熔模铸造是先做一个和铸件形状相同的蜡模，把蜡模焊到浇注系统上组成蜡树，然后在表面涂覆多层耐火材料，待硬化干燥后，将蜡模熔去，而获得具有与蜡模形状相应空腔的型壳，把硬壳型烘干、熔烧去掉杂质，最后浇注液体金属，其工艺过程如图5-18所示。

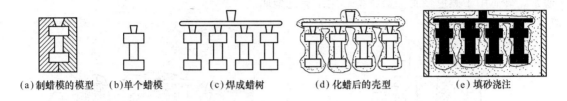

(a)制蜡模的模型　(b)单个蜡模　(c)焊成蜡树　(d)化蜡后的壳型　(e)填砂浇注

图5-18　熔模铸造工艺过程

熔模铸造的特点是铸件的精度及表面质量高，节约了金属材料，减少了切削加工工作量，因此熔模铸造法生产的铸件有时可以不再进行机械加工。由于型壳材料选用耐高温的材料，所以能够铸各种合金铸件，尤其是铸造那些熔点高、形状很复杂、难切削加工和用别的加工方法难以成形的合金，特别是对形状复杂的耐热合金钢铸件，它几乎是目前唯一的铸造方法。但是熔模铸造生产工序繁多，生产周期长，工艺过程复杂，影响铸件质量的因素多，必须严格控制才能稳定生产，原材料价格昂贵，生产成本高、不适用于生产大型铸件。熔模铸造主要用于汽轮机叶片、泵叶轮、复杂切削刀具、汽车及摩托车仪表、机床、兵器等机械中的小型复杂零件的生产。

2. 金属型铸造

将液态金属浇入金属铸型获得铸件的方法称为金属型铸造，金属型可重复多次使用，故称永久型铸造。

1）金属型结构

金属型铸造的工艺特点，根据分型面的位置不同，金属型的结构可分为整体式、垂直分型式、水平分型式和复合分型式。如图5-19所示。

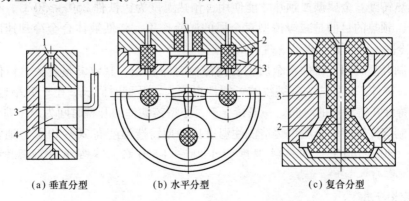

(a)垂直分型　　　(b)水平分型　　　(c)复合分型

1—浇口；2—砂型；3—型腔；4—金属芯

图5-19　金属型的类型

在工业生产中应用最广的是垂直分型式，它便于开设浇口和取出铸件，也易于实现机械化生产。图5-20所示为铸造铝活塞金属型结构示意图。当铸件冷却凝固后，先向两侧拔出销孔金属型芯7、8，然后向上抽出金属型芯5，再把金属型芯4、6向中间拼拢并抽出，最后水平分开左右半型1、2。

图5-21所示为复合分型式金属型立体图。金属型的内腔可用金属型芯或砂芯来制造。通常，砂芯用于黑色金属，金属型芯用于有色金属。

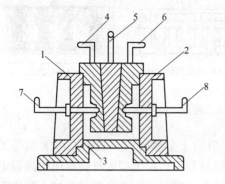 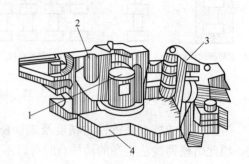

1—型芯；2—左半型；3—右半型；4—底座
图5-21　复合分型式金属型立体图

1—左半型；2—右半型；3—底座；
4，5，6—左、中、右金属型芯；7，8—销孔金属型芯
图5-20　铸造铝活塞金属型结构示意图

2）工艺特点

金属型和砂型相比，金属型具有导热快、没有退让性和透气性等缺点，为了获得合格的铸件必须严格控制其铸造工艺。

（1）喷刷涂料。金属型腔和型芯表面必须喷刷一层厚度为 0.3～0.4 mm 的耐火涂料，以防止高温金属液体对金属型壁的直接冲刷，涂料层还可以减缓铸件的冷却速度，同时涂料层还有一定的透气、排气能力，可以减少铸件中气孔的数量。不同铸造合金采用不同的涂料，铝合金铸件常采用由氧化锌粉、滑石粉和水玻璃组成的涂料，灰铸铁铸件常采用石墨、滑石粉、耐火黏土和水等组成的涂料。

（2）预热铸型。金属型要预热才能使用，预热温度为铸铁件250～350 ℃，有色金属件100～250 ℃，预热的目的是减缓铸型对金属的激冷作用，降低液体合金冷却速度，减少铸件易出现的冷隔、浇不足、夹渣、气孔等缺陷。

（3）控制开型时间。铸件在金属型腔内停留时间越长，其收缩量越大，铸件出型和抽芯也越困难，铸件产生内应力和裂纹的可能性也越大，开型时间长，生产效率也低。因此，应严格控制铸件在铸型中的时间。一般情况下，小型铸铁件的开型时间为10～60 s。

（4）控制浇注温度。金属型铸造浇注温度比砂型铸造温度高20～30 ℃。通常，铸造铝合金温度为 680～740 ℃，灰铸铁温度为 1 300～1 370 ℃，铸造锡青铜温度为 1 000～1 150 ℃。

3）特点及应用

（1）一个金属型可以多次使用，因而生产率高，便于实现机械化，适于大批大量生产。

（2）节省造型材料，减少了粉尘污染。

（3）铸件表面光洁，尺寸准确，可以减少机械加工余量。

（4）因冷却速度快，铸件晶粒细小，力学性能好。

（5）金属型成本高，周期长，加工费用大，不适于小批量生产。

（6）几乎没有退让性。

（7）金属型冷却快，铸件易产生裂纹。

目前金属型铸造主要用于生产大批量有色金属铸件，如铝合金活塞、气缸体、气缸盖、水泵壳体及铜合金轴瓦、轴套等。

3. 压力铸造

压力铸造是将液体金属在高压下注入铸型，经冷却凝固后，获得铸件的方法。常用的压力从几兆帕到几十兆帕。铸型材料一般采用耐热合金钢。用于压力铸造的机器称为压铸机，压铸机的种类很多，目前应用较多的是卧式压铸机，其生产工艺过程如图 5-22 所示。

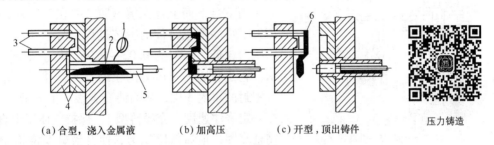

(a) 合型，浇入金属液　　(b) 加高压　　(c) 开型，顶出铸件　　　　压力铸造

1—熔融金属液；2—压缩室；3—顶杆；4—铸型；5—顶杆；6—铸件

图 5-22　卧式压铸机生产工艺过程

1）压铸机及压铸工艺过程

压铸机是压铸生产最基本的设备。压铸机一般分为热压室和冷压室压铸机两大类。热压室压铸机的压室和坩埚联成一体，而冷压室压铸机的压室是与保温坩埚炉分开的。图 5-23 所示为热压室压铸机工作过程示意图。当压射冲头 3 上升时，液体金属 1 通过进口 5 进入压室 4 中，随后压射冲头下压，液体金属沿着通道 6 经喷嘴 7 充入室中，然后打开压型 8，取出铸件。这样，就完成一个压铸循环。

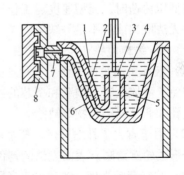

1—液体金属；2—坩埚；3—压射冲头；4—压室；5—进口；6—通道；7—喷嘴；8—压型

图 5-23　热压室压铸机工作过程示意图

2）特点及应用

（1）液体金属在高压下成形，可以压铸形状复杂的薄壁铸件。

（2）压铸件是在高压下结晶凝固，组织致密，力学性能比砂型铸造铸件性能高20%～40%。

（3）压铸件表面粗糙度值低，有的铸件可不经切削加工直接使用。

（4）生产率高，是所有铸造方法中生产率最高的，而且易于实现半自动化、自动化生产。

（5）多用于低熔点的有色金属铸件。

（6）压铸件虽然表面质量好，但内部易产生小气孔和缩松。当机械加工时，内部暴露出来，不能用热处理方法来提高铸件的力学性能。

（7）由于压铸设备和压铸型费用高，压铸型制造周期长，故只适于大批量生产。

目前压铸工艺主要用于大批量生产的低熔点有色金属铸件，汽车、拖拉机制造业应用压铸件最多，其次是仪表、电子仪器制造业，最后为农业、国防、计算机、医疗等机器制造业。压铸生产的零件主要有发动机气缸体、气缸盖、变速箱体、发动机罩、支架、管接头及齿轮等。

4. 低压铸造

1) 低压铸造工艺过程

低压铸造是介于重力铸造（如砂型、金属型铸造）和压力铸造之间的

低压铸造

一种铸造方法。它是使液态合金在压力作用下自下而上地充填型腔，并在压力下结晶形成铸件的工艺过程。所

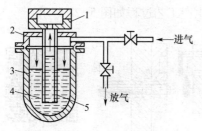

1—铸型；2—盖板；3—坩埚；
4—合金液；5—升液管
图 5-24　低压铸造原理

用压力较低，一般为 0.02～0.06 MPa。如图 5-24 所示，它是利用一定压力的压缩空气，并以一定流量进入密封的坩埚 3 中，从而使合金液 4 沿升液管 5 上升，在一定浇注速度下充满铸型 1，保持气体压力直至铸件完全凝固，最后解除压力，使升液管及浇道中未凝固的合金液靠自重回到坩埚中，经一定时间后即可开型取出铸件。

当低压铸造时，充型速度、工作压力及保温时间是关键的工艺参数，若掌握不当就会造成铸件无法取出或浇不足等缺陷。

2) 低压铸造的特点和应用范围

（1）液体金属是由下而上平稳地充填铸型，型腔中液流的方向与气体排出的方向一致，因而避免了液体金属对型壁和型芯的冲刷作用，以及卷入气体和氧化夹杂物，从而防止铸件产生气孔和非金属夹杂物等缺陷。

（2）由于省去了补缩冒口，使金属的利用率提高到 90%～98%，由于提高了充型能力，有利于形成轮廓清晰、表面光洁的铸件，这对于大型薄壁铸件尤为有利。

（3）减轻劳动强度，改善劳动条件，设备简易，易实现机械化和自动化。

目前低压铸造主要用于质量要求较高的铝、镁合金铸件的大批量生产及高速内燃机活塞、纺织机零件等。

5. 离心铸造

离心铸造是将液态金属浇入高速旋转的铸型中，在离心力作用下充填铸型并结晶的铸造方法。

1) 离心铸造分类

按旋转轴的空间位置，离心铸造机可分为立式和卧式两类。立式离心铸造机绕垂直轴旋转，主要用于生产高度小于直径的圆环铸件；卧式离心铸造机绕水平轴旋转，主要用于生产长度大于直径的管类和套类铸件。离心铸造的铸型主要使用金属型，也可以用硼砂型。工作原理如图 5-25 所示。

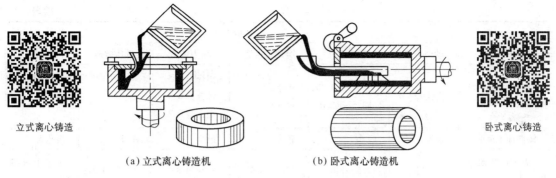

图 5-25　离心铸造机

2）特点及应用

（1）铸件在离心力的作用下结晶凝固，相对密度大的金属液体自动移向外表面，而相对密度小的气体和熔渣自动移向内表面，铸件由外向内顺序凝固，所以组织细密、无缩孔、气孔、缩松、夹渣等缺陷，铸件的力学性能较好。

（2）铸造回转类中空的铸件不必用型芯。

（3）提高了液体金属的利用率。离心铸造法在铸造空心圆筒形铸件时可以省去型芯和浇注系统，这比砂型铸造节省工时。

（4）合金充型能力在离心力作用下得到了提高，因此可以浇注流动性较差的合金铸件和薄壁铸件。

（5）离心铸造的不足之处在于铸件的内孔不够准确，内表面质量较差。但这并不妨碍一般管道的使用要求，对于内孔需要加工的机器零件，则可采用加大内孔加工余量的方法来解决。

（6）离心铸造不足之处还在于只适合生产回转体铸件。

（7）由自由表面形成的内孔尺寸偏差较大，内表面较粗糙，不适合相对密度偏析大的合金和轻合金（如镁合金等），离心力可加剧铅青铜的相对密度偏析，镁合金则要求转速极高。

目前离心铸造被广泛应用于铸造铸铁管、钢套、轴套、活塞环坯料和输油管等。

■ **任务实施**

各种铸造方法都具有优缺点及适用范围，在选择铸造方法时，要根据具体情况进行全面分析比较，最后才能正确选出合适的铸造方法。表 5-3 列出了几种常用的铸造方法（包括砂型铸造）的详细情况。

表 5-3　常用铸造方法比较

比较项目	铸造方法					
	砂型铸造	熔模铸造	金属型铸造	压力铸造	低压铸造	离心铸造
适用合金	各种铸造合金	以碳钢、合金钢为主	以非铁合金为主	非铁合金	非铁合金	铸钢、铸铁、铜合金
适用铸件大小	不受限制	几十克到几千克的复杂铸件	中、小铸件	几克到几十千克中、小铸件	有时达几百千克的中、小铸件	零点几克到数吨铸件

比较项目	铸造方法					
	砂型铸造	熔模铸造	金属型铸造	压力铸造	低压铸造	离心铸造
铸件最小壁厚/mm	铸铁>3～4	0.5～0.70,孔ϕ0.5～ϕ2.0	铸铝>3 铸铁>5	铝合金0.5 锌合金0.3 铜合金0.2	2	优于同类铸型的常压铸件
铸件加工余量	最大	较小	较大	最小	较大	内孔大
表面粗糙度 Ra/μm	50～12.5	12.5～1.6	12.5～6.3	3.2～0.8	12.5～3.2	决定于铸型材料
铸件尺寸公差	CT11～CT7	CT7～CT4	CT9～CT6	CT8～CT4	CT9～CT6	决定于造型材料
毛坯利用率/%	70	90	70	95	80	70～90
投产最小批量/件	单件	1 000	700～1 000	1 000	1 000	100～1 000
生产率（一般机械化程度）	低、中	低、中	中、高	最高	中	中、高
设备费用	较低（手工造型）、较高（机械造型）	较高	较低	较高	中等	中等
应用举例	床身、箱体、支座、曲轴缸体、缸盖等	刀具、叶片、机床零件、汽车及拖拉机零件	铝活塞、水暖器材、水轮机叶片	汽车化油器、缸体、仪表、照相机壳体和支架	发动机缸体、缸盖、壳体、箱体	铸管、套筒、叶轮、滑动轴承

任务 5-3 铸造成形工艺设计

■ 任务引入
拖拉机前轮轮毂如图 5-42 所示，对其进行铸造成形工艺设计。

■ 任务目标
熟悉铸造工艺设计依据，掌握浇注位置和分型面的选择原则，学会铸造工艺参数（加工余量、起模斜度、铸造收缩率等）的选择，能进行简单的铸造工艺设计。

■ 相关知识
铸造工艺设计就是根据铸造零件的结构特点、技术要求、生产批量和生产条件等确定铸造方案和工艺参数、绘制铸造工艺图、编制工艺卡等技术文件的过程。铸造工艺设计的有关文件，是生产准备、管理和铸件验收的依据，并用于直接指导生产操作。

在进行铸造工艺设计前，设计者应掌握生产任务和要求，熟悉工厂和车间的生产条件，这些是铸造工艺设计的基本依据。此外，要求设计者有一定的生产经验和设计经验，并对铸造先进技术有所了解，具有经济观点和发展观点，这样才能很好地完成设计任务。

一、铸造工艺设计依据

（1）铸造零件图。提供的零件图必须清晰无误，有完整的尺寸和各种标记。设计者应仔细审查零件的结构是否符合铸造工艺性，若认为有必要修改时，必须与原设计单位或订货单位共同研究，取得一致意见后，以修改后的零件图作为依据。

（2）零件的技术要求。金属材料牌号、金相组织、力学性能要求、铸件尺寸、质量、公差及其他特殊性能要求，如是否经水压、气压试验，零件在机器上的工作条件等。

（3）产品数量及生产期限。产品数量是指批量大小，生产期限是指交货日期的长短。对于批量大的产品，应尽可能采用先进技术。对于应急的单件产品，则应考虑使工艺装备尽可能简单，以便缩短生产周期，并获得较大的经济效益。

（4）设备能力。设备能力包括起重机的吨位和最大起重高度，熔炉的形式、吨位和生产率、造型和制芯机的种类、机械化程度、烘干炉和热处理炉的能力、地坑尺寸、厂房高度和大门尺寸等。

（5）车间原材料的应用和供应情况。

（6）工人技术水平和生产经验。

（7）经济性。对各种原材料、炉料等的价格、每吨金属液的成本都应有所了解，以便考核该项工艺的经济性。

二、铸造工艺

铸造工艺主要内容包括确定浇注位置、铸型分型面位置、加工余量、收缩率、起模斜度、型芯结构、浇注系统、冒口及冷铁布置等工艺参数。

1. 浇注位置的选择

铸件的浇注位置是指浇注时铸件在型内所处的位置。根据对合金凝固理论的研究和生产经验，确定浇注位置时应考虑以下原则。

1）铸件的重要部分（如重要的加工面、耐磨表面及受力部位等）应位于下面或侧面

液态合金中的金属相对密度较大，而非金属杂质、气体等相对密度较小，因相对密度差使气孔、非金属夹杂物等容易出现在上表面，因此，铸件上表面容易产生砂眼、气孔、夹渣等缺陷，而且晶粒组织也不如下表面致密。所以铸件的重要部分应位于向下的底面和侧面，如图 5-26 所示为起重机卷筒的浇注位置，因为缸筒和卷筒等圆筒形铸件的关键部位是内或外圆柱面，要求加工后金相组织均匀、无缺陷，其最佳浇注位置应是内、外圆柱面呈直立状态。图 5-27 所示为机床床身的浇注位置。图 5-28 所示为圆锥齿轮的浇注位置。重要的加工面、耐磨表面位于下面，避免铸件工作表面产生砂眼、气孔、缩松、缩孔等缺陷。

2）铸件的大平面应朝下，以避免夹砂结疤类铸造缺陷

大平面若朝上放置，上表面同样容易产生砂眼、气孔、夹渣等缺陷，除此之外，高温金属液体会使型腔上表面的型砂受到强烈烘烤而产生开裂或拱起，在铸件上表面形成夹砂缺陷，如图 5-29 所示。

因此，对平板、圆盘类铸件大水平面应朝下。如图 5-30 所示，铸件浇铸位置是合理的。

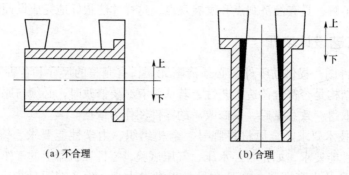

(a) 不合理　　　　　　(b) 合理

图 5-26　起重机卷筒的浇注位置

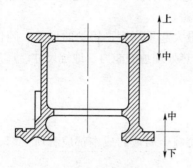

图 5-27　机床床身的浇注位置

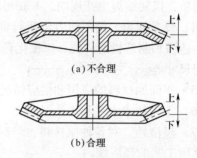

(a) 不合理

(b) 合理

图 5-28　圆锥齿轮的浇注位置

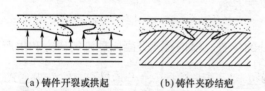

(a) 铸件开裂或拱起　　(b) 铸件夹砂结疤

图 5-29　大平面铸件铸造缺陷

图 5-30　圆平台浇注位置

对于大的平板类铸件，可采用倾斜浇注，以增大金属液的上升速度。防止夹砂结疤类缺陷，如图 5-31 所示。当倾斜浇注时，根据砂箱大小，H 值一般控制在 200～400 mm。

3）应保证铸件能充满

对具有局部薄壁的铸件，应把薄壁部分放在下部或在内浇道以下，增加金属液体的流动性，避免产生浇不足、冷隔等缺陷，如图 5-32 所示为曲轴箱的浇注位置。厚壁部分朝上可防止产生缩孔缺陷，也便于支放冒口进行补缩。

4）应有利于铸件的顺序凝固和补缩

对于因合金体收缩率大或铸件壁厚薄不均匀而易出现缩孔、缩松的铸件，浇注位置的选择应优先考虑实现顺序凝固的条件，要便于安放冒口和发挥冒口的补缩作用。如图 5-33 所示为双排链轮铸钢件的正确浇注位置，图 5-34 所示为电动机端盖的正确浇注位置。

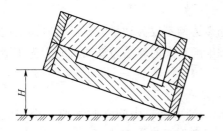

图 5-31　大平板类铸件的倾斜浇注

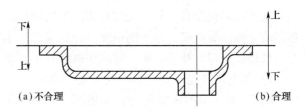

(a) 不合理　　　　　　(b) 合理

图 5-32　曲轴箱的浇注位置

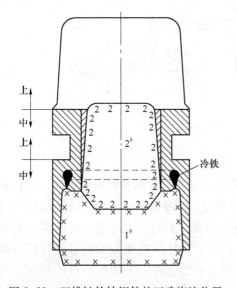

图 5-33　双排链轮铸钢件的正确浇注位置

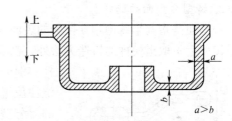

图 5-34　电动机端盖的正确浇注位置

5）避免用吊砂、吊芯或悬臂式砂芯

生产经验表明，吊砂在合箱、浇注时容易塌箱，向上半型上安放吊芯很不方便，悬臂式砂芯不稳固，在金属液浮力作用下易发生偏斜，故应尽量避免使用。此外，应考虑下芯合箱及检验方便，如图 5-35 所示。

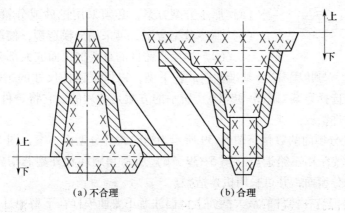

(a) 不合理　　　　　　(b) 合理

图 5-35　便于合箱的浇注位置

6）应使合箱位置、浇注位置和铸件的冷却位置相一致

这样可避免在合箱后或浇注后再次翻转铸型，翻转铸型不仅劳动量大，而且容易引起砂芯移动、掉砂等缺陷。在个别情况下，如单件、小批生产较大的球墨铸铁曲轴时，为了造型方便和加强冒口的补缩效果，常采用横浇竖冷方案。

7）尽量减小型芯的数量，便于型芯的固定、检验和排气

图5-36所示的床腿铸件，采用图5-36（a）所示的方案，中间空腔需要一个很大型芯，增加了制芯的工作量，因此采用图5-36（b）所示的方案是合理的。

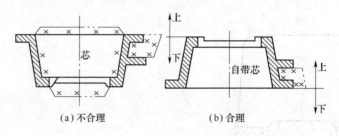

（a）不合理　　　　　　　　（b）合理

图5-36　减少型砂的浇注位置

2. 铸型分型面的选择

分型面是指两半铸型相互接触的表面。分型面主要是为了取出模样而设置的，所以除了制成铸型后不取出模样的铸造方法外，都要选择分型面。分型面一般在确定浇注位置后再选择。但分析各种分型面方案的优劣之后，可能需重新调整浇注位置。在生产中，浇注位置和分型面有时是同时确定的。分型面的优劣，在很大程度上影响铸件的精度、成本和生产率。对铸件精度的损害，一方面是铸件产生错位，这是因合箱对准误差引起的；另一方面是合箱不严，在垂直分型方向上增加铸件尺寸。因此在选择分型面时，应注意以下原则。

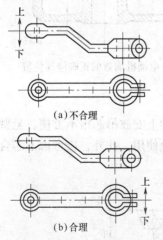

（a）不合理

（b）合理

图5-37　起重臂分型面的选择

（1）分型面应尽量采用直平面，避免曲面分型，以便操作方便。图5-37所示为起重臂分型面的选择，图5-37（a）所示分型方案，必须采用挖砂或分箱造型；图5-37（b）所示分型方案，可采用分模造型，使造型工艺简化。

（2）尽量将铸件的重要加工面或大部分加工面与加工基准面同放在下型，以保证铸件尺寸的精确。图5-38所示是圆盘分型面的选择方案，图5-38（b）所示的方案是合理的，它将铸件全部放在下型，避免错箱，保证铸件精度。

（3）尽量减少分型面的数量。图5-39所示为绳轮铸件分型面方案，图5-39（a）所示有两个分型面，需要采用三箱造型。图5-39（b）所示利用环状外型芯措施，将原来的两个分型面减为一个分型面，并可采用机器造型。

（4）分型面一般选在铸件的最大截面上，但注意不要使模样在下型中过高。

（5）应尽量减少分型面的数目，减少活块的数目，这样不仅可以简化操作过程，提高铸

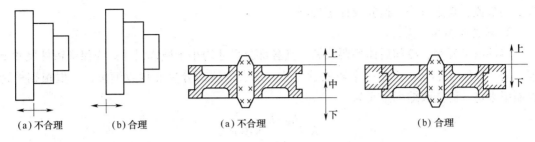

图 5-38　圆盘分型面方案　　　　　图 5-39　绳轮铸件分型面方案

件精度，而且容易实现机器造型。图 5-40 所示为三通铸件分型面选择示意图，图 5-40（b）所示方案必须采用 3 个分型面才能取出模样，需要四箱造型；图 5-40（c）所示方案则须采用两个分型面，即三箱造型；而图 5-40（d）所示方案只需一个分型面，即二箱造型。显然，后者是最简单也是最合理的分型方案。

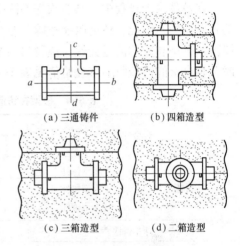

图 5-40　三通铸件分型面方案

但对一些有大平面且结构复杂或具有特殊要求的铸件，有时采用两个以上分型面，反而有利于保证铸件质量和简化工艺。

（6）分型面的选择应尽量与铸型浇注时位置一致，避免合型后再翻动铸型。

此外，分型面的选择应尽量使铸型高度最低，这样不仅可以节约型砂，还能减少劳动量，对采用机器造型具有较大的经济意义。

上述原则对于某个具体铸件来说很难全面满足，应针对个体情况进行分析比对，选出最佳方案。

三、工艺参数的选择

铸造工艺设计参数通常指铸型工艺设计时需要确定的某些工艺数据，铸造工艺参数主要有加工余量、铸造收缩率、起模斜度、最小铸出孔和槽、工艺补正量、分型负数、反变形量、砂芯负数（砂芯减量）、非加工壁厚的负余量等。只有工艺参数选取准确、合适，才能保证铸件尺寸（形状）精确，使造型、制芯、下芯、合箱方便。选择不当会影响铸件的精度、生产率和成本。

1. 加工余量

在铸件加工表面留出的准备切去的金属层厚度称为加工余量。加工余量过大，浪费金属和机械加工工时；加工余量过小，可能会因错型等原因造成切削余量不足、表面硬度偏高难以加工，甚至留有黑皮达不到尺寸精度而报废。加工余量的大小，要根据铸造合金种类、铸造工艺方法、生产批量、设备与工装的水平、加工表面所处的浇注位置（顶面、侧面、底面）、铸件基本尺寸的大小和结构等因素来确定。一般地，铸钢件的加工余量要比铸铁件大一些；机器造型比手工造型生产的铸件精度高，加工余量要小些；浇注时朝上的表面，加工余量要比底面和侧面大。《铸件尺寸公差与机械加工余量》（GB/T 6414—2017）规定了加工余量的数值、确定方法、检验及评定规则。

2. 铸造收缩率

铸件由于凝固、冷却后体积要收缩，其各部分尺寸均小于模样尺寸。为保证铸件尺寸要求，需在模样（芯盒）上加一个收缩的尺寸。加大的这部分尺寸称收缩量，一般根据铸造收缩率来定。铸造收缩率定义为

$$K = \frac{L_M - L_J}{L_J} \times 100\%$$

式中：L_M——模样（或芯盒）工作面的尺寸；

L_J——铸件尺寸。

在铸件冷却过程中，其线收缩率除受到铸型和型芯的机械阻碍，还受到铸件各部分之间的相互制约。因此，铸造收缩率除与合金的种类和成分有关外，还与铸件结构、大小、壁的厚薄、砂型和砂芯的退让性、浇冒口系统的类型和开设位置、砂箱的结构有关。砂型在铸造时几种合金的铸造收缩率经验值见表 5-4。

表 5-4　砂型在铸造时几种合金的铸造收缩率经验值

合金种类		铸造收缩率	
		自由收缩	受阻收缩
灰铸铁	中小型铸件	1.0	0.9
	中大型铸件	0.9	0.8
	特大型铸件	0.8	0.7
球墨铸铁		1.0	0.8
碳钢和低合金钢		1.6～2.0	1.3～1.7
锡青铜		1.4	1.2
无锡青铜		2.0～2.2	1.6～1.8
硅黄铜		1.7～1.8	1.6～1.7
铝硅合金		1.0～1.2	0.8～1.0

3. 起模斜度

为了方便起模，在模样、芯盒的出模方向留有一定的斜度，以免破坏砂芯。这个在铸造工艺设计时所规定的斜度称为起模斜度。凡垂直于分型面的没有结构斜度的壁均应设起模斜度。起模斜度的大小，应根据模壁侧立面高度、模样材料及造型方法确定。使用时应注意以下事项。

（1）起模斜度应小于或等于产品图上所规定的起模斜度值，以防止零件在装配或工作中与其他零件相妨碍。

（2）尽量使铸件内、外壁的模样和芯盒斜度取值相同，方向一致，以使铸件壁厚均匀。

（3）在非加工面上留起模斜度时，要注意与相配零件的外形一致，保持整台机器的美观。

（4）同一铸件的起模斜度应尽可能只选用一种或两种斜度，以免在加工金属模时频繁

地更换加工刀具。

（5）在非加工的装配面上留斜度时，最好用减小厚度法，以免安装困难。

（6）手工制造木模，斜度应标出毫米数；机械加工金属模应标明角度，以利于操作。

（7）在铸件上加固拔模斜度原则上不应超出铸件的壁厚公差。

起模斜度的形式见表 5-5，砂型铸造时模样外表面的起模斜度见表 5-6。

表 5-5　起模斜度　　　　　　　　　　　　　　单位：mm

增加铸件厚度 δ<10	加减铸件厚度 δ=10～15	减少铸件厚度 δ>25

表 5-6　砂型铸造时模样外表面的起模斜度

测量面高度 H /mm	起模斜度 ≤			
	金属模样、塑料模样		木模样	
	α	a /mm	α	a /mm
≤10	2°20′	0.4	2°55′	0.6
>10～40	1°10′	0.8	1°25′	1.0
>40～100	0°30′	1.0	0°40′	1.2
>100～160	0°25′	1.2	0°30′	1.4
>160～250	0°20′	1.6	0°25′	1.8
>250～400	0°20′	2.4	0°25′	3.0
>400～630	0°20′	3.8	0°20′	3.8
>630～1 000	0°15′	4.4	0°20′	5.8

4. 最小铸出孔及槽

零件上的孔、槽、台阶是否铸出，应从质量及经济角度等方面全面考虑。一般来说，较大的孔、槽应铸出来，以便节约金属和加工工时，同时还可避免铸件局部过厚所造成的热节，提高铸件质量。较小的孔、槽，或者铸件壁很厚，则不宜铸出，直接依靠加工反而方便。有些特殊要求的孔，如弯曲孔，无法实行机械加工，则一定要铸出。铸件的最小铸孔尺寸见表 5-7。

表 5-7　铸件的最小铸孔尺寸

生产批量	最小铸孔直径/mm	
	灰铸铁件	铸钢件
大量	12～15	—
成批	>15～30	15～30
单件、小批	>30～50	>30～50

5. 型芯头

为了支承固定型芯，模样比铸件应多出一个突出部分，这部分称为型芯头。由型芯头在铸型中形成的空腔称为型芯座。型芯头尺寸和形状要根据型芯在铸型中安放是否平稳、下芯是否方便而定，型芯头与型芯座之间应有 1～4 mm 的间隙，这样才能顺利安放型芯。型芯头分为垂直型芯头 ［见图 5-41（a）］ 和水平型芯头 ［见图 5-41（b）］ 两类，其结构尺寸如图 5-41 所示。

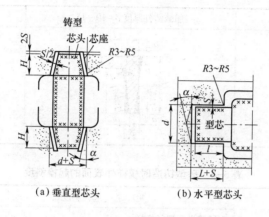

(a) 垂直型芯头   (b) 水平型芯头

图 5-41　型芯头结构

■ **任务实施**

拖拉机前轮轮毂如图 5-42 所示，以拖拉机前轮轮毂为例，进行工艺过程分析。

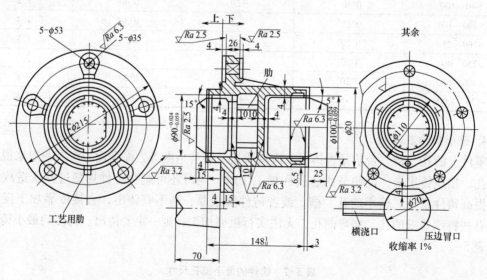

图 5-42　拖拉机前轮轮毂图

材　　料：HT200

铸件质量：13.6 kg

生产数量：大批量

技术要求：不允许气孔、渣孔、砂眼、裂纹、缩孔、缩松等缺陷。

铸造工艺设计步骤如下。

1. 分析铸件质量要求和结构特点

前轮毂装于拖拉机前轮中央，和前轮一起做旋转运动并支承拖拉机，两内孔（φ90 和 φ100）装有轴承，是加工要求最高的表面，不允许有任何铸造缺陷。

前轮毂结构为带法兰盘的圆套类零件。铸件主要壁厚为 14 mm，法兰盘厚度为 19 mm，法兰盘和轮毂本体相交处形成厚实的热节区，法兰盘上 5 个 φ35 mm、厚度为 34 mm 的凸台，也是最厚实的部分。

2. 选择造型方法

铸件重 13.6 kg，材料为孕育铸铁 HT200，大批量生产，故选择机器造型（芯）。若生产量很少可用手工造型（芯）。

3. 选择浇注位置和分型面

浇注位置有两种方案：方案一是轮毂（轴线）呈垂直位置，两轴承孔表面处于直立位置，易于保证质量。方案二是轮毂呈水平位置，两轴承孔表面易产生气孔、渣孔、砂眼等缺陷。故此方案不合理，因此选方案一，并使法兰盘朝上以便补缩。分型面选在法兰盘的上平面处，使铸件大部分位于下箱，便于保证铸件精度，合型前便于检查壁厚是否均匀、型芯是否稳固，同时使浇注位置与造型位置一致。

4. 确定工艺参数

（1）加工余量。根据生产条件参照有关标准确定，底面为 3 mm，顶面和侧面为 4 mm。

（2）起模斜度。铸件外壁在设计时已带有结构斜度，不必另给起模斜度。

（3）不铸孔。法兰盘上 5 个 φ18 小孔与其余小螺纹孔不铸。

（4）铸造收缩率。按灰铸铁自由收缩取 1%。

5. 设计型芯

只需中间一个直立型芯，为保证 4 根肋条位置准确形式，应设计成为如图 5-43 所示形式。

6. 设计浇、冒口系统

对于灰铸铁件，可以采用压边冒口，以避免出现缩孔及缩松缺陷。压边冒口安在轮毂上部厚实处，压边宽度 4 mm。铁水由浇口经过冒口进入型腔。

7. 绘制铸造工艺图

铸造工艺图是在零件图上以规定的红、蓝等色符号表示铸造工艺内容所得到的图形，它决定了铸件的形状、尺寸、生产方法和工艺过程。在单件、小批生产情况下，铸造工艺图可作为制造模样、铸型和检验铸件的依据。分型面、加工余量、拔模斜度、不铸孔及型芯以细实线表示，浇、冒口系统以双点画线表示，收缩率以文字标注。

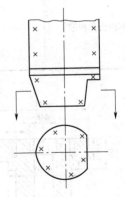

图 5-43 定位芯头

铸造工艺符号及表示方法，见表 5-8。表中所列出的是常用的工艺符号及其表示方法，其他工艺符号可参阅有关资料。图 5-44 所示为衬套零件的铸造工艺图。

表5-8 铸造工艺符号及表示方法

名 称	符 号	说 明
分型面		用红色或蓝色线和箭头表示，并写出"上、中、下"字样
分模面		用红色线表示，在任一端画"<"号
机械加工余量		用红色线表示，在加工符号附近注明加工余量数值，凡带斜度的加工余量应注明斜度
型芯		用蓝色线表示，并注明斜度和间隙数值 有两个以上型芯时，用数字号"1#""2#"等标注
分型分模面		用红色线表示
不铸出孔和槽		不铸出孔和槽用红色线打叉

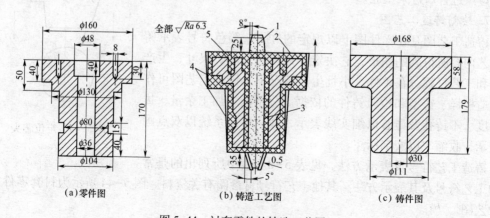

(a) 零件图　　　　(b) 铸造工艺图　　　　(c) 铸件图

图 5-44 衬套零件的铸造工艺图

任务 5-4 铸件结构工艺性分析

■ **任务引入**

在设计铸件结构时，不仅应考虑到能否满足铸件的使用性能和力学性能需要，还应考虑到铸造工艺和所选用合金的铸造性能对铸件结构的要求。铸件结构的工艺性好坏，对铸件的质量、生产率及其成本有很大影响。

■ **任务目标**

熟悉铸造工艺和合金铸造性能对铸件结构设计的要求，能进行铸件结构工艺性分析。

■ **相关知识**

一、砂型铸造工艺对铸件结构设计的要求

零件的结构除了要满足使用要求外，还应符合铸造生产的要求，以保证铸件质量，简化铸造工艺过程、降低成本。

1. 避免外部侧凹

铸件起模方向如有侧凹，就必须增加分型面数量或增加外部型芯，这势必增加造型工作量，如图 5-45 与图 5-46 所示铸件，两幅图的（a）所示结构需用砂芯；（b）所示结构则可减少或省去砂芯。

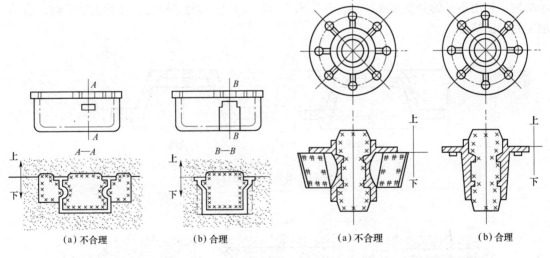

| (a) 不合理 | (b) 合理 | (a) 不合理 | (b) 合理 |

图 5-45　铸件结构比较　　　　图 5-46　改进铸件外表侧凹

2. 设计凸台、筋条，避免不必要的型芯和活块

在设计铸件上凸台、筋条及法兰时，应考虑便于造型和起模，尽量避免不必要的型芯和活块。图 5-47（a）所示的凸台不在分型面而妨碍起模，为解决起模问题，必须采用活块或砂芯，这就增加造型制芯及模具制造工作量。若改为图 5-47（b）所示结构，则可顺利起模。图 5-48（a）所示铸件外表有侧凹，要用砂芯或三箱造型，若改为图 5-48（b）所示结构即可顺利起模。

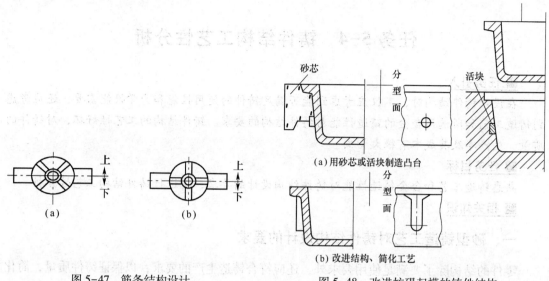

图 5-47　筋条结构设计

图 5-48　改进妨碍起模的铸件结构

3. 尽量减少和简化分型面

分型面最好只有一个，并且是简单的平面。这样，只需两箱造型，减少造型、模具制造工时，提高铸件精度，并易于实现机械化生产。图 5-49（a）所示结构要采用外砂芯或三箱造型，改为图 5-49（b）所示结构后只需两箱造型，且不用外砂芯。图 5-50（a）、（b）所示结构，要用不平的分型面或砂芯，改为图 5-50（c）所示的结构后，分型面是平面，容易加工并保证精度。

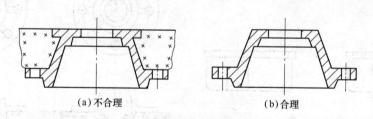

图 5-49　端盖铸件的结构

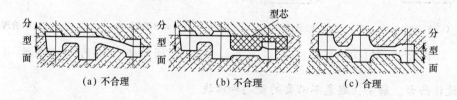

图 5-50　简化分型面的铸件结构

4. 改进铸件的结构，以减少砂芯数量及装配工作量

型芯的制作要比砂型麻烦，而且还增加了原材料的消耗。因此，铸件应尽量少用型芯，尤其是批量较小的产品。有的铸件也可以利用模样内腔自身形成的砂垛来代替型芯，称自带型芯。如图 5-51 与图 5-52 所示，两幅图的（a）结构有砂芯的铸件，不仅成本增加，而且

使造型、造芯和合箱工艺复杂化。

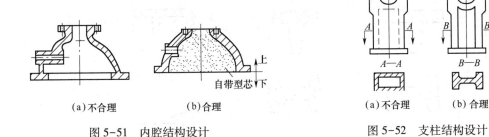

图 5-51 内腔结构设计　　　　　　　图 5-52 支柱结构设计

5. 有利于砂芯固定、出气和清理

型芯稳定才能避免偏心，出气孔道通畅才能避免产生气孔。通常可用型芯撑来固定型芯，但使用型芯撑会加大下芯的工作量，而且还会因型芯撑表面有油污或氧化层产生气孔，对灰铸铁铸件，在型芯撑附近表面还会因型芯撑的急冷产生白口组织。因此，在实际生产中应尽量减少使用型芯撑。图 5-53（a）所示结构中的悬臂型芯必须使用型芯撑 A 支撑，改成图 5-53（b）所示结构后，整体式型芯省掉了型芯撑，同时也有利于铸件内腔的清砂。

6. 尽量采用规则的平面、圆柱面

铸件结构简单，无曲面（特别是不规则的曲面）、弧形筋等，可简化模样、芯盒的制造。图 5-54（a）所示 A、B 处为不合理的曲面结构，可以采用图 5-54（b）所示合理结构。

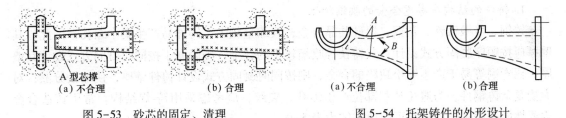

图 5-53 砂芯的固定、清理　　　　　图 5-54 托架铸件的外形设计

7. 大型复杂件在不影响刚度、精度的情况下，可考虑分体铸造

大型复杂的铸件，整体铸造使工艺过程复杂，也不易保证质量和精度，若能分成几个简单部分并分别铸造加工后，再用焊接法或螺栓连接成整体，可简化铸造工艺过程，如图 5-55 所示。

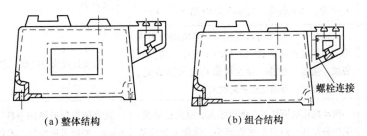

图 5-55 床身的分体铸造

利用铸件的自然斜度作为起模斜度，如图 5-56 所示。

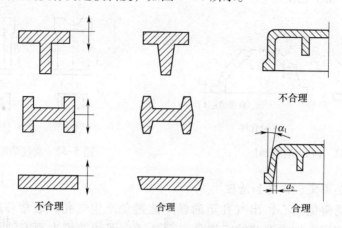

不合理

不合理　　　合理　　　合理

图 5-56　利用铸件的自然斜度作为起模斜度

二、合金铸造性能对铸件结构设计的要求

同合金的铸造性能有关的铸造缺陷，如浇不到、缩孔、缩松、铸造应力、变形和裂纹等与铸件结构的关系很密切，往往在采用更合理的铸件结构后，便可以消除这些缺陷。设计铸件时必须注意防止由结构原因而造成上述缺陷。

合金种类不同，其铸造性能各异，铸件的结构应适应这种特点，才能避免产生缩孔、缩松、冷隔、浇不足、变形、裂纹等缺陷。

1. 铸件的结构应考虑合金的收缩特性

铸钢、可锻铸铁、黄铜、铝硅共晶合金，收缩量较大，铸件易产生集中缩孔，因此，其壁厚应按顺序凝固方式设计；灰铸铁等收缩较小的合金，则倾向于按同时凝固方式设计其壁厚；锡青铜等易于产生缩松缺陷的合金，则按同时凝固方式设计铸件壁厚，使缩松分散；对大型复杂铸钢件，为避免某些部位产生缩孔、裂纹，应考虑采用铸-焊结构。常用铸造合金主要性能及铸件结构特点可简要归纳为表 5-9。

表 5-9　常用铸造合金主要性能及铸件结构特点

铸件种类	合金性能特点	铸件结构特点
灰铸铁件	流动性好，体收缩和线收缩小，缺口敏感性小。综合力学性能低，抗压强度比抗拉强度高 3～4 倍。吸震性强，比钢约大 10 倍	可铸造壁较薄、形状复杂的铸件，铸件残余应力小
球墨铸铁件	流动性和线收缩与铸铁相近，体收缩及形成内应力倾向比灰铸铁大，易产生缩松、缩孔和裂纹，强度、塑性、弹性模量均比灰铸铁高，抗磨性能好，吸震性比灰铸铁差	一般设计成均匀壁厚，尽量避免厚大断面
可锻铸铁件	流动性比灰铸铁差，体收缩大。退火前很脆，毛坯易损坏；退火后线收缩小，综合力学性能稍差于球墨铸铁，冲击韧性比灰铸铁高 3～4 倍	适宜做均匀壁厚的小件。合适壁厚为 5～6 mm，壁厚尽量均匀，零件的突出部分尽量用加强筋加固，但避免十字形截面

铸件种类	合金性能特点	铸件结构特点
铸钢件	流动性差，体收缩和线收缩较大，综合力学性能高，抗压和抗拉强度相等。吸震性差，缺口敏感性大	允许最小壁厚比灰铸铁要厚，不易铸出复杂件，铸件内应力大，易翘曲变形。结构应尽量减少热节点
铝合金铸件	铸造性能类似铸钢，但相对强度随壁厚增加而降低得更为显著	壁不能太厚，其余结构特点类似铸钢件
锡青铜和磷青铜铸件	铸造性能类似灰铸铁，但结晶间隔大，易产生缩松，高温性能差，发脆。强度随截面增加显著下降，耐磨性好	壁不宜太厚，零件的突出部分应用较薄的加强筋加固。铸件形状不宜太复杂
无锡青铜和黄铜铸件	收缩较大，结晶范围小，易产生集中缩孔。流动性好，耐磨、耐蚀性好	壁不能太厚，其余结构特点类似铸钢件

2. 铸件应有合适的壁厚

铸件壁厚过薄，易产生浇不足、冷隔等缺陷。如图 5-57 所示，铸件壁厚不应小于允许值。最小值与合金种类、浇注温度、铸件尺寸大小和铸型的冷却条件等有关。砂型在铸造时，常用几种铸造合金的最小壁厚见表 5-10。但壁厚也不宜过厚，各种合金都有一个临界壁厚，若超过此临界值，中心部分因冷却速度较慢，晶粒粗大，或产生缩孔、缩松，如图 5-58 与图 5-59 所示，故其强度并不随壁厚的增加而按比例增加。为了保证铸件的强度、刚度，应采用 T 形、"工"字形或槽形结构，在薄弱处设加强筋。如图 5-60 所示。

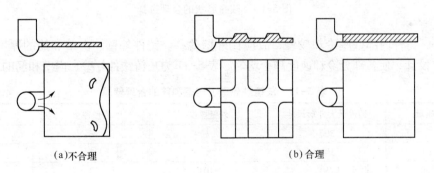

(a)不合理　　　　　　　(b)合理

图 5-57　壁厚对铸件质量的影响

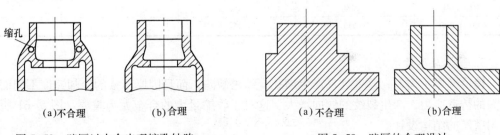

(a)不合理　　(b)合理　　　　　(a)不合理　　　(b)合理

图 5-58　壁厚过大会出现缩孔缺陷　　　图 5-59　壁厚的合理设计

表 5-10　砂型铸造常用铸造合金的最小壁厚　　　　　单位：mm

合金种类	铸件最大轮廓尺寸					
	<200	200～400	>400～800	>800～1 250	>1 250～2 000	>2 000
灰铸铁	3～4	4～5	5～6	6～8	8～10	10～12
球墨铸铁	3～4	4～8	8～10	10～12		
碳素铸钢	8	9	11	14	16～18	20

合金种类	铸件最大轮廓尺寸					
	<50	50～100	>100～200	>200～400	>400～600	>600～800	>800～1 250
可锻铸铁	2.5～3.5	3～4	3.5～4.5	4～5.5	5～7	6～8	
铝合金	3	3	4～5	5～6	6～7	7～8	8～12
黄铜	≥6	≥6	≥8	14≥8	16～18≥8		
锡青铜	3	5	6	8	8		

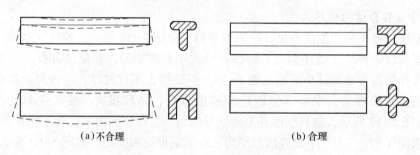

（a）不合理　　　　　　　　　　　（b）合理

图 5-60　截面形状的合理选择

　　此外，铸件内部壁厚冷却较慢，故应比外壁薄些。铸件外壁、内壁和筋的厚度常按 1：0.8：0.6 设计，使各部分冷却速度趋于均匀。表 5-11 为灰铸铁件外壁、内壁和筋的合理厚度。

表 5-11　灰铸铁外壁、内壁和筋的合理壁厚　　　　　单位：mm

铸件质量	铸件最大外形尺寸	外壁厚度	内壁厚度	筋的厚度
≤5	300	7	6	5
6～10	500	8	7	5
11～60	750	10	9	6
61～100	1 250	12	10	8
101～500	1 700	14	12	8
501～800	2 500	16	14	10
800～1 200	3 000	18	15	12

3. 壁厚应尽量均匀

　　铸件壁厚不均匀，厚壁处易产生缩孔、缩松缺陷，而且因厚薄壁的冷却速度不同而形成较大的铸造应力，产生裂纹的倾向增大，这对于收缩量大的合金尤为重要。图 5-61 所示为均匀壁厚的结构设计。

4. 壁的连接、交叉应合理

　　铸件壁与壁的连接或转角处应设有铸造圆角，避免尖角连接，以免造成应力集中而产生

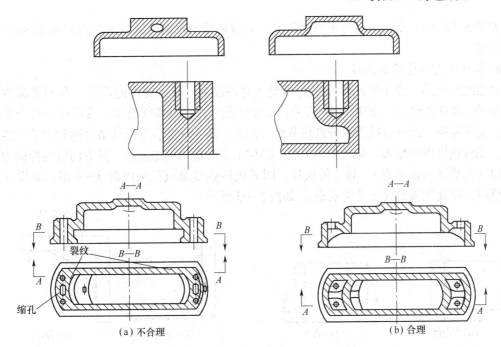

图 5-61 壁厚均匀性对铸件的影响

裂纹，结构上确实要求有厚薄壁相连接时，应采用逐步过渡，避免突变，壁的交叉应尽量避免"十"字形交叉，尽量改为 L 形、T 形或 Y 形相交，如图 5-62 所示。

5. 铸件的结构对铸件的收缩阻碍尽量小

铸件的结构应在凝固过程中尽量使铸件能自由收缩，减小其铸造应力。图 5-63 所示为手轮轮辐的设计，图 5-63（a）所示为直条形偶数轮辐，在合金线收缩时手轮轮辐中产生的收缩力相互抗衡，容易出现裂纹。可改用奇数轮辐，如图 5-63（b）所示，或者用弯曲轮

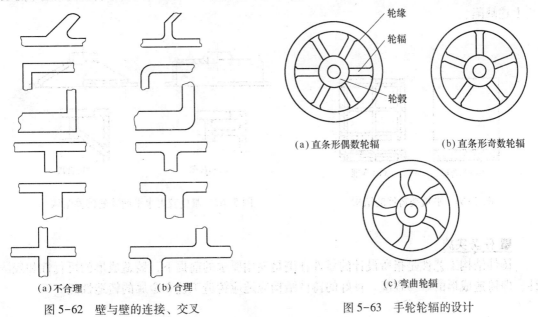

图 5-62 壁与壁的连接、交叉

图 5-63 手轮轮辐的设计

辐，如图 5-63（c）所示，这样可借助轮缘、轮毂和弯曲轮辐的微量变形自行减缓内应力，防止开裂。

6. 铸件应有合适的加强筋

合适的加强筋，能在保证铸件强度和刚度的前提下，减小铸件的壁厚，有利于减少裂纹、变形、缩孔的倾向。如图 5-64 所示，加强筋也可看作是铸件的壁，设计时应符合壁的连接、交叉原则，即尽量减少和分散热节点。此外，还应注意合金的铸造性能和力学性能的特点。如铸钢件因收缩大，易产生热裂纹，结构上应有适当的加强筋，其方向应与拉应力方向一致（与裂纹方向垂直）。对于铸铁件，因其抗压强度是抗拉强度的 3～4 倍，在设计其加强筋时，应使加强筋处于受压状态，如图 5-65 所示。

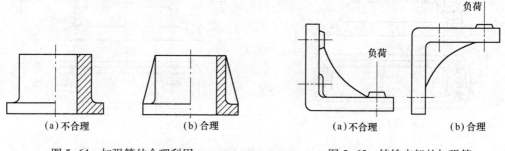

图 5-64　加强筋的合理利用　　　　　　图 5-65　铸铁支架的加强筋

对易变形的平板类及壁厚不均匀的长形箱体铸件，同样应设计适当的加强筋以增加其刚性，如图 5-66 所示。

7. 尽量避免有水平的大平面结构

如图 5-67（a）所示铸件，在浇注位置时，有处于水平的大平面，金属液上升到该处时，液面上升速度突然减得很慢，易产生冷隔、浇不足缺陷。同时，水平型腔的上表面受到金属液的长时间烘烤，易产生夹砂、结疤缺陷。若改为图 5-67（b）所示结构则有利于防止上述缺陷。

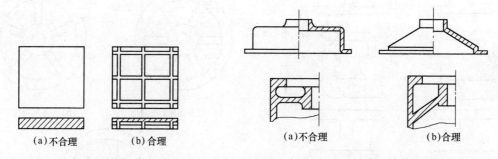

图 5-66　平板类铸件的结构　　　　　图 5-67　避免较大水平面壁的铸件结构

■ **任务实施**

铸件结构工艺性是指所设计的零件在满足使用要求的前提下，铸造成形的可行性和经济性，即铸造成形的难易程度。良好的铸件结构应适应铸造工艺和金属的铸造性能。

复习思考题

1. 试述铸件产生热裂和冷裂的原因，裂纹形态特征及防止措施。

2. 铸件的凝固方式分几种？哪一种凝固方式有利于铸件质量的提高？

3. 铸造合金的收缩经历了哪几个阶段？

4. 铸件中的侵入气孔是如何形成的？预防侵入气孔的基本途径有哪些？

5. 铸件浇道位置的选择应遵循哪几个原则？

6. 什么是分型面？分型面的确定应考虑哪几个因素？

7. 绘制下列零件图的铸造工艺图。

图 5-68 所示为套筒，材料为 HT200，数量 100 件。

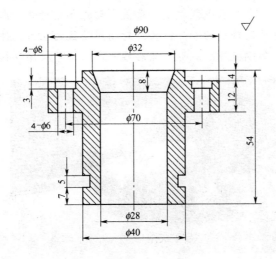

图 5-68　套筒

项目 6

金属压力加工

📈 【项目引入】

汽车覆盖件是指构成汽车车身或驾驶室、覆盖发动机和底盘的异形体表面和内部的汽车零件。汽车覆盖件既是外观装饰性的零件，又是封闭薄壳状的受力零件。钣金类覆盖件，一般指车身壳体零件，是由薄钢板冲压成形，然后按一定的工艺次序焊接成车身壳体。

📈 【项目分析】

利用金属在外力作用下所产生的塑性变形，来获得具有一定形状、尺寸和力学性能的原材料、毛坯或零件的生产方法，称为金属压力加工，又称金属塑性加工。压力加工成形的基本方法主要包括锻造、冲压、轧制、挤压、拉拔等。

本项目主要学习：

金属压力加工的基本原理，金属锻造时的加热与冷却，锻造，板料冲压，其他常用压力加工方法，锻压新工艺等。

1. 知识目标

◆ 掌握压力加工成形的特点、应用和分类。

◆ 理解压力加工的基本原理。

◆ 熟悉常用压力加工方法。

◆ 掌握锻造、冲压的结构工艺设计知识。

◆ 了解其他常用压力加工方法及锻造新工艺的应用。

2. 能力目标

◆ 能进行简单的金属压力加工成形零件的结构工艺设计。

3. 素质目标

培养良好的质量意识和工匠精神。

大国工匠：指挥
钢铁合奏的锻造工

4. 工作任务

任务 6-1　金属压力加工的认知

任务 6-2　锻造结构工艺设计

任务 6-3　板料冲压结构工艺设计

通过塑性变形（范性形变）使固体金属成为所需形状的加工过程，称为金属压力加工。金属压力加工又简称为压力加工、塑性加工，是指在外力作用下使材料产生塑性变形，从而获得所需要的形状、尺寸和力学性能的毛坯、零件或原材料。各类钢、大多数非铁金属及其合金、非金属材料都具有一定塑性，可以在热状态或冷状态下进行塑性成形。压力加工成形的基本方法主要包括锻造、冲压、轧制、挤压、拉拔等。

任务 6-1　金属压力加工的认知

■ 任务引入

金属塑性变形的实质是什么？金属塑性变形对金属组织和性能的影响有哪些？

■ 任务目标

理解金属塑性变形的实质，掌握金属塑性变形对金属组织和性能所产生的影响。

■ 相关知识

金属在外力作用下产生形状和尺寸的变化称为变形，变形分为弹性变形和塑性变形。而金属压力加工就是利用金属的塑性变形成形制件的一种金属加工方法。要掌握金属压力加工成形技术，首先必须了解金属压力加工的一些基本原理。

一、金属塑性变形的实质

所有的固体金属都是晶体，原子在晶体所占的空间内有序排列。在没有外力作用时，金属中的原子处于稳定的平衡状态，金属物体具有自己的形状与尺寸。施加外力，就会破坏原子间原来的平衡状态，造成原子排列畸变（见图 6-1）引起金属形状与尺寸的变化。假若

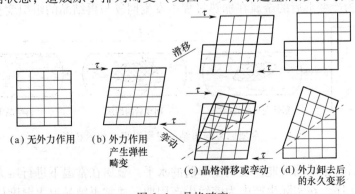

(a) 无外力作用　(b) 外力作用产生弹性畸变　(c) 晶格滑移或孪动　(d) 外力卸去后的永久变形

图 6-1　晶格畸变

除去外力，金属中的原子立即恢复到原来稳定平衡的位置，原子排列畸变消失且金属完全恢复自己的原始形状和尺寸，则这样的变形称为弹性变形［见图 6-1（a）］。增大外力，原子排列的畸变程度增加，移动距离有可能大于受力前的原子间距离，这时晶体中一部分原子相对于另一部分原子产生较大的错动［见图 6-1（c）］。外力除去以后，原子间的距离虽然仍可恢复原状，但错动了的原子并不能再回到其原始位置［见图 6-1（d）］，金属的形状和尺寸也都发生了永久改变。这种在外力作用下产生的不可恢复的永久变形称为塑性变形。当受外力作用时，原子总是离开平衡位置而移动。因此，在塑性变形条件下，总变形既包括塑性变形，也包括除去外力后消失的弹性变形。

二、金属塑性变形对金属组织和性能的影响

1. 冷塑性变形后的组织变化

金属在常温下经塑性变形，其显微组织出现晶粒伸长、破碎、晶粒扭曲等特征，并伴随着内应力的产生。

2. 冷变形强化

金属在塑性变形过程中，随着变形程度的增加，强度和硬度提高而塑性和韧性下降的现象称为冷变形强化。

冷变形强化在生产中具有重要的意义，它是提高金属材料强度、硬度和耐磨性的重要手段之一。如冷拉高强度钢丝、冷卷弹簧、坦克履带、铁路道岔等。但冷变形强化后由于塑性和韧性进一步降低，给进一步变形带来困难，甚至导致开裂和断裂，冷变形的材料各向异性还会引起材料的不均匀变形。

3. 回复与再结晶

冷变形强化是一种不稳定状态，具有恢复到稳定状态的趋势。当金属温度提高到一定程度，原子热运动加剧，使不规则的原子排列变为规则排列，消除晶格扭曲，内应力大为降低，但晶粒的形状、大小和金属的强度、塑性变化不大，这种现象称为回复。

当温度继续升高，金属原子活动具有足够热运动力时，则开始以碎晶或杂质为核心结晶出新的晶粒，从而消除了冷变形强化现象，这个过程称为再结晶。金属开始再结晶的温度称为再结晶温度，一般为该金属熔点的 0.4 倍，即

$$T_{再} \approx 0.4 T_{熔}$$

式中：$T_{再}$——以热力学温度表示的金属再结晶温度；

$T_{熔}$——以热力学温度表示的金属熔点温度。

图 6-2 所示为冷变形后的金属在加热过程中发生回复与再结晶的组织变化示意图。

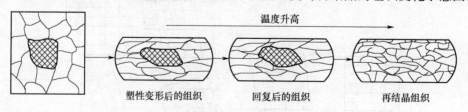

图 6-2　金属回复与再结晶过程组织变化示意图

通过再结晶后，金属的性能恢复到变形前的水平。金属在常温下进行压力加工，常安排中间再结晶退火工序。在实际生产中为缩短生产周期，通常再结晶退火温度比再结晶温度高

100～200 ℃。

再结晶过程完成后，如再延长加热时间或提高加热温度，则晶粒会产生明显长大，成为粗晶组织，导致材料力学性能下降，使锻造性能恶化。

■ **任务实施**

材料在外力作用下产生的不可恢复的永久变形称为塑性变形，金属塑性变形对金属组织和性能有较大影响。

任务 6-2　锻造结构工艺设计

■ **任务引入**

金属在锻造时加热与冷却对锻件质量有什么影响？采用的锻造工艺方法有哪些？如何进行锻造结构工艺设计？

■ **任务目标**

熟悉金属在锻造时加热温度范围和锻件冷却方法，熟悉常用锻造工艺方法，掌握锻造结构工艺设计知识，能进行简单的锻造结构工艺设计。

锻造是一种借助工具或模具在冲击或压力作用下，对金属坯料施加外力，使其产生塑性变形，改变尺寸、形状及性能，用以制造机械零件或零件毛坯的成形加工方法。

一、金属锻造时的加热与冷却

金属在锻造时，为了使变形加工可连续进行，对锻件进行加热。当热变形加工时，变形产生的加工硬化被随即产生的再结晶所抵消。在热变形过程中，其内部脆性夹杂质沿主变形方向分布，在结晶时，仍以条状或链状被保留下来，形成了纤维组织。纤维组织的化学稳定性强，通过热处理是不能消除的，只能通过锻压才能改变其形状与分布。当锻造结束后，由于冷却方法的不同，将得到不同的锻件质量。

（一）锻造温度范围

锻造温度范围是指锻件由始锻温度到终锻温度的间隔。确定锻造温度范围的原则是：保证金属在锻造过程中具有良好的锻造性能，即塑性好，变性抗力小及在锻后能获得良好的内部组织；同时锻造温度范围要尽可能宽一些，以便有足够的时间进行锻造成形，从而减少加热次数，降低材料消耗，提高生产率。

锻造

始锻温度是指材料加热的允许最高温度。碳素钢的始锻温度一般低于其熔点温度 100～200 ℃。终锻温度是指金属允许的最低锻造温度。锻造温度低于终锻温度，金属的温度过高，停锻后金属在冷却过程中结晶还会继续成长，锻件的力学性能（尤其是冲击韧度）降低。

表 6-1 所示为常用金属材料的锻造温度范围。

表 6-1　常用金属材料的锻造温度范围　　　　　单位：℃

材料种类	始锻温度	终锻温度
低碳钢	1 200～1 250	700～800
中碳钢	1 150～1 200	800～850
合金结构钢	1 100～1 180	800～850

续表

材料种类	始锻温度	终锻温度
铝合金	450~500	350~380
钢合金	800~900	650~700

（二）锻件的冷却

锻压后的冷却是保证锻件质量的重要环节。在冷却过程中温度与时间的关系称为冷却规范。采用不同的冷却方法，可得出不同的冷却范围。冷却范围通常用冷却时间温度曲线表示。常见的冷却方法有空冷、坑冷、堆冷、炉冷和灰砂冷等。

热锻成形的锻件，通常要根据其化学成分、尺寸、形状复杂程度等来确定相应的冷却方法。低、中碳钢小型锻件锻后常采用空冷或堆冷的方式进行冷却；低合金钢锻件的冷却速度要缓慢，通常要随炉缓冷。冷却方式不当，会使锻件产生内应力、变形，甚至裂纹。冷却过快还会使锻件表面产生硬皮，使切削加工困难。

二、锻造工艺方法

按锻造加工时使用设备的不同，锻造工艺分为自由锻、模型锻、胎模锻等。

（一）自由锻

自由锻造（简称自由锻）是指通过锻造设备的上、下砧或简单通用工具直接使坯料变形的方法。它分为手工自由锻和机器自由锻两种。自由锻所用工具、设备简单，通用性大，工艺灵活，锻件可大、可小；但锻件的加工精度不高，耗材大，劳动量大，工人操作技术要求高、生产率低。自由锻适用于单件、小批量生产，也是大型件唯一的锻造方法。

1. 自由锻的基本工艺规程

自由锻工艺规程是指将坯料锻成锻件的工艺过程的技术文件，体现锻件锻制的方法、方式、技术及其经济性。它是锻造操作、生产管理及质量检验的依据。自由锻造工艺规程主要内容包括根据零件图绘制锻件图、计算坯料的质量和尺寸、确定锻造工序、选择锻造设备、确定坯料锻造温度范围和填写工艺卡。车间人员根据工艺卡的规定组织生产。

1）绘制锻件图

锻件图是指在零件图的基础上，考虑加工余量、锻造公差、余块等因素后绘制的工艺图。图6-3所示为根据零件图绘制的锻件图。

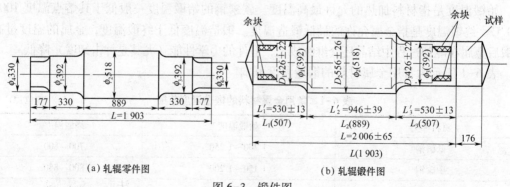

（a）轧辊零件图　　　　　　　　　　（b）轧辊锻件图

图6-3　锻件图

余块（也称敷料）是指为便于锻造而增加的那一部分金属，如较小孔、槽等。加工余量是指锻件表面留有供机械加工的金属层，一般为5～20 mm。锻造公差是指锻件实际尺寸和工称尺寸之间所允许的变动量。

2）计算坯料的质量和尺寸

坯料质量可由锻件图得出。坯料尺寸应根据坯料质量和锻造比确定。一般小锻件使用棒料，大锻件使用钢坯或钢锭。将坯料锻造成锻件，其体积基本不变，锻件的尺寸也已由锻件图确定，再根据锻件的体积，求得需要坯料的尺寸。锻造比是指锻件在锻造成形时的变形程度。锻造比过小，达不到性能要求；锻造比过大则增大工作量，引起各向异性。只有锻造比选择合适时，力学性能才能提高。一般情况下，铸锭作为坯料时，锻造比不小于2.5～3；轧制型材作为坯料时，锻造比选择1.3～1.5。

3）确定自由锻的基本工序

自由锻的工序分为基本工序、辅助工序和修整工序三类。基本工序是指用来改变坯料的形状和尺寸的工序，主要包括镦粗、拔长、冲孔、扩孔等。辅助工序是指为了完成基本工序而进行的预先变形工序，主要包括压钳把、倒棱、压痕等。修整工序是指用来减少锻件表面缺陷的工序，主要包括校正、滚圆、平整等。

4）选择自由锻设备

常用的自由锻设备有自由锻锤和水压机两类。生产时应根据锻件的尺寸、形状、材料等条件来选择设备种类及其规格，以保证锻件质量好、成本低、生产率高。

自由锻锤通常有空气锤（见图6-4）（锻件质量范围为50～1 000 kg）和蒸汽-空气自由锻锤（锻件质量范围为20～1 500 kg）两种。它们是冲击作用式的锻造设备，其能力（吨位的大小）用落下部分的质量来表示。

水压机主要适用于大型锻件（见图6-5）。

图6-4 空气锤

图6-5 水压机

5）锻件的热处理、清洗

为了消除加工硬化和改善组织，保证锻件所要求的力学性能，一般来说对锻件要进行热处理（退火和正火处理）。

锻件的清理是为了清除锻件表面的氧化皮。常用滚筒法、喷丸法或酸洗法进行清理。

2. 自由锻件的结构工艺性

在设计自由锻成形的零件时，除满足使用要求外，还必须考虑自由锻造设备和工具的特点，零件结构要符合自由锻的工艺性要求。锻件结构合理，可达到操作方便、成形容易、节约材料、保证质量和提高效率的目的。因此，设计该类零件时应注意下列问题。

（1）锻件上应避免锥面和斜面的结构（见图6-6）。当锻件有锥面或斜面结构时，需要专用工具成形，成形困难，工艺过程复杂，操作不便，生产率低。改进设计后，其结构合理、便于成形。

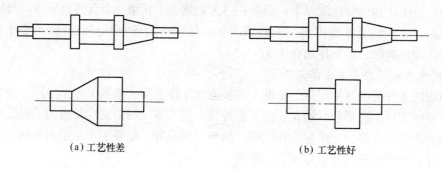

(a) 工艺性差   （b) 工艺性好

图 6-6　锻件结构

（2）锻件上几何体的交接处应避免形成空间曲线。

（3）锻件上应避免加强肋、凸台、工字形截面或空间曲面，因为用这些简单的自由锻造方法难以成形。

（4）锻件结构应避免截面尺寸的急剧变化。若锻件截面尺寸变化剧烈，锻造构成中局部变形太大，如图6-7（a）所示，这种结构工艺性差。改成图6-7（b）所示由简单件构成的组合体，每个简单件分别锻后用焊接或螺钉连接起来，将复杂件变成几个简单件来做，达到化难为易的目的，这样结构工艺性就好多了。

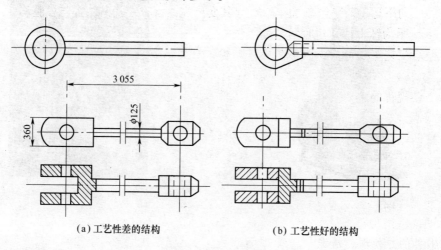

(a) 工艺性差的结构   (b) 工艺性好的结构

图 6-7　复杂件结构

（二）模型锻

模型锻又称模锻，是利用模具使坯料变形，获得锻件的锻造方法。其实质是金属的变形受到了锻模模腔的限制。

模锻与自由锻比较有以下特点：生产率较高；模锻件尺寸精准，加工余量小；锻件的精准度高；可以锻造形状比较复杂的锻件，如图6-8所示。但模锻生产制模成本高、锻造设备的精准度高、吨位大，生产周期比较长，锻件质量一般在150 kg以下，一般适用于大批量、中小型锻件的生产。在飞机制造厂、坦克厂、汽车厂、拖拉机厂、轴承厂等广泛地应用模锻生产。

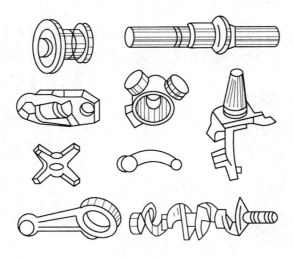

图6-8　典型模锻零件

模锻分为固定模锻与胎模锻，而固定模锻按其锻造设备的不同，又分为锤上模锻、压力机模锻和平锻机模锻等。

1. 锤上模锻

锤上模锻是指锻模的上、下两部分分别固定在锤头与砧铁上，坯料置于下模的模腔上，上模随着锤头向下运动对坯料施加压力，使其变形充满模腔，从而获得与模腔形状一致的锻件。图6-9所示为锤上模锻过程示意图。

锤上模锻工艺主要包括模锻工艺规程与模锻工艺过程。

模锻工艺规程的主要内容是：绘制模锻件图、坯料计算、设计锻模、切边模和校正模，以及确定模锻设备的吨位等。

模锻的工艺过程为：下料（轧材棒料）—加热—模锻—切边—校正—模锻件热处理—模锻件的表面清理等。

常用的模锻锤是蒸汽-空气模锻锤。

锤上模锻所用设备投资少，锻件质量较好，适应性强，且可实现多种变形工步，可锻制不同形状的锻件；但其振动大、噪声大，完成一个变形工步需要经过多次捶击，难以实现机械化和自动化，生产率在模锻中相对较低。

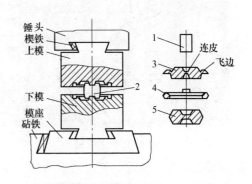

1, 2—坯料；3, 4—过程件；5—锻件
图6-9　锤上模锻过程示意图

2. 压力机模锻

由于使用的压力机类型不同，压力机模锻又分为曲柄压力机模锻和摩擦压力机模锻。

1）曲柄压力机模锻

曲柄压力机又称热模锻曲柄压床（见图6-10），其锻造方法的优点是锻件精度高，节约金属，生产率高，振动小，噪声小，劳动条件好；但是设备价格较高，在锻造时，锻件的氧化皮无法清除，不适宜锻造较长的以延伸变形为主的锻件。

2）摩擦压力机模锻

摩擦压力机如图6-11所示，由于其压力有限且难以调节，生产率低，所以通常只用于单模腔、小型锻件的终锻加工；但因其压力平缓，因此塑性差的金属变形加工时常用它。

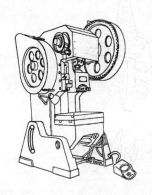

图6-10　曲柄压力机

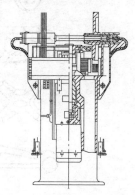

图6-11　摩擦压力机

3. 平锻机模锻

平锻机如图6-12所示，主要进行以局部镦粗为主的锻造工作，也可以进行压肩、冲孔、弯曲与切断等，最适合于锻制带头部的长杆类锻件和套圈类锻件，如汽车半轴、双联齿轮等。锻件的尺寸比较精准，表面光洁，节约金属，生产效率高；但平锻机的造价高，投资大，在大型汽车制造厂被广泛使用。平锻机的规格用公称工作力（锻打力）或可锻最大棒料直径表示。公称压力一般为3 150～30 000 kN，相应的最大可锻棒料直径为50～270 mm。

图6-12　平锻机

（三）胎模锻

在自由锻的设备上，使用可移动的胎模具生产锻件的锻造方法称为胎模锻。在锻造时，将胎模放在砧座上，将加热后的坯料放入胎模，锻制成形；也可先将坯料经过自由锻，预锻成近似锻件的形状，然后用胎模终锻成形。这是一种介于自由锻与模锻之间的锻造方法，被广泛使用。

与自由锻相比，胎模锻具有较高的生产效率，锻件质量好，节省金属材料，降低锻件成本；与模锻相比，胎模锻不需要专用锻造设备，模具简单，容易制造，但是锻件质量稍差，劳动强度大，生产效率低，胎模寿命短。因此，胎模锻适用于小型锻件的中小批量生产。

胎模锻常用的胎模种类有摔模、扣模、套模和合模（见图6-13）。

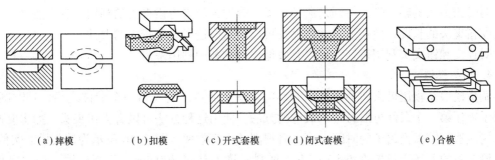

（a）摔模　　　（b）扣模　　　（c）开式套模　　　（d）闭式套模　　　　（e）合模

图 6-13　胎模种类

摔模（又称摔子）常用于锻制回转体锻件。

扣模常用于非回转体锻件的制坯。

套模常用于锻制法兰、齿轮坯等锻件，一般分为开式与闭式两种。开式套模无上模，锤头直接接触金属，使其在模内成形。

合模常用于锻制连杆和叉形锻件，一般由上、下模组成。

（四）模锻方法的选择

多数锻件是单个模锻，即一个坯料只锻一个锻件。但在一定条件下，中型锻件可采用调头模锻，小型锻件可采用一火多件、一模多件等不同的模锻方法，以提高生产效率、节省材料和取得其他方面的效果。

1. 一火多件

一火多件是使用一根加热的棒料连续锻几个锻件，每锻完一个锻件，用切刀将锻件从棒料上切下来，适用于单个质量在 0.5 kg 以下的小锻件。连续模锻的锻件数一般为 4～6 件。件数过多时操作不方便，而且会因温度过低降低锻模寿命。

2. 一模多件

一模多件是在同一模块上一次模锻两个或多个锻件，适用于质量在 0.5 kg 以下，长度不超过 100 mm 的小型锻件。一模多件往往与一火多件同时使用。这时一根棒料能锻 4～10 个锻件，锻件飞边一般冷切。在一模多件时，通过合理排列锻件，能使金属分布均匀，减少截面差，使锻件成形容易、简化工步并节省材料。

带落差的锻件通过对称排列可以抵消模锻单个锻件时产生的错移力，如图 6-14 所示。

一模多件的优点是明显的，但模具在制造时要保证终锻模膛之间的位置精度要求。

3. 复合模锻

对于内孔较大的齿轮锻件，如汽车后桥齿轮，可适当加厚其连皮的厚度，使冲下的连皮可以满足锻制另一较小饼类锻件的要求，如图 6-15 所示。

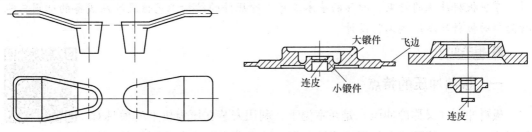

图 6-14　对称排列的两个锻件　　　　　　　　图 6-15　复合模锻

对带钳夹头的轴类件，特别是曲轴等类大锻件，应考虑钳夹头的利用。其方法之一是适当改变钳夹头的长度，使切下来的钳夹头可以用来锻造另一个较小的锻件。

对连皮和钳夹头利用得好，可以有效地提高材料的利用率。

4. 调头模锻

调头模锻是指用可供两个锻件用的坯料，整个加热，锻成第一个锻件之后，180°调头，用钳子夹住第一个锻件再锻另一个锻件的方法。使用这种方法可以省去钳夹头。如果有两个工人轮流锻打缩短换钳子的时间，可以有很高的生产效率。图 6-16 所示为调头模锻实例。

调头锻的毛坯质量要在 6 kg 以下，坯料长度不超过 300 mm，否则模锻、切边操作不便，劳动强度太大。对于细长、扁薄或带落差的锻件，不宜采用调头模锻。因为在锻第二个锻件时，会使夹着的第一个锻件产生变形。

5. 合锻

合锻可以在同一副模具上一次锻出两种锻件，这样不但减少了锻件的品种，同时还减少了模具的数量，便于企业组织生产；而且利用合锻可以使金属分布均匀，更易于锻件成形，如图 6-17 所示。

在确定模锻工步时，应考虑进行合锻的可能性。

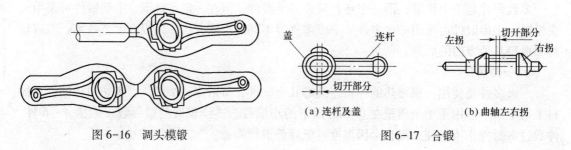

图 6-16　调头模锻　　　　　　　　　　　　　图 6-17　合锻

（a）连杆及盖　　　　（b）曲轴左右拐

■ 任务实施

各种锻造工艺方法都有其特点和应用范围，究竟应该采用哪一种方法，应根据零件特点、材料种类、批量大小及经济性等因素加以综合考虑。

任务6-3　板料冲压结构工艺设计

■ 任务引入

对图 6-33 所示托架零件进行冲压工艺方案设计。

■ 任务目标

掌握板料冲压的特点、冲压的基本工序，冲压件的结构工艺性及冲压设备的选用，能进行简单的板料冲压结构工艺设计。

■ 相关知识

一、板料冲压的特点

板料冲压（又称冷冲压）是在室温下，利用安装在压力机上的模具对材料施加压力，使其产生分离或塑性变形，从而获得薄壁金属制品的一种

冲压

压力加工方法。这种金属加工方法要求金属具有较好的塑性，如碳含量为 0.1% 左右的碳钢或合金钢、变形铝合金、铜合金等。

板料冲压属少、无屑加工，能加工形状复杂的零件，零件精度较高，具有互换性，零件强度、刚性高而质量轻，外表光滑美观，材料利用率高，生产率高，便于实现机械化和自动化，操作方便，要求的工人技术等级不高，产品的成本低。但模具制造复杂，成本较高，适用于大批量生产，目前广泛应用于汽车、拖拉机、火箭、仪表、轻工及日用品等。图 6-18 所示为板料冲压产品。

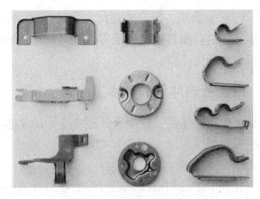

图 6-18　板料冲压产品

二、冲压设备

常用的冲压设备有剪床和冲床，如图 6-19 所示。

剪床（又叫剪板机）是用剪切方法使板料分离的机器，是冲压备料的主要设备。按传动形式不同，剪板机分为机械剪板机和液压剪板机。

冲床（又叫压力机）是冲压生产的主要设备，有多种类型。其吨位以所产生的公称压力表示，最小为 6.3 t，大的有 400 t、600 t 和 1 250 t 等。

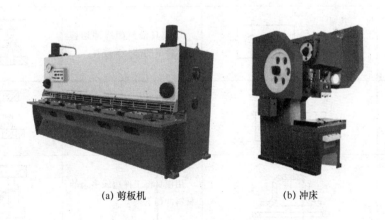

(a) 剪板机　　　　　　　　(b) 冲床

图 6-19　常用的冲压设备

除剪床和冲床外，冲模也是完成冲压生产所必备的，常用冲模可分为简单模、连续模和复合模 3 种。冲模的结构合理与否，对制品的质量、冲压生产的效率及模具的寿命都有很大的影响。

（1）简单模。简单模是指冲床一次行程中只完成一道工序的模具。此种模具结构简单，容易制造，适用于小批量生产。

（2）连续模。连续模是指冲床的一次行程中，在模具的不同部位上同时完成数道冲压工序的模具。这种模具的生产效率高，易于实现自动化生产；但连续模定位精度要求高，造模难度较大，成本较高，适用于一般精度工件的大批量生产。

（3）复合模。复合模是指利用冲床的一次行程，在模具的同一位置完成两道以上工序的模具。这种模具能够保证零件较高的精度和平正性，生产效率高；但制造复杂，成本高，适用于大量生产。

三、板料冲压的基本工序

板料在冲压时，使金属分离或变形的基本方法称为冲压基本工序，分为分离工序与成形工序两大类。

1. 分离工序

分离工序是利用冲模或剪刀使坯料分离的操作方法（见表6-2）。它包括剪切、冲裁和整修等。

表 6-2　分离工序

工序名称	工序简图	工序特征	模具简图
切断		用剪刀或模具切断板料，切断线不是封闭的	
落料	工件	用模具沿封闭线冲切板料，冲下的部分为制件	
冲孔	废料	用模具沿封闭线冲切板料，冲下的部分为废料	
切口		用模具将板料局部切开而不完全分离，切口部分材料发生弯曲	
切边		用模具将工件边缘多余的材料冲切下来	

（1）剪切。剪切是使坯料沿不封闭轮廓线分离的方法，一般作为备料工序，也可作为剪切成形的工序。

（2）冲裁。冲裁是利用冲模将板料沿封闭的轮廓线与坯料分离的冲压方法。它包括落料与充孔，两者的操作方法相同，但目的不同。落料是利用冲裁取得一定外形的制件（或坯料），如冲制自行车链条的链片；冲孔是将冲压坯料沿封闭轮廓线分离出来，得到带孔制件的冲裁方法，其冲落部分为废料，如平垫圈内孔的冲制。

（3）整修。整修是利用整修模沿冲裁件外缘或内孔刮去一层薄薄的切屑，以提高冲裁件的加工精度和降低断面粗糙度值的冲压方法。整修后，剪切面的粗糙度 Ra 值为 1.6～

0.8 μm，公差等级可达 IT7～IT6。

2. 成形工序

使坯料的一部分相对另一部分产生位移而不破坏的工序称为成形工序（见表 6-3）。它包括弯曲、拉深、翻边和成形等。在将板料制成所需要的产品零件时，应根据制品的形状、尺寸及每一工序中材料所允许的变形程度，选择各种工序及工序顺序的安排。

表 6-3 成形工序

工序名称	工序简图	工序特征	模具简图
弯曲	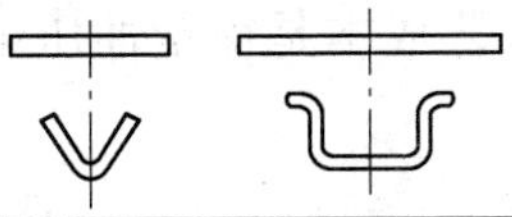	用模具使板料弯成一定角度或一定形状	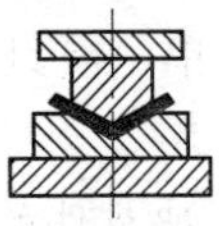
拉深	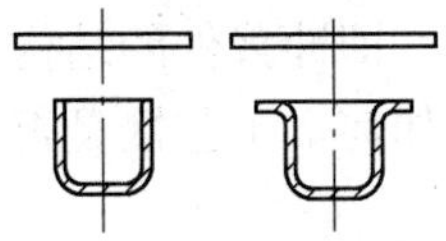	用模具将板料压成任意形状的空心件	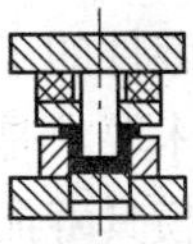
起伏（压肋）	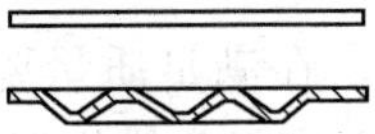	用模具将板料局部拉伸成凸起和凹进形状	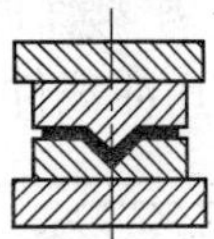
翻边	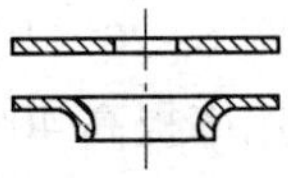	用模具将板料上的孔或外缘翻成直壁	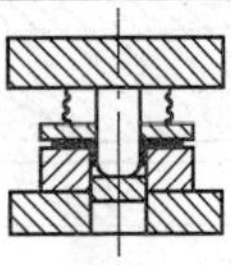
缩口	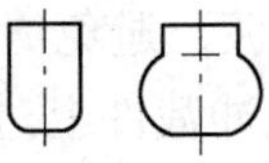	用模具对空心件口部施加由外向内的径向压力，使局部直径缩小	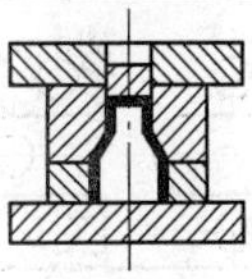
胀形	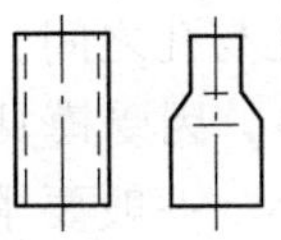	用模具对空心件施加向外的径向力，使局部直径扩张	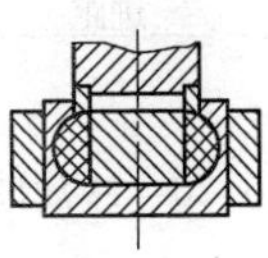
整形	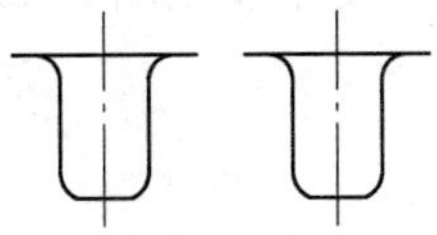	将工件不平的表面压平；将原先的弯曲件或拉深件压成正确形状	同拉深模具

（1）弯曲。弯曲是将坯料的一部分相对于另一部分弯曲成一定角度的加工方法。当弯曲时，板料内侧受压，外侧受拉。当外侧的拉应力超过材料的抗拉强度 R_m 时，金属破裂，且坯料越厚越易弯裂。其工艺要点是：内弯曲半径不得小于板厚的 1/4；弯曲的角度应略大于成品件角度（因为弯曲后板料回弹）。

（2）拉深（也称拉延）。拉深是使板料成形为空心件而厚度基本不变的加工方法。其工艺要点是：凸模与凹模之间的间隙要比板厚大 10%～30%；不允许一次拉得过深，以防破裂；在拉伸时要加润滑剂或对坯料进行表面处理；拉深后成品（或半成品）直径与拉深前坯料直径的比值一般取 0.5～0.8 为宜。拉深是生产薄壁空心腔件如不锈钢杯、面盆、子弹壳等零件的基本冲压工序之一。

（3）成形。成形是指使坯料生产局部拉伸或压缩变形而获得一定形状工件的冲压方法，包括制肋、翻边、缩口、旋压、胀形等。

四、板料冲压件的结构工艺性

好的工艺性和合理的工艺方案，可以用最少的材料，最少的工序数量和工时，并使模具结构简单，模具寿命高。合格冲压件质量和经济的工艺成本是衡量冲压工艺设计的主要指标。

1. 冲裁件的结构工艺性

冲裁件的工艺性，是指冲裁件对冲压工艺的适应性，即冲裁件的结构、形状、尺寸及公差等技术要求是否符合冲裁加工的工艺要求，难易程度如何。工艺性是否合理，对冲裁件的质量、模具寿命和生产效率有很大的影响。

1）冲裁件的形状和尺寸

（1）冲裁件形状应尽可能简单、对称、排样废料少。在满足质量要求的条件下，把冲裁件设计成少、无废料的排样形状。如图 6-20（a）所示零件，若外形无要求，只要满足 3 孔位置达到设计要求，可改为图 6-20（b）所示形状，采用无废料排样，材料利用率提高 40%。

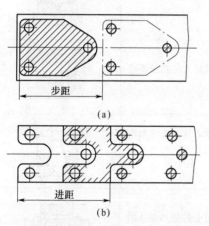

（2）除在少、无废料排样或采用镶拼模结构时允许工件有尖锐的清角外，冲裁件的外形或内孔交角处应采用圆角过渡，避免清角。

（3）尽量避免冲裁件上过长的悬臂与窄槽（见图 6-21），它们的最小宽度 $b \geqslant 1.5 t$。

（4）冲裁件孔与孔之间、孔与零件边缘之间的壁厚（见图 6-21），因受模具强度和零件质量的限制，其值不能太小。一般要求 $c \geqslant 1.5 t$，$c' \geqslant t$。若

图 6-20　冲裁件形状对工艺性的影响

在弯曲或拉深件上冲孔，冲孔位置与件壁间距应满足图示尺寸（见图 6-22）。

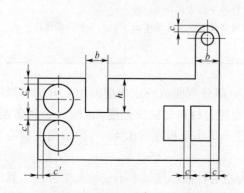

图 6-21　冲裁件的结构工艺性图

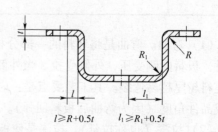

$$l \geqslant R + 0.5t \qquad l_1 \geqslant R_1 + 0.5t$$

图 6-22　弯曲件的冲孔位置

（5）冲裁件的孔径因受冲孔凸模强度和刚度的限制，不宜太小，否则容易折断和压弯。孔的最小尺寸取决于材料的力学性能、凸模强度和模具结构。用自由凸模和带护套的凸模所能冲制的最小孔径分别见表 6-4 和表 6-5，孔距的最小尺寸可见表 6-6。

表 6-4　自由凸模冲孔的最小尺寸

冲压件材料	圆形孔（直径 d）	方形孔（孔宽 b）	矩形孔（孔宽 b）	长圆形孔（孔宽 b）
钢 $\tau_b > 700$ MPa	1.5 t	1.35 t	1.2 t	1.1 t
钢 $\tau_b = 400 \sim 700$ MPa	1.3 t	1.2 t	1.0 t	0.9 t
钢 $\tau_b = 700$ MPa	1.0 t	0.9 t	0.8 t	0.7 t
黄铜	0.9 t	0.8 t	0.7 t	0.6 t
铝、锌	0.8 t	0.7 t	0.6 t	0.5 t

注：τ_b 为抗剪强度；t 为料厚。

表 6-5　带护套的凸模冲孔的最小尺寸

冲压件材料	圆形孔（直径 d）	长圆形孔（孔宽 b）
硬钢	0.5 t	0.4 t
软钢及黄铜	0.35 t	0.3 t
铝、锌	0.3 t	0.28 t

表 6-6　最小间距

孔形	圆孔		方孔	
料厚 $t/$mm	≤1.55	>1.55	≤2.3	>2.3
最小孔距	3.1 t	2 t	4.6 t	2 t

2）冲裁件的尺寸精度和表面粗糙度

冲裁件的尺寸精度要求应在经济精度范围以内，对于普通冲裁件，其经济精度不高于IT11 级，冲孔件比落料件高一级。

3）冲裁件的尺寸基准

冲裁件孔位尺寸基准应尽量选择在过程中始终不参加变形的曲面或线上，不要与参加变形的部位联系起来。如图 6-23 所示，原设计图 6-23（a）所示尺寸的标注对冲裁件是不合理的，当这样标注时，尺寸 L_1、L_2 必须考虑到模具的磨损，而相应给以较宽的公差造成孔心距的不稳定，孔心距公差会随着模具磨损而增大。改用图 6-23（b）所示的标注，两孔的孔心距不受模具磨损的影响，比较合理。因此，考虑冲

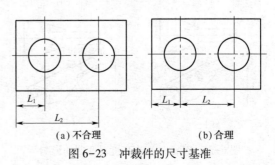

（a）不合理　　　　　（b）合理

图 6-23　冲裁件的尺寸基准

裁件的尺寸基准时应尽可能考虑模具制造和模具使用时定位基准的重合，避免基准不重合产生的误差。

2. 弯曲件的结构工艺性

弯曲件的结构应具有良好的弯曲工艺性，这样可简化工艺过程，提高弯曲件尺寸精度。弯曲件的结构通常主要考虑以下几个方面。

1）弯曲半径

弯曲件的弯曲半径不宜过大和过小。当过大时因受回弹的影响，弯曲精度不易保证；当过小时会产生拉裂，弯曲半径应大于许可最小相对弯曲半径。否则应选用多次弯曲，并在两次弯曲之间增加中间退火工序。

2）弯曲件形状与尺寸的对称性

弯曲件的形状与尺寸应尽可能对称，高度也不应相差太大。当冲压不对称的弯曲件时，因受力不均匀，毛坯容易偏移（见图6-24），尺寸不易保证。为防止毛坯的偏移，在设计模具结构时应考虑增设压料板，或者增加工艺孔定位。

弯曲件形状力求简单，边缘有缺口的件，在毛坯上若先将缺口冲出，弯曲时会出现叉口现象，严重时难以成形。这时必须在缺口处留有连接带，弯曲后再将连接带切除（见图6-25）。

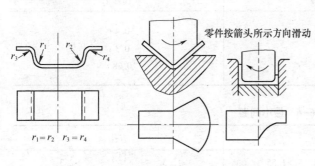

图6-24 弯曲件形状对弯曲过程的影响

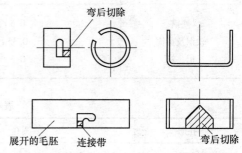

图6-25 弯曲件边缘缺口对弯曲过程的影响

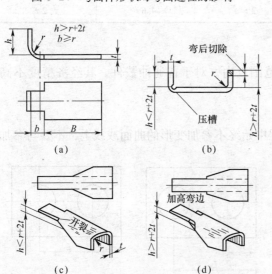

图6-26 弯曲件直边高度对弯曲的影响

3）弯曲件直边高度对弯曲的影响（见图6-26）

保证弯曲件直边平直的直边高度 h 不应小于 $2t$ [见图6-26（a）]，否则需先压槽或加高直边，弯曲后再切掉 [见图6-26（b）]。如果所弯直边带有斜线，且斜线达到变形区造成开裂，则应改变零件的形状 [见图6-26（c）与（d）]。

4）弯曲件孔边距离

带孔的板料在弯曲时，如果孔位于弯曲变形区内，则孔的形状会发生畸变。因此，孔边到弯曲半径 r 中心的距离（见图6-27）要满足以下关系：

当 $t<2$ mm 时，$L \geqslant t$；当 $t \geqslant 2$ mm 时，$L \geqslant 2t$。

如不能满足上述条件，在结构许可的情况下，可在弯曲变形区上预先冲出工艺孔或工艺槽来改变变形区范围，有意使工艺孔变形来保证所要求的孔不产生变形（见图6-28）。

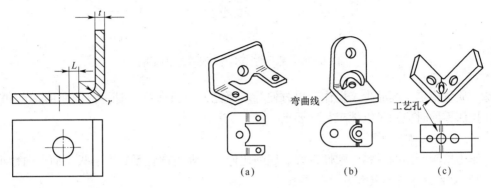

图6-27　弯曲件的孔边距　　　　　　图6-28　防止孔变形的措施

5）防止弯曲边交接处应力集中的措施

当弯曲图6-29所示弯曲件时，为防止弯曲边交接处由于应力集中可能产生的畸变和开裂，可预先在折弯线的两端冲裁卸荷孔或卸荷槽，也可以将弯曲线移动一段距离，以离开尺寸突变处。

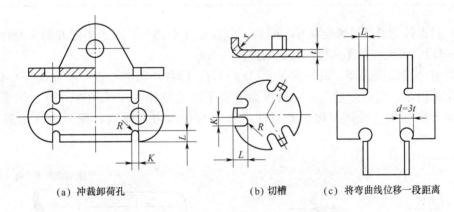

(a) 冲裁卸荷孔　　　　　　(b) 切槽　　　　　　(c) 将弯曲线位移一段距离

图6-29　防止弯曲边交接处应力集中的措施

6）弯曲件尺寸的标注应考虑工艺性

弯曲件尺寸标注不同，会影响弯曲工序的安排。图6-30（a）所示的弯曲件尺寸标注，孔的位置精度不受毛坯展开尺寸和回弹的影响，可简化冲压工艺。采用先落料冲孔，然后再弯曲成形。图6-30（b）、（c）所示的标注法，冲孔只能安排在弯曲工序之后进行，才能保证孔位置精度的要求。因此，在不考虑弯曲件有一定的装配关系时，应采用图6-30（a）所示的标注方法。

3. 拉深件的结构工艺性

拉深件工艺性的好坏，直接影响到该零件能否用拉深方法生产出来，影响到零件的质量、成本和生产周期等。良好的工艺性应是坯料消耗少、工序数目少、模具结构简单、加工

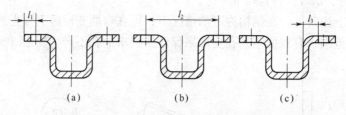

图 6-30　尺寸的标注对弯曲工艺的影响

容易、质量稳定、废品少、操作简单方便等。因此，应根据拉深时材料的变形特点和规律，设计拉深零件时应满足以下工艺性要求。

1）对拉深材料的要求

作为拉深所用的材料应塑性良好、屈强比低、板厚方向性系数大、板平面方向性小。

2）对拉深零件形状和尺寸的要求

（1）拉深件高度尽可能小，以便 1～2 次即可拉深成形。圆筒形零件一次拉深可达到的高度见表 6-7。

表 6-7　圆筒形零件一次拉深的极限高度

材料名称	铝	硬铝	黄铜	软钢
相对拉深高度 h	$(0.73\sim0.75)d$	$(0.60\sim0.65)d$	$(0.75\sim0.80)d$	$(0.68\sim0.72)d$

（2）拉深件的形状尽可能简单、对称，以保证变形均匀。对于半敞开的非对称拉深件（见图 6-31），可成双拉深后再剖切成两件。

（3）有凸缘的拉深件，最好满足 $d_凸 \geq d+12t$，而且外轮廓与直壁断面最好形状相似。否则，拉深困难，切边余量大。在凸缘面上有下凹的拉深件（见图 6-32），如下凹的轴线与拉深方向一致，可以拉出。若下凹的轴线与拉深方向垂直，则只能在最后校正时压出。

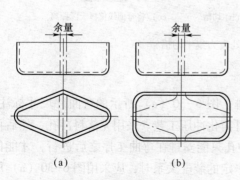

图 6-31　成双拉深后再剖切

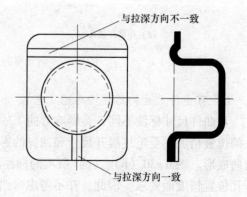

图 6-32　凸缘面上有下凹的拉深件

（4）为了使拉深顺利进行，凸缘圆角半径 $r_d \geq 2t$。当 $r_d < 0.5$ mm 时，应增加整形工序；底部圆角半径 $r_p \geq t$，当不满足时应增加整形工序，每整形一次，r_p 可减小 1/2；盒形拉深零

件壁间圆角半径 $r \geq 3t$；尽可能使 $r \geq h/5$。

3）对拉深零件精度的要求

（1）由于拉深件各部位的料厚有较大变化，所以对零件图上的尺寸应明确标注是外壁尺寸还是内壁尺寸，不能同时标注内外尺寸。

（2）由于拉深件有回弹，所以零件横截面的尺寸公差一般都在 IT12 级以下。如果当零件公差要求高于 IT12 级时，应增加整形工序来提高尺寸精度。

（3）多次拉深零件的对外表面或凸缘的表面，允许有拉深过程中所产生的印痕和口部的回弹变形，但必须保证精度在公差允许范围之内。

■ **任务实施**

在编制零件冲压工艺时，应根据零件材料、技术要求和设备条件等具体情况，将冲压基本工序经过恰当的选择与组合，确定一个相对比较合理的工艺方案。图 6-33 所示为一托架零件及其冲压工艺方案。图 6-33（b）①为一次成形，图 6-33（b）②、③为预成形后再成形的多次成形。

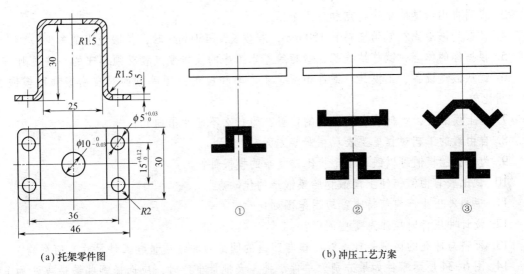

（a）托架零件图　　　　　　　　（b）冲压工艺方案

图 6-33　托架零件图及其冲压工艺方案

【知识扩展】

一、其他常用压力加工方法

（一）轧制

金属坯料（或非金属坯料）在旋转轧辊的作用下，产生连续塑性变形，从而获得要求的截面形状并改变其性能的方法，称为轧制或轧锻。用轧制的方法可将钢锭轧制成板材、管材和型材等各种原材料。近年来，在机械制造厂常采用轧制方法制造零件的工艺有辊轧、横轧、斜轧、旋轧等。

其他常用压力
加工方法

（二）挤压

挤压是在强大压力作用下，使坯料从模具中的出口或缝隙挤出，使横截面积减小、长度增加，得到所需制品的方法。

二、锻压新工艺

随着工业的发展，对锻压加工提出了越来越高的要求，出现了许多先进的锻压工艺方法。特别是近年来，如精密模锻、高速锤锻造、精密冲裁、旋压、高能成形、超塑性成形等锻压新工艺方法应用越来越广泛，这些新工艺方法的主要特点是：尽量使锻压件形状接近零件的形状，以便达到少切削或无切削的目的；提高尺寸精度和表面质量；提高锻压件的力学性能；节省金属材料，降低生产成本；改善劳动条件，大大提高生产率并能满足一些特殊工作的要求。

复习思考题))))

1. 金属塑性变形对金属的组织和性能有何影响？

2. 什么是金属的可锻性？影响金属可锻性的因素有哪些？

3. 说明自由锻造的生产特点和应用范围。

4. 什么是锻造比？原始坯料长 150 mm，若拔长到 450 mm 时，其锻造比是多少？

5. 根据你的体会，试总结拔长、镦粗等基本工序的操作要点和必须遵守的一些规则。

6. 试从锻造设备、工模具、锻件精度、生产率和应用范围等方面对自由锻和胎模锻进行分析比较。

7. 锤上模锻时，如何确定分模面的位置？为什么不能冲出通孔？

8. 自由锻的工艺规程重要表现在哪些方面？

9. 为什么胎模锻可以锻造出形状比较复杂的模锻件？

10. 试比较自由锻、锤上模锻和胎模锻造的优缺点。

11. 板料冲压生产有何特点？应用范围如何？

12. 设计冲压件时应注意哪些问题？

13. 落料与冲孔的区别是什么？凸模与凹模的间隙对冲裁质量和工件尺寸有何影响？

14. 图 6-34 所示零件如果分别为单件小批、大批量生产时，应选择哪些锻造方法加工？哪种最为合理？并定性画出锻件图。

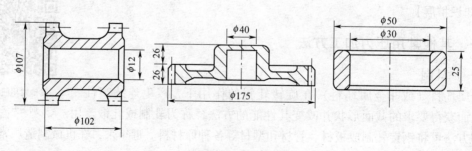

图 6-34　锻压零件图

15. 普通旋压与变薄旋压各有什么优缺点？

16. 改正图 6-35 所示模锻零件结构的不合理处。

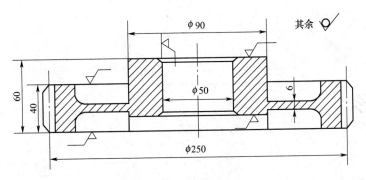

图6-35　模锻零件图

项目 7
焊接成形

 【项目引入】

运油车的罐体为焊接结构件，主要由封头、筒体及附件（如法兰、开孔补强、接管、支座）等部分组成，一般采用金属板材焊拼而成。

 【项目分析】

在现代工业中，金属是不可缺少的重要材料。高速行驶的汽车、火车、载重万吨至几十万吨的轮船、耐蚀耐压的化工设备以至宇宙飞行器等都离不开金属材料。在这些工业产品的制造过程中，需要把各种各样加工好的部件按设计要求连接起来制成产品，焊接就是将这些部件连接起来的一种高效的加工方法。

本项目主要学习：

焊接成形的特点、应用和分类，焊接的基本原理，常用焊接方法，常用金属材料的焊接，焊接结构工艺设计，常见焊接缺陷产生原因分析及预防措施，其他焊接技术等。

1. 知识目标
◆ 掌握焊接成形的特点、应用和分类。
◆ 理解焊接的基本原理。
◆ 熟悉常用焊接方法和常用金属材料的焊接。
◆ 掌握焊接结构工艺设计知识。
◆ 掌握常见焊接缺陷产生原因分析及预防措施。
◆ 了解其他焊接技术的基本知识。

2. 能力目标

◆ 能进行简单的焊接结构工艺设计。

◆ 能进行常见焊接缺陷产生原因分析及预防措施的确定。

3. 素质目标

培养良好的质量意识和工匠精神。

4. 工作任务

任务 7-1　焊接成形的认知

任务 7-2　焊接方法的选择

任务 7-3　焊接结构材料的选择

任务 7-4　焊接结构工艺设计

任务 7-5　常见焊接缺陷产生原因分析及预防措施

大国工匠：为火箭铸"心"
为民族筑梦

焊接是通过加热或加压，或者两者并用，并且用或不用填充材料，使焊件达到原子间结合的一种加工方法。被结合的两个物体可以是各种同类或不同类的金属、非金属（石墨、陶瓷、塑料等），也可以是一种金属与一种非金属。但是，目前工业中应用最普遍的还是金属之间的结合，因此本书主要讨论的也是金属的焊接方法。

焊接的种类很多，按焊接过程特点可分为三大类。

1. 熔焊

在焊接过程中，将待焊处的母材金属熔化，不加压力完成焊接的方法，称为熔焊。这一类方法的共同特点是把焊件局部连接处加热至熔化状态形成熔池，待其冷却凝固后形成焊缝，将两部分材料焊接成一体。因两部分材料均被熔化，故称熔焊。

2. 压焊

在焊接过程中，必须对焊件施加压力（加热或不加热）完成焊接的方法，称为压焊。

3. 钎焊

采用比母材熔点低的金属材料作钎料，将焊件和钎料加热到高于钎料熔点、低于母材熔点的温度，利用液态钎料润湿母材，填充接头间隙，并与母材互相扩散实现连接焊件的方法，称为钎焊。

常用焊接方法分类如图 7-1 所示。

焊接主要用于金属结构件的制造，如锅炉、船舶、桥梁、钢结构、管道、车辆、起重机、海洋结构、冶金设备；生产机器零件（或毛坯），如重型机械和冶金设备中的机架、底座、箱体、轴、齿轮等；对于一些单件生产的特大型零件（或毛坯），可通过焊接以小拼大，简化工艺；修补铸、锻件的缺陷和局部损坏的零件。世界上主要工业国家每年生产的焊件结构约占钢产量的 45%。

焊接具有连接性能好、省工省料、质量轻、成本低、可简化工艺、焊缝密封性好等优点。但也存在一些不足之处：如结构不可拆，更换维修不方便；焊接接头组织性能变坏；存在焊接应力，容易产生焊接变形；容易出现焊接缺陷等。有时焊接质量成为突出问题，焊接接头往往是压力容器等重要结构的薄弱环节。

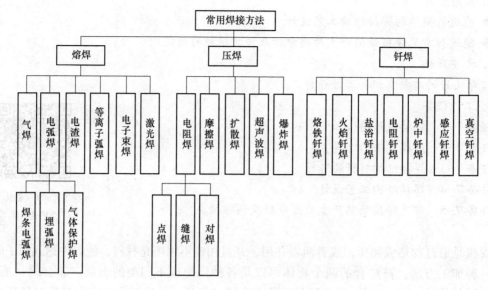

图 7-1 常用焊接方法分类图

任务 7-1 焊接成形的认知

■**任务引入**

焊缝是怎样形成的？焊接接头的组织和性能有何变化？焊接应力与变形是如何产生的？如何预防和矫正焊接变形？

■**任务目标**

理解焊接电弧的本质，熟悉焊接冶金过程、焊接接头的组织和性能、焊接应力与变形的产生，掌握焊接变形的预防和矫正措施。

■**相关知识**

一、焊接电弧

电弧是所有电弧焊的能源。由焊接电源供给、具有一定电压的两极间或电极与母材间的气体介质中产生的强烈而持久的放电现象称为焊接电弧。电极可以是金属丝、钨极、碳棒或焊条。电弧中充满了高温电离气体，并放出大量的光和热。

图 7-2 焊条电弧示意图

焊接电弧由阴极区、阳极区和弧柱 3 部分组成，如图 7-2 所示。阴极区是紧靠负电极很窄的一个区域，为 $10^{-6} \sim 10^{-5}$ cm，温度约为 2 400 K。阳极区是电弧紧靠正电极的区域，较阴极区宽，为 $10^{-4} \sim 10^{-3}$ cm，温度约为 2 600 K。电弧阳极区和阴极区之间部分称为弧柱，弧柱区温度最高，可达 6 000～8 000 K。焊接电弧两端（电极端部到熔池表面间）的最短距离称为弧长。

焊接电弧的热量与焊接电流和电压的乘积成正比，电流越大，电弧产生的总热量就越大。由于电弧是导体，当直流焊接时，带电粒子定向运动，使得电弧两端产生的热量有所不同，在电子流出的阴极，由于电子带走热量使得阴极的产热量低于阳极，一般情况下，电弧热量在阳极区产生的较多，约占总热量的 43%，阴极约占 36%，弧柱约占 21%。产生的热量多意味着可熔化更多的金属，在焊接厚板时，将工件接在阳极（称正接），使工件有足够的熔深；而焊接薄板时，将工件接在阴极（称反接），可防止因熔深过大而烧穿。当交流电源焊接时，由于电流正负极交替变化，故无正、反接之分。

电弧在其自身磁场作用下具有一定的挺直性，使电弧尽量保持在焊丝（条）的轴线方向上，即使当焊丝（条）与焊件有一定倾角时，电弧仍将保持指向焊丝（条）轴线方向。但在实际焊接中，由于多种因素的影响，电弧周围磁力线均匀分布的状况被破坏，使电弧偏离焊丝（条）轴线方向，这种现象称为磁偏吹。磁偏吹导致焊缝成形不规则，影响焊接质量，在焊接生产中应予以重视。

二、焊接过程

熔焊按其所用的焊接热源不同分为电弧焊（如焊条电弧焊、埋弧焊、气体保护焊等）、电渣焊、气焊、等离子弧焊、电子束焊、激光焊等多种方法。其冶金过程、结晶过程和接头组织的变化规律是相似的。

熔焊从母材和丝（条）被加热熔化，到熔池的形成、停留、结晶，要发生一系列的冶金化学反应，从而影响焊缝的化学成分、组织和性能。

首先，空气中的氧气和氮气在电弧高温作用下发生分解，形成氧原子和氮原子。氧原子与金属和碳发生反应，如：

$$Fe+O \rightarrow FeO$$
$$Mn+O \rightarrow MnO$$
$$Si+2O \rightarrow SiO_2$$
$$2Cr+3O \rightarrow Cr_2O_3$$
$$C+O \rightarrow CO$$

这样，会使 Fe、C、Mn、Si、Cr 等元素大量烧损，使焊缝金属含氧量大大增加，焊缝金属力学性能明显下降，尤其使低温冲击韧度急剧下降，引起冷脆等现象。

氮和氢在高温时能溶解于液态金属中，氮还能与铁反应生成 Fe_4N 和 Fe_2N，Fe_2N 呈片状夹杂物，增加焊缝的脆性。氢在冷却时保留在金属中造成气孔，引起氢脆和冷裂缝。

为了保证焊接质量，在焊接过程中通常采取下列措施。

（1）对焊接区实施保护。为了避免焊接区的高温金属与空气相互作用而使性能恶化，在焊接区要实施保护。保护的方法通常有造渣、通以保护气体和抽真空 3 种。如采用焊条药皮、埋弧焊焊剂、气体保护焊保护气体（如 CO_2 气、氩气）等，使熔池与外界空气隔绝，防止空气进入。此外，焊前对坡口及两侧的锈、油污等进行清理；焊条、焊剂烘干等，都能有效地防止有害气体进入熔池。

（2）添加合金元素。为补充烧损的元素并清除已进入熔池的有害元素，常采用冶金处理的方法，如焊条药皮中加入锰铁合金等，进行脱氧、脱硫、脱磷、去氢、渗合金等工艺，从而保证和调整焊缝的化学成分。其反应为：

$$Mn+FeO \rightarrow MnO+Fe$$

$$Si+2FeO \rightarrow SiO_2+2Fe$$
$$MnO+FeS \rightarrow MnS+FeO$$
$$CaO+FeS \rightarrow CaS+FeO$$
$$2Fe_3P+5FeO \rightarrow P_2O_5+11Fe$$

生成的 MnS、CaS 和稳定复合物（CaO）$_3$P$_2$O$_2$ 不溶于金属，进入焊渣中，最终被清理掉。

三、焊接接头的组织和性能

熔焊使焊缝及其附近的母材经历了一个加热和冷却的热过程，由于温度分布不均匀，焊缝受到一次复杂的冶金过程，焊缝附近区域受到一次不同类型的热处理，因此必然引起相应的组织和性能的变化，直接影响焊接质量。

1. 焊接热循环和焊接接头的组成

焊接热循环是指在焊接热源的作用下，焊接接头上某点的温度随时间变化的过程。当焊接时，焊接接头不同位置上的点所经历的焊接热循环是不同的，如图7-3所示。

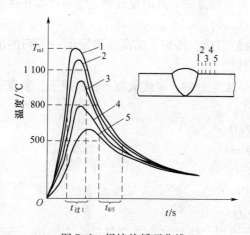

图7-3 焊接热循环曲线

离焊缝越近的点，被加热的温度越高；反之，越远的点，被加热的温度越低。

在焊接热循环中，影响焊接质量的主要参数是加热速度、最高加热温度、高温（1 100 ℃以上）停留时间和冷却速度等。冷却速度起关键作用的是从 800 ℃ 冷却到 500 ℃ 的速度。焊接热循环的主要特点是加热速度和冷却速度都很快，每秒 100 ℃ 以上，甚至可达每秒几百℃。因此，对于淬硬倾向较大的钢材焊后会产生马氏体组织，引起焊接裂纹。

受热循环的影响，焊缝附近的母材组织和性能发生变化的区域称为焊接热影响区。熔焊焊缝和母材的交界线叫熔合线，熔合线两侧有一个很窄的焊缝与热影响区的过渡区，叫熔合区，该区域的母材金属部分熔化，故也叫半熔化区。因此，焊接接头由焊缝、熔合区和热影响区组成。

2. 焊缝的组织和性能

焊缝组织是由熔池金属结晶得到的铸造组织。焊接熔池的结晶首先从熔合区中处于半熔化状态的晶粒表面开始，晶粒沿着与散热最快方向的相反方向长大，因受到相邻的正在长大的晶粒的阻碍，向两侧生长受到限制，因此，焊缝中的晶体是方向指向熔池中心的柱状晶体，如图7-4所示。

焊缝在结晶时要产生偏析，宏观偏析与焊缝成形系数（焊道的宽度与计算厚度之比）有关。当宽焊缝时，低熔点杂质聚集在焊缝上部，可避免出现中心线裂纹。

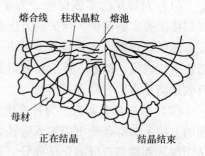

图7-4 焊缝金属结晶示意图

如图 7-5 （a） 所示。当窄焊缝时，柱状晶粒的交界在中心，低熔点杂质因最后凝固，聚集在中心线附近，形成中心线偏析，容易产生热裂纹。如图 7-5 （b） 所示。

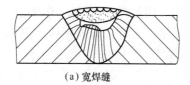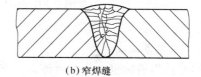

(a) 宽焊缝　　　　　　　　　　　(b) 窄焊缝

图 7-5　焊缝截面形状对偏析的影响

焊缝中的铸态组织晶粒粗大，成分偏析，组织不致密。但是，由于焊接熔池小，冷却快，焊条药皮、焊剂或焊丝在焊接过程中的冶金处理作用起到了合金化的效果，使得焊缝金属的化学成分优于母材，硫磷含量较低，所以容易保证焊缝金属的性能不低于母材，特别是强度容易达到要求。

3. 熔合区及热影响区的组织和性能

以低碳钢为例来分析焊接接头的组织变化情况。低碳钢的焊接接头分为熔合区和热影响区，热影响区又分为过热区、正火区和部分相变区，如图 7-6 所示。

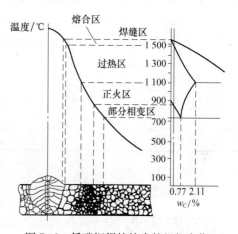

图 7-6　低碳钢焊接接头的组织变化

熔合区是焊接时温度在固相线和液相线之间的区域，母材部分解化，熔化的金属凝固成铸态组织，未熔化的金属因受高温造成晶粒粗大，是焊接接头中性能最差的区域之一。

过热区是焊接时加热到 1 100 ℃以上至固相线温度的区域。由于加热温度高，奥氏体晶粒明显长大，冷却后产生晶粒粗大的过热组织。过热区是热影响区中性能最差的部位。因此，当焊接刚度大的结构时，易在此区产生裂纹。

正火区是最高加热温度从 A_{c_3} 线至 1 100 ℃的区域。相当于加热后空冷，焊后冷却得到均匀而细小的铁素体和珠光体组织。正火区的力学性能优于母材。

部分相变区是加热到 A_{c_1} 线至 A_{c_3} 线的区域。因为只有部分组织发生转变，部分铁素体来不及转变，故称为部分相变区。冷却后晶粒大小不匀，因此，力学性能比母材稍差。

综上所述，熔合区和过热区是焊接接头中的薄弱部分，对焊接质量有严重影响，应尽可能减小这两个区域的范围。

影响焊接接头组织和性能的因素有焊接材料、焊接方法和焊接工艺。焊接工艺参数主要有焊接电流、电弧电压、焊接速度、线能量等。线能量是指熔焊时由焊接电源（热源）输入给单位长度焊缝上的能量。其计算公式为

$$E = \eta IU/v$$

式中：E——线能量，J/cm；

I——焊接电流，A；

U——焊接电弧电压，V；

v——焊接速度，cm/s；

η——有效系数。焊条电弧焊 $\eta=0.66\sim0.85$，埋弧焊 $\eta=0.90\sim0.99$。

由上式看出，焊接工艺参数直接影响焊接热循环，从而影响焊接接头热影响区的大小、焊接接头的组织和性能。

4. 改善焊接热影响区组织性能的措施

熔焊过程中总会产生一定尺寸的热影响区。当用焊条电弧焊或埋弧焊方法焊接一般低碳钢结构时，热影响区较窄，对焊接产品质量影响较小，焊后可不进行热处理；对于低合金钢焊接结构或用电渣焊焊接的结构，热影响区较大，焊后必须进行处理，通常可用正火的方法，细化晶粒，均匀组织，改善焊接接头的质量；对于焊后不能进行热处理的焊接结构，只能通过正确选择焊接方法，合理制定焊接工艺来减小焊接热影响区，以保证焊接质量。表 7-1 为不同焊接方法热影响区大小的比较。

表 7-1　不同焊接方法热影响区大小的比较　　　　　　单位：mm

焊接方法	各区平均尺寸			热影响区总宽度
	过热区	正火区	部分相变区	
焊条电弧焊	2.2～3.0	1.5～2.5	2.2～3.0	5.9～8.5
埋弧焊	0.8～1.2	0.8～1.7	0.7～1.0	2.3～3.9
电渣焊	18～20	5.0～7.0	2.0～3.0	25～30
气焊	21	4.0	2.0	27
电子束焊	—			0.05～0.75

四、焊接应力与变形

在焊接过程中，由于焊件的加热和冷却是不均匀的局部加热和冷却，造成焊件的热胀冷缩速度和组织变化先后不一致，从而导致焊接应力和变形的产生，影响焊件的质量。

1. 焊接应力与变形的产生

以平板对接焊为例来分析应力和变形的产生过程，如图 7-7 所示。焊件在加热时，焊缝区金属的热膨胀量较大，并受两侧金属所制约，使应受热膨胀的金属不能自由伸长而被塑性压缩，向厚度方向展宽；冷却时同样会受两侧金属制约而不能自由收缩，尤其当焊缝区金属温度降至弹性变形阶段以后，由于焊件各部分收缩不一致，必然导致焊缝区乃至整个焊件

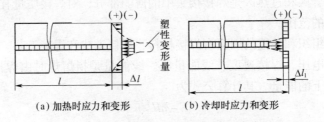

(a) 加热时应力和变形　　　　　(b) 冷却时应力和变形

图 7-7　平板对接焊时应力和变形的形成过程

产生应力和变形。焊接构件由焊接而产生的内应力称为焊接应力；焊后残留在焊件内的焊接应力称为焊接残余应力。焊件因焊接而产生的变形称为焊接变形；焊后焊件残留的变形称为焊接残余变形。

2. 焊接变形的基本形式

当焊接时，在焊接应力作用下，由于焊接方法、工件材质、结构等因素，会产生不同的变形形式。焊接变形的基本形式如图 7-8 所示。

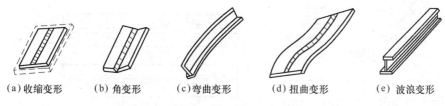

(a) 收缩变形　　(b) 角变形　　(c) 弯曲变形　　(d) 扭曲变形　　(e) 波浪变形

图 7-8　焊接变形的基本形式

3. 预防焊接变形的工艺措施

焊接变形不但影响结构尺寸的准确性和外形美观，严重时还可能降低承载能力，甚至造成事故。所以在焊接过程中要加以控制。预防焊接变形的方法有以下几种。

(1) 反变形法。通过试验或计算，预先估计变形的大小和方向，将工件安装在相反方向的位置上，或者预先使焊件向相反方向变形，以抵消焊后所发生的变形，如图 7-9 所示。

(2) 刚性固定法。当焊件刚性较小时，将焊件加以固定来限制变形，如图 7-10 所示。这种方法能有效地减小焊接变形，但会产生较大的焊接应力。

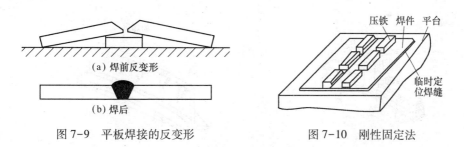

(a) 焊前反变形

(b) 焊后

图 7-9　平板焊接的反变形　　　　　　　图 7-10　刚性固定法

(3) 合理安排焊接次序。合理的焊接顺序是尽可能使焊件能自由收缩，对称截面梁焊接次序要交替进行。焊接长焊缝（1 m 以上）可采用退焊法、跳焊法、分中对称焊法等，如图 7-11 所示。

(4) 焊前预热，焊后处理。预热可以减小焊件各部分温差，降低焊后冷却速度，减小残余应力。在允许的条件下，焊后进行去应力退火或用锤子均匀地敲击焊缝，使之得到延伸，均可有效地减小残余应力，从而减小焊接变形。

4. 焊接变形的矫正

在焊接过程中，即使采用了预防焊接变形的工艺措施，有时也会产生超过允许值的焊接变形，因此需要对焊接变形进行矫正。其方法有以下两种。

(1) 机械矫正法。在机械力的作用下使焊件产生与焊接变形相反的塑性变形，使焊件恢复到要求的形状和尺寸，如图 7-12 所示。可采用辊床、压力机、矫直机、手工锤击矫

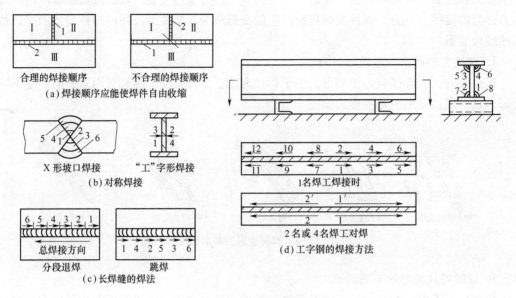

图 7-11 合理的焊接顺序

正。这种方法运用于低碳钢和普通低合金钢等塑性好的材料。

（2）火焰矫正法。利用氧乙炔焰对焊件适当部分加热，利用加热时的压缩塑性变形和冷却时的收缩变形来矫正原来的变形，如图 7-13 所示。火焰矫正法适用于低碳钢和没有淬硬倾向的普通低合金钢。

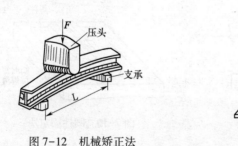

图 7-12 机械矫正法　　　图 7-13 火焰矫正法

■任务实施

熔焊使焊缝及其附近的母材经历了一个加热和冷却的热过程，必然引起相应的组织和性能的变化，从而导致焊接应力和变形的产生，所以在焊接过程中要加以控制。

任务 7-2　焊接方法的选择

■任务引入

随着工业生产的发展，对焊接技术提出了多种多样的要求，焊接方法也在不断地发展之中。在焊接时，选择合适的焊接方法，才能获得质量优良的焊接接头，并且具有较高的生产率。怎样选择合适的焊接方法呢？

■**任务目标**

熟悉焊条电弧焊、埋弧自动焊、气体保护焊、电阻焊、钎焊的焊接过程、特点和应用。

■**相关知识**

目前在生产上常用的焊接方法有焊条电弧焊、埋弧自动焊、气体保护焊、电阻焊、钎焊等。本任务介绍焊条电弧焊、埋弧自动焊、气体保护焊（氩弧焊和CO_2气体保护焊）、电阻焊和钎焊。

焊条电弧焊

一、焊条电弧焊

焊条电弧焊是用手工操纵焊条进行焊接的一种电弧焊方法。它利用焊条与焊件之间建立起来的稳定燃烧的电弧，使焊条和焊件熔化，从而获得牢固的焊接接头。在焊接过程中，利用焊条与工件之间产生的电弧将焊条和工件局部加热熔化，焊芯端部熔化后的熔滴和熔化的母材融合在一起形成熔池。焊条药皮不断地分解、熔化而生成气体及熔渣，保护焊条端部、电弧、熔池及附近区域，防止大气对熔化金属的有害污染。当焊条向前移动时，焊条和工件在电弧热作用下继续熔化形成新的熔池，原先的熔池液态金属则逐步冷却结晶形成焊缝，覆盖在熔池表面的熔渣也随之凝固形成渣壳。焊条电弧焊过程如图 7-14 所示。

焊条电弧焊具有设备简单，操作灵活，成本低等优点，待焊接头装配要求低，可在各种条件下进行各种位置的焊接，是目前生产中应用最广的焊接方法。但焊条在电弧焊时有强烈的弧光和烟尘，劳动条件差，生产率低，对工人的技术水平要求较高，焊接质量也不够稳定。

图 7-14 焊条电弧焊过程

焊条电弧焊适用于碳钢、低合金钢、不锈钢、耐热钢、低温用钢、铜及铜合金等金属材料的焊接及铸铁补焊和各种材料的堆焊。活泼金属（如钛、铌、锆）和难熔金属（如钽、钼等）由于保护效果不够理想，焊接质量达不到要求，不能采用焊条电弧焊。而低熔点、低沸点的金属（如铅、锡、锌等）及其合金则由于电弧温度太高，引起蒸发而不宜采用焊条电弧焊焊接。

1. 焊条电弧焊电源

1）对焊条电弧焊电源的要求

焊条电弧焊电源应具有适当的空载电压和较高的引弧电压，以利于引弧，保证安全；当电弧稳定燃烧时，焊接电流增大，电弧电压应急剧下降；还应保证当焊条与焊件短路时，短路电流不应太大；同时焊接电流应能灵活调节，以适应不同的焊件及焊条的要求。

2）焊条电弧焊电源种类

常用焊条电弧焊电源有交流弧焊机、直流弧焊机和逆变焊机。

（1）交流弧焊机。交流弧焊机一般也称为弧焊变压器，它是一种特殊的降压变压器，具有结构简单、使用可靠、维修容易、成本低、效率高等优点，但电弧稳定性差、功率因数低。如型号为 BXJ-330 的交流弧焊变压器，为下降特性，额定焊接电流为 330 A。该焊机既适于酸性焊条焊接，又适于碱性焊条焊接。

（2）直流弧焊机。直流弧焊机有弧焊发电机（由一台三相感应电动机和一台直流弧焊发电机组成）和焊接整流器（整流式直流弧焊机）两种类型。

弧焊发电机具有引弧容易、电弧稳定、过载能力强、焊接质量较好等优点，但结构复杂、噪声大、成本高，维修困难，且在无焊接负载时也要消耗能量，现已被淘汰。

焊接整流器与弧焊发电机相比，具有结构简单、质量轻、价格低、空载损耗小、噪声小，制造维修方便等优点，是近年来发展起来的一种弧焊机。如型号为 ZX-300 的弧焊机为下降特性、硅整流，额定焊接电流为 300 A。

（3）逆变焊机。逆变电源是近年发展起来的新一代焊接电源，它从电网吸取三相 380 V 交流电，经整流滤波成直流，然后经逆变器变成频率为 2 000～30 000 Hz 的交流电，再经单相全波整流和滤波输出。逆变电源具有体积小、质量轻、节约材料、功率因数高、高效节能、适应性强、焊接性能好等独特优点，是一种具有发展前途的普及型焊条电弧焊机。现已逐渐取代目前的整流弧焊机。

2. 焊条

1）焊条的组成和作用

焊条是涂有药皮的供焊条电弧焊用的熔化电极，由药皮和焊芯两部分组成。其质量的优劣直接影响焊接的质量和焊缝金属的力学性能。

焊芯在焊接过程中既是导电的电极，同时又熔化作为填充金属，与熔化的母材共同形成焊缝金属。焊芯的质量直接影响焊缝的质量。焊丝中硫、磷等杂质的质量分数很低。

药皮是压涂在焊芯表面的涂料层，主要作用是在焊接过程中造气、造渣，起保护作用，防止空气进入焊缝，防止焊缝高温金属被空气氧化；脱氧、脱硫、脱磷和渗合金等；并具有稳弧、脱渣等作用，以保证焊条具有良好的工艺性能，形成美观的焊缝。

2）焊条的分类

（1）焊条按熔渣的化学性质分为两大类：酸性焊条和碱性焊条。酸性焊条的药皮中含有大量的酸性氧化物，氧化性强，适合各种电源，操作性较好，电弧稳定，成本低，对水、锈产生气孔的敏感性不大，在焊接时烟尘较少且熔渣呈玻璃状，脱渣方便，但焊缝的塑性、韧性稍差，故不宜焊接承受动载荷和要求高强度的重要构件。而碱性焊条的药皮中含有大量的碱性氧化物，还原性强，扩散氢含量很低，焊缝的塑性、韧性好，抗冲击能力强。但药皮中氟化物会恶化电弧的稳定性，需用直流施焊，焊条对水、锈产生气孔的敏感性较大，需在使用前经300～400 ℃烘干 1～2 h，熔渣结构呈结晶状，坡口内第一层焊道脱渣困难，在焊接时用短弧操作，否则易产生气孔，且在焊接时烟尘较大，故只用于重要构件的焊接。

（2）焊条按用途可分为 11 大类：碳钢焊条、低合金钢焊条、钼和铬钼耐热钢焊条、低温钢焊条、不锈钢焊条、堆焊焊条、铸铁焊条、镍及镍合金焊条、铜及铜合金焊条、铝及铝合金焊条、特殊用途焊条。其分类方法及型号编制方法可参考有关国家标准。

3）焊条的选用

焊条的种类很多，应根据其性能特点，并考虑焊件的结构特点、工作条件、生产批量、施工条件及经济性等因素合理地选用。

（1）低碳钢和普通低合金钢构件一般都要求焊缝金属与母材等强度，因此可根据钢材的强度等级选用相应的焊条。

（2）同一强度等级酸性焊条或碱性焊条的确定，主要应考虑焊接件的结构形状、钢板厚度、载荷性质和钢材的抗裂性能。通常对要求塑性好、冲击韧性好、抗裂能力强或低温性能好的结构，选用碱性焊条。如果构件受力不复杂、母材质量较好，应尽量选用较经济的酸性焊条。

（3）低碳钢与低合金钢焊接，可按异种钢接头中强度较低的钢材选用相应的焊条。

（4）铸钢的含碳量一般都比较高，而且厚度较大，形状复杂，很容易产生焊接裂纹。一般应选用碱性焊条，并采取适当的工艺措施进行焊接。

（5）焊接不锈钢或耐热钢等有特殊性能要求的钢材，应选用相应的专用焊条，以保证焊缝的主要化学成分和性能与母材相同。

3. 焊条电弧焊焊接工艺规范

焊接工艺规范指制造焊件所有有关的加工和实践要求的细则文件，可保证由熟练工操作时质量的稳定性。焊接工艺规范包括焊条型号（牌号）、焊条直径、焊接电流、坡口形状、焊接层数等参数的选择。其中有些已在前面述及，有的将在焊接结构设计中详述。现仅就焊条直径、焊接电流和焊接层数的选择问题简述如下。

1）焊条直径的选择

焊条直径是指焊芯直径。焊条直径一般根据焊件厚度选择；同时还要考虑接头形式、焊缝位置和焊接层（道）数等因素。

焊条直径主要根据工件厚度选择，见表 7-2。

表 7-2 焊条直径的选择
单位：mm

焊件厚度	≤2	>2～4	>4～10	>10～14	≥14
焊条直径	1.5～2.0	2.5～3.2	3.2～4	4～5	≥5

2）焊接电流的选择

焊接电流主要根据焊条直径来选择，同时还要考虑焊条类型、焊件厚度、接头形式、焊缝位置和层数等因素。对平焊低碳钢和低合金钢焊件，当焊条直径为 3～6 mm 时，其电流大小可根据经验公式选择，为

$$I = (30 \sim 50)d$$

式中：I——焊接电流，A；

d——焊条直径，mm。

在焊件厚度较薄，横焊、立焊、仰焊及不锈钢焊条等条件下，焊接电流均应比平焊时电流小 10%～15%，也可通过试焊来调节电流的大小。

3）焊接层数

当厚件、易过热的材料焊接时，常采用开坡口、多层多道焊的方法，每层焊缝的厚度以 3～4 mm 为宜。也可按下式安排层数：

$$n = \delta / d$$

式中：n——焊缝层数（取整数）；

δ——焊条直径，mm；

d——焊件厚度，mm。

二、埋弧自动焊（简称埋弧焊）

埋弧焊

埋弧焊是电弧在焊剂层下燃烧进行焊接的电弧焊方法。这种方法是利用焊丝和焊件之间燃烧的电弧产生热量，熔化焊丝、焊剂和母材而形成焊缝的。焊丝作为填充金属，而焊剂则对焊接区起保护和合金化作用。由于焊接时电弧掩埋在焊剂层下燃烧，电弧光不外露，因此被称为埋弧焊。在焊接时，焊机的起动、引弧、送丝、机头（或焊件）移动等过程全由机械自动完成，称为埋弧自动焊。如果部分动作由机械完成，其他动作仍由焊工辅助完成，则称为半自动焊。

1. 埋弧自动焊的焊接过程

埋弧自动焊机由焊接电源、焊车和控制箱 3 部分组成。常用焊机型号有 MZ-1000 和 MZ$_1$-1000 两种。"MZ"表示埋弧自动焊机；"1000"表示额定电流为 1 000 A。焊接电源可以配交流弧焊电源和整流弧焊电源。

在焊接时，自动焊机头将焊丝自动送入，与工件接触自动引弧，通过焊机弧长自动调节装置，保证一定的弧长，电弧在颗粒状焊剂下燃烧，母材金属与焊丝被熔化成较大体积（可达 20 cm^3）的熔池。焊车带着焊丝自动均匀地向前移动，或者焊机头不动而工件匀速移动，熔池金属被电弧气体排挤向后堆积，凝固后形成焊缝。电弧周围的颗粒状焊剂被熔化成熔渣，部分焊剂被蒸发，生成的气体将电弧周围的气体排开，形成一个封闭的熔渣泡。它有一定的黏度，能承受一定的压力，因此使熔化金属与空气隔离，并防止熔化金属飞溅，既可减少热能损失，又能防止弧光四射。未熔化的焊剂可以回收重新使用。埋弧自动焊过程如图 7-15 所示。

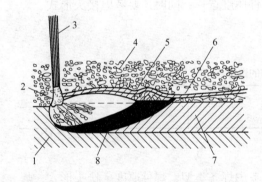

1—母材金属；2—电弧；3—焊丝；4—焊剂；
5—熔化的焊剂；6—渣壳；7—焊缝；8—熔池
图 7-15　埋弧自动焊过程

2. 焊接材料

埋弧自动焊焊接材料有焊丝和焊剂。焊丝除作电极和填充材料外，还可以起到渗合金、脱氧、去硫等冶金作用。焊剂的作用相当于焊条药皮，分为熔炼焊剂和非熔炼焊剂两类，非熔炼焊剂又可分为烧结焊剂和黏结焊剂两种。熔炼焊剂主要起保护作用；非熔炼焊剂除保护作用外，还有冶金处理作用。焊剂容易吸潮，使用前要按要求烘干。

3. 埋弧焊工艺

埋弧焊对下料、坡口准备和装配要求均较高。在装配时要求用优质焊条点固。由于埋弧焊焊接电流大、熔深大，因此板厚在 24 mm 以下的工件可以采用 I 形坡口单面焊或双面焊。但一般板厚 10 mm 就开坡口，常用 V 形坡口、X 形坡口、U 形坡口和组合形坡口。能采用双面焊的均采用双面焊，以便焊透，减少焊接变形。

在焊接前，应清除坡口及两侧 50～60 mm 内的一切油垢和铁锈，以避免产生气孔。

埋弧焊一般都在平焊位置焊接。由于引弧处和断弧处焊缝质量不易保证，焊前可在接缝两端焊上引弧板和引出板，如图 7-16 所示，焊后再将其去掉。为保证焊缝成形和防止烧穿，生产中常用焊剂垫和垫板，如图 7-17 所示，或者用焊条电弧焊封底。

当埋弧焊焊接筒体环焊缝时采用滚轮架，使筒体（工件）转动，焊丝位置不动。为防止熔池金属和熔渣从筒体表面流失，保证焊缝成形良好，机头应逆旋转方向偏离焊件中心一定

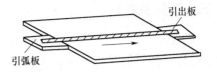

图 7-16　自动焊的引出板和引弧板

距离 a 起焊，如图 7-18 所示。不同直径筒体应根据焊缝成形情况确定偏离距离 a，一般偏离 20～40 mm。直径小于 250 mm 的环缝，一般不采用埋弧自动焊。当设计要求双面焊时，应先焊内环缝，清渣后再焊外环缝。

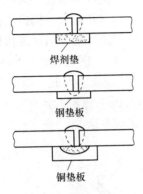

图 7-17　自动焊的焊剂垫

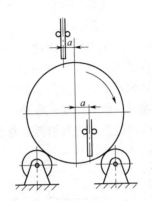

图 7-18　环缝自动焊示意图

4. 埋弧焊的特点和应用

埋弧自动焊与焊条电弧焊相比，有以下特点。

（1）埋弧焊电流比焊条电弧焊高 6～8 倍，不须更换焊条，没有飞溅，生产率提高 5～10 倍。同时，由于埋弧焊熔深大，可以不开或少开坡口，节省坡口加工工时，节省焊接材料，焊丝利用率高，降低了焊接成本。

（2）埋弧焊焊剂供给充足，保护效果好，冶金过程完善，焊接工艺参数稳定，焊接质量好，而且稳定；对操作者技术要求低，焊缝成形美观。

（3）改善了劳动条件，没有弧光，没有飞溅，烟雾也很少，劳动强度较轻。

（4）埋弧焊适应性差，只焊平焊位置，通常焊接直缝和环缝，不能焊空间位置焊缝和不规则焊缝。

（5）设备结构较复杂，投资大，装配要求高，调整等准备工作量较大。

埋弧焊适用于成批生产中长直焊缝和较大直径环缝的平焊。对于狭窄位置的焊缝及薄板焊接，则受到一定的限制。因此，埋弧焊被广泛用于大型容器和钢结构焊接生产中。

随着焊接冶金技术和焊接材料生产技术的发展，适合埋弧焊的材料已从碳素结构钢发展到低合金结构钢、不锈钢、耐热钢及某些有色金属，如镍基合金、铜合金等。此外，埋弧焊还可在基体金属表面堆焊耐磨或耐腐蚀的合金层。

三、气体保护焊

钨极氩弧焊

1. 氩弧焊

氩弧焊是使用氩气作为保护气体的电弧焊方法。氩气是惰性气体，在高温下不和金属起化学反应，也不溶于金属，可以保护电弧区的熔池、焊缝和电极不受空气的有害作用，是一种较理想的保护气体。氩气电离势高，引弧较困难，但一旦引燃就很稳定。氩气纯度要求达到99.9%。

按所用电极不同，氩弧焊分为钨极（非熔化极）氩弧焊［见图7-19（a）］和金属极（熔化极）氩弧焊［见图7-19（b）］两种。

钨极氩弧焊电极常用钍钨极和铈钨极两种。在焊接时，电极不熔化，只起导电和产生电弧的作用。在钨极为阴极时，发热量小；在钨极为阳极时，发热量大，钨极烧损严重，电弧不稳定，焊缝易产生夹钨。因此，一般钨极氩弧焊不采用直流反接。但在焊接铝工件时，由于母材表面有氧化铝膜，影响熔合，这时采用直流反接，有"阴极破碎"作用，能消除氧化膜，使焊缝成形美观；而用正接时却没有这种"破碎"现象。因此，综合上述因素，钨极氩弧焊焊铝时一般采用交流电源。但交流电源产生的电弧不稳定，且有直流成分。因此，交流钨极氩弧焊设备还要有引弧、稳弧和除直流装置，比较复杂。

熔化极氩弧焊

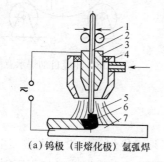

（a）钨极（非熔化极）氩弧焊

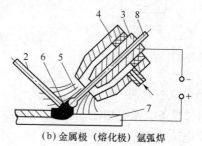

（b）金属极（熔化极）氩弧焊

1—送丝轮；2—焊丝；3—导电嘴；4—喷嘴；5—保护气体；6—电弧；7—母材；8—钨极

图7-19　氩弧焊示意图

手工钨极氩弧焊的操作与气焊相似，需填充金属，也可以在接头中附加金属条或采用卷边接头。填充金属有的可采用与母材相同的金属，有的需要加一些合金元素，进行冶金处理，以防止气孔等缺陷的产生。

熔化极氩弧焊以连续送进的焊丝作为电极，与埋弧自动焊相似，可用来焊接厚度在25 mm以下的工件。可分为自动熔化极氩弧焊和半自动熔化极氩弧焊两种。

氩弧焊的特点如下。

（1）机械保护效果特别好，焊缝金属纯净，成形美观，质量优良。

（2）电弧稳定，特别是小电流时也很稳定。因此，熔池温度容易控制，做到单面焊双面成形。尤其现在普遍采用的脉冲氩弧焊，更容易保证焊透和焊缝成形。

（3）采用气体保护，电弧可见（称为明弧），易于实现全位置自动焊接。

（4）电弧在气流压缩下燃烧，热量集中，熔池小，焊速快，热影响区小，焊接变形小。

（5）氩气价格较高，因此成本较高。

氩弧焊适用于焊接易氧化的有色金属和合金钢，如铝、钛和不锈钢等；适用于单面焊双面成形，如打底焊和管子焊接；钨极氩弧焊，尤其是脉冲钨极氩弧焊，适用于薄板焊接。

2. CO_2 气体保护焊

CO_2 气体保护电弧焊是利用 CO_2 作为保护气体的熔化极电弧焊方法。以焊丝作电极，以自动或半自动方式进行焊接。目前常用的是半自动焊，即焊丝送进是靠机械自动进行并保持弧长，由操作人员手持焊枪进行焊接。CO_2 气体保护焊的焊接装置如图 7-20 所示。

CO_2 气体保护焊

一般情况下，无须接干燥器，甚至不需要预热器。但用于电流 300 A 以上的焊枪时需要水冷。为了使电弧稳定，飞溅少，CO_2 气体保护焊接采用直流反接。

CO_2 气体在电弧高温下能分解，有氧化性，会烧损合金元素。因此，不能用来焊接有色金属和合金钢。在焊接低碳钢和普通低合金钢时，通过含有合金元素的焊丝来脱氧和渗合金等冶金处理。现在常用的 CO_2 气体保护焊焊丝是 $H08Mn_2SiA$，适用于焊接低碳钢和抗拉强度在 600 MPa 以下的普通低合金钢。

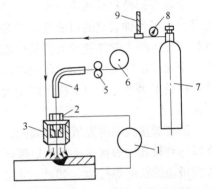

1—焊接电源；2—导电嘴；3—焊炬喷嘴；
4—送丝软管；5—送丝机构；6—焊丝盘；
7—CO_2 气瓶；8—减压器；9—流量计

图 7-20　CO_2 气体保护焊示意图

CO_2 气体保护焊的特点如下。

（1）成本低。CO_2 气体比较便宜，焊接成本仅是埋弧自动焊和焊条电弧焊的 40% 左右。

（2）生产率高。焊丝送进自动化，电流密度大，电弧热量集中，所以焊接速度快。焊后没有熔渣，不需清渣，比焊条电弧焊提高生产率 1~3 倍。

（3）操作性能好。CO_2 气体保护焊电弧是明弧，可清楚看到焊接过程。如同焊条电弧焊一样灵活，适合全位置焊接。

（4）焊接质量比较好。CO_2 气体保护焊焊缝含氢量低，采用合金钢焊丝易于保证焊缝性能。电弧在气流压缩下燃烧，热量集中，热影响区较小，变形和开裂倾向也小。

（5）焊缝成形差，飞溅大。烟雾较大，控制不当易产生气孔。

（6）设备使用和维修不便。送丝机构容易出故障，需要经常维修。

CO_2 气体保护焊主要用于低碳钢及强度级别不高的普通低合金钢等黑色金属焊接。对于不规则焊缝宜采用半自动 CO_2 气体保护焊，长直焊缝可用自动 CO_2 气体保护焊。

■**任务实施**

焊接方法的选择应根据其不同的适用范围、生产率及材料的焊接性、焊接厚度、产品的接头形式和现场拥有的设备条件等进行综合考虑。

任务 7-3　焊接结构材料的选择

■**任务引入**

随着焊接技术的发展，工业上常用的金属材料一般均可焊接。但材料的焊接性不同，焊后接头质量差别很大。因此，应尽可能选择焊接性良好的焊接材料来制造焊接构件。

■任务目标

理解金属焊接性的概念和评定，熟悉碳素结构钢、低合金高强度结构钢、不锈钢、铸铁、铝及铝合金、铜及铜合金、钛及钛合金的焊接。

■相关知识

一、金属材料的焊接性

1. 金属焊接性概念

金属焊接性是金属材料对焊接加工的适应性。是指金属在一定的焊接方法、焊接材料、工艺参数及结构形式条件下，获得优质焊接接头的难易程度，即金属材料在一定的焊接工艺条件下，表现出易焊和难焊的差别。

金属焊接性包括两个方面，一是工艺焊接性，主要是指焊接接头产生工艺缺陷的倾向，尤其是出现各种裂纹的可能性；二是使用焊接性，主要是指焊接接头在使用中的可靠性，包括焊接接头的力学性能及其特殊性能（如耐热、耐蚀性能等）。

金属焊接性是金属的一种加工性能。它决定于金属材料的本身性质和加工条件。就目前的焊接技术水平，工业上应用的绝大多数金属材料都是可以焊接的，只是焊接的难易程度不同而已。

随着焊接技术的发展，金属的焊接性也在改变。例如，铝在气焊和焊条电弧焊条件下，难以达到较高的焊接质量；而氩弧焊出现以后，用来焊铝却能达到较高的技术要求。化学活泼性极强的钛的焊接也是如此。由于等离子弧、真空电子束、激光等新能源在焊接中的应用，使钨、钼、铌、钽、锆等高熔点金属及其合金的焊接都已成为可能。

2. 金属焊接性的评定

金属的焊接性可以通过估算或试验的方法来评定。

1）用碳当量法估算钢材焊接性

钢中的碳和合金元素对钢的焊接性的影响程度是不同的。碳的影响最大，其他合金元素可以折合成碳的影响来估算被焊材料的焊接性。换算后的总和称为碳当量，作为评定钢材焊接件的参数指标。这种方法称为碳当量法。

碳当量有不同的计算公式。国际焊接学会（IIW）推荐的碳素结构钢和低合金结构钢碳当量 C_e 的计算公式为

$$C_e = C + Mn/6 + (Ni+Cu)/15 + (Cr+Mo+V)/5 (\%)$$

上式中化学元素符号都表示该元素在钢材中的质量百分数，各元素含量取其成分范围的上限。

实践证明：随着碳当量的增加，钢材的焊接性逐渐变差，其焊接性分为以下 3 种情况。

（1）碳当量 $C_e < 0.4\%$。钢材的塑性良好，淬硬倾向不明显。在一般的焊接工艺条件下，工件不会产生裂缝，焊接性良好。

（2）碳当量 $C_e = 0.4\% \sim 0.6\%$。钢材的塑性下降，淬硬倾向逐渐增加。焊前工件需要预热，焊后注意缓冷，才能防止开裂，焊接性较差。

（3）碳当量 $C_e > 0.6\%$。钢材塑性较低，淬硬倾向很强。焊前工件必须预热到较高的温度，在焊接时需要采取减少焊接应力和防止开裂的工艺措施，焊后还需进行适当的热处理，焊接性低劣。

2）焊接性试验

焊接性试验是评价金属焊接性最为准确的方法。如焊接裂纹试验、接头力学性能试验、接头腐蚀性试验等。现以图 7-21 所示的刚性固定对接抗裂试验来说明焊接性试验的方法。

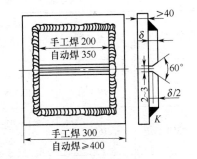

图 7-21　刚性固定对接抗裂试验（单位：mm）

预制一厚度大于 40 mm 的方形刚性底板，边长取 300 mm（自动焊时取 400 mm）；再将待试验材料原厚度按图示尺寸切割成两块长方形试板，按规定开坡口。然后将试件组对，四周固定在刚性底板上，按实际的焊接工艺规范焊接待试焊缝。焊完后将试件置于室温下 24 h，先检查焊缝表面及热影响区表面有无裂纹，然后沿垂直于焊缝方向切取两块横向磨片，检查有无裂纹，来判断该试件材料的焊接性。根据试验结果制定或调整焊接工艺规范。

二、碳素结构钢和低合金高强度结构钢的焊接

1. 低碳钢的焊接

低碳钢中碳的质量分数 $w_C < 0.25\%$，碳当量小，没有淬硬倾向，冷裂倾向小，焊接性良好。除电渣焊外，焊前一般不需要预热，在焊接时不需要采取特殊工艺措施，适合各种方法焊接。只有板厚大于 50 mm，在 0 ℃ 以下焊接时，应预热 100～150 ℃。

低碳钢可以用各种焊接方法进行焊接。目前，焊条电弧焊、埋弧焊、电渣焊、钨极氩弧焊、熔化极气体保护焊、电阻焊、气焊和钎焊都是焊接低碳钢的成熟焊接方法。在采用熔焊法焊接时，焊接材料及工艺的选择应保证焊接接头与焊件材料等强度。在焊条电弧焊中，一般选用 E4303（结 422）和 E4315（结 427）焊条；埋弧自动焊，常选用 H08A 或 H08MnA 焊丝和 H431 焊剂。

2. 中碳钢的焊接

中碳钢中 $w_C = 0.25\% \sim 0.6\%$，w_C 大于 0.4%，其焊接特点是淬硬倾向和冷裂纹倾向较大；焊缝金属热裂倾向较大。因此，焊前必须预热至 150～250 ℃。焊接中碳钢常用焊条电弧焊，选用 E5015（结 507）焊条。无论采用何种焊条焊接中碳钢构件，均应选用细焊条、小电流、开坡口进行多层焊，减少含碳量高的母材熔入熔池，以防止焊缝增碳过多。同时，还可以缩小热影响区，并有利于焊缝中氢的析出。焊后应缓慢冷却，防止冷裂纹的产生。厚件可考虑用电渣焊，提高生产效率，焊后进行相应的热处理。

高碳钢焊接性很差。一般不作为焊接结构用材料，高碳钢的焊接只限于修补工作。

3. 低合金高强度结构钢的焊接

低合金高强度结构钢的焊接一般采用焊条电弧焊和埋弧自动焊，相应焊接材料选用见表 7-3。

当焊接含有其他合金元素和强度等级较高的材料时，应选择适宜的焊接方法，制定合理的焊接参数和严格的焊接工艺。

表 7-3　低合金钢常用的焊接方法及焊接材料

屈服点/MPa	钢号示例	焊条电弧焊 焊条牌号	埋弧焊		预热温度/℃
			焊丝牌号	焊剂牌号	
300	$09Mn_2$ $09Mn_2Si$	E4303　E4301 E4316　E4315	H08 H08MnA	HJ431	一般不预热
350	16Mn	E5003　E5015 E5016	H08A　H08MnA $H10Mn_2$　H10MnSi	HJ431	
400	15MnV 15MnTi	E5016　E5015 E5516-G　E5515-G	H08MnA　$H08Mn_2Si$ $H10Mn_2$　H10MnSi	HJ431	≥100
450	15MnVN	E5516-G　E5515-G E6016D1　E6015D1	H08MnMoA	HJ431 HJ350	
500	18MnMoNb 14MnMoV	E7015D2	$H08Mn_2MoA$ $H08Mn_2MoVA$	HJ250 HJ350	≥150
550	14MnMoVB	E7015D2	$H08Mn_2MoVA$	HJ250 HJ350	

三、不锈钢的焊接

在所用的不锈钢材料中，奥氏体不锈钢应用最广。其中以 18-8 型不锈钢（如 1Cr18Ni9Ti）为代表，它焊接性良好，适用于焊条电弧焊、氩弧焊和埋弧自动焊。焊条电弧焊选用化学成分相同的奥氏体不锈钢焊条；氩弧焊和埋弧自动焊所用的焊丝化学成分应与母材相同，如焊 1Cr18Ni9Ti 时选用 H0Cr20Ni10Nb 焊丝，埋弧焊用 HJ260 焊剂。

奥氏体不锈钢焊接的主要问题是容易产生晶间腐蚀和热裂纹，晶间腐蚀使耐蚀能力下降。当进行焊条电弧焊时，应采用细焊条，小线能量（主要用小电流）快速不摆动焊，最后焊接腐蚀介质的表面焊缝等工艺措施。

工程上有时需要把不锈钢与低碳钢或低合金钢焊接在一起，如 1Cr18Ni9Ti 与 Q235 焊接，通常用焊条电弧焊。焊条选用既不能用奥氏体不锈钢焊条，也不能用低碳钢焊接（如 E4303），而应选用 E309-16 或 E309-15 不锈钢焊条，使焊缝金属组织是奥氏体加少量铁素体，防止产生焊接裂纹。

四、铸铁的焊补

铸铁含碳量高，且硫、磷杂质含量高，因此，焊接性差，容易出现白口组织、焊接裂纹、气孔等焊接缺陷。对铸铁缺陷进行焊接修补，有很大的经济意义。

铸铁一般采用焊条电弧焊、气焊来焊补，按焊前是否预热分为热焊和冷焊两类。

1. 热焊

热焊是焊前将工件整体或局部预热到 600～700 ℃，焊后缓慢冷却。热焊可防止出现白口组织和裂纹，焊补质量较好，焊后可进行机械加工。但热焊成本较高，生产率较低，劳动条件差。一般用于焊补形状复杂、补焊处刚度大、各方面要求高的重要的中小型铸件，如内燃机的气缸体等。

气焊时采用含硅高的铸铁焊条做填充金属，含硅量 $w_{Si} = 3.5\% \sim 4.0\%$，碳硅总量 w_{Si+C} 达 7% 左右。同时用气剂 201 或硼砂等气焊熔剂去除氧化皮。气焊火焰还可用来预热工件和焊后缓冷，比较方便；焊条电弧焊用涂有药皮的铸铁焊条（EZNiFe-1）或钢心石墨化铸铁焊条（如 EZCQ），以补充碳硅的烧损，并造渣清除杂质。

2. 冷焊

在焊补时，焊件不预热或使用较低温度预热（400 ℃以下）的焊补方法称为冷焊。常用焊条电弧焊，主要依靠焊条调整化学成分，防止出现白口和裂纹。在焊接时，应尽量采用小电流、短弧、窄焊缝、短焊道（每段不大于 50 mm），并在焊后及时用锤击焊缝以松弛应力，防止开裂。

冷焊常用镍基焊条，包括纯镍铸铁焊条（EZNi）、镍铁铸铁焊条（EZNiFe）、镍铜铸铁焊条（EZNiCu）、结构钢焊条（E5015）。

冷焊方便灵活，生产率高，成本低，劳动条件好，可用于焊补机床导轨、球墨铸铁件等及一些非加工面焊补。

五、非铁金属的焊接

1. 铝及铝合金的焊接

工业上用于焊接的主要是纯铝、铝锰合金、铝镁合金及铸铝。铝及铝合金有易氧化、导热性高、热容量和线膨胀系数大、熔点低及高温强度小等特点，因而给焊接带来了一定困难。

（1）极易氧化。铝极易氧化，很容易生成氧化铝（Al_2O_3），其组织致密，熔点（2 050 ℃）远高于铝的熔点（660 ℃），覆盖在金属表面，阻碍熔合。氧化铝密度较大，易形成夹杂而脆化。

（2）形成气孔。液态铝能吸收大量的氢，而固态铝又几乎不溶解氢，冷却时由于结晶速度快，大量的氢来不及逸出熔池，产生气孔。

（3）电源功率大并易变形。铝的导热系数大，要求使用大功率热源，当焊件厚度较厚时要预热。铝的线膨胀系数也较大，易产生焊接应力和变形，严重时会导致开裂。

（4）特殊工艺措施。铝在高温时强度很低，容易引起焊缝塌陷，常需采用垫板。

（5）温度不易判断。铝在熔化前不像钢等金属有颜色的变化，因而，熔化前不易判断是否已接近熔化温度，焊条操作的焊接容易出现焊穿等缺陷。

工业上广泛采用氩弧焊、气焊、电阻焊和钎焊等方法焊接铝合金。氩弧焊是较为理想的焊接方法。用纯度高达 99.9% 的氩气作保护，不用熔剂，以氩气的阴极破碎作用去除氧化膜，焊接质量好，耐腐蚀性较强。一般焊件厚度在 8 mm 以下采用钨极（非熔化极）氩弧焊；厚度 8 mm 以上采用熔化极氩弧焊。要求不高的纯铝和热处理不能强化的铝合金可采用气焊。其优点是经济、方便。但生产率低，接头质量较差，且必须使用熔剂去除氧化膜和杂质。气焊适用于板厚 0.5～2 mm 的薄件焊接。焊丝的选用，可采用与母材成分相同的铝焊丝，甚至可以用从母材上切下的窄条作为填充金属；对于热处理强化的铝合金，可采用铝硅合金焊丝以防止热裂纹。无论用哪种方法焊接铝及铝合金，焊前必须彻底清理焊接部位和焊丝表面的氧化膜与油污。由于铝熔剂对铝有强烈的腐蚀作用，焊后应仔细清洗，防止熔剂对铝焊件的继续腐蚀。

2. 铜及铜合金的焊接

由于铜及铜合金独特的物理化学性能，焊接比低碳钢困难得多，在焊接时如不采取相应的工艺措施，很容易出现以下问题。

（1）难熔合。铜导热系数大，比铁大 7～11 倍，热量很容易传导出去，使母材和填充金属难以熔合。因此，需要大功率热源，且焊前和焊接过程中要预热。

（2）易氧化。液态的铜易生成 Cu_2O，分布在晶界处，且铜的膨胀系数大，凝固系数也大，容易产生较大的焊接应力，极易引起开裂。

（3）产生气孔。铜特别容易吸收氢，凝固时来不及逸出，形成气孔。

（4）易变形。铜的膨胀系数和收缩系数都大，且铜的导热性强，热影响区宽，焊接变形严重。

铜及铜合金可用氩弧焊、气焊、碳弧焊、钎焊等方法进行焊接。铜电阻很小，不适于用电阻焊焊接。

氩气对熔池保护性可靠，接头质量好，飞溅少，成形美观，因而氩弧焊广泛用于纯铜、黄铜和青铜的焊接中。在进行纯铜和铜合金钨极氩弧焊时，使用与母材相同成分的焊丝。在黄铜气焊时填充金属采用 $w_{Si} = 0.3\% \sim 0.7\%$ 的黄铜和焊丝 HSCuZn-4。气焊时需用焊剂，以去除氧化物。铜及铜合金也可采用焊条电弧焊，选用相同成分的铜焊条。

3. 钛及钛合金的焊接

钛及钛合金比强度（强度与密度之比）高。在 300～500 ℃ 高温下仍有足够的强度。在海水及大多数酸碱盐介质中均有良好的耐蚀性。有良好的低温冲击韧性。

钛及钛合金的焊接很困难，其主要问题是氧化、脆化开裂，气孔也较明显。普通的焊条电弧焊、气焊等均不适合钛及钛合金的焊接。目前主要方法是钨极氩弧焊、等离子焊和真空电子束焊。钨极氩弧焊工艺是成熟的。由于钛及钛合金化学性能非常活泼，不但极易氧化，而且在 250 ℃ 开始吸氢，从 400 ℃ 开始吸氧，从 600 ℃ 开始吸氮。因此，要注意焊枪的结构，加强保护效果，并要采用拖罩保护高温的焊缝金属。保护效果的好坏可通过接头颜色初步鉴别：银白色保护效果最好，无氧化现象；黄色为 TiO，表示轻微氧化；蓝色为 Ti_2O_3，表示氧化较严重；灰白色为 TiO_2，表示氧化甚为严重。因此，一般应保证焊接接头焊后为银白色，说明保护效果好。

■任务实施

材料的焊接性不同，焊后接头质量差别很大。应尽可能选择焊接性良好的焊接材料来制造焊接构件。特别是优先选用低碳钢和普通低合金钢等材料，其价格低廉，工艺简单，易于保证焊接质量。

任务 7-4 焊接结构工艺设计

■任务引入

对"任务实施"中图 7-30 所示的中压容器进行焊接结构工艺设计。

■任务目标

熟悉焊接结构材料的选择、焊接方法的选择、焊接接头设计，能进行简单的焊接结构工艺设计。

■相关知识

焊接结构的设计，除考虑结构的使用性能、环境要求和国家的技术标准与规范外，还应考虑结构的工艺性和现场的实际情况，以力求生产率高、成本低，满足经济性的要求。焊接结构工艺性一般包括焊接结构材料选择、焊接方法选择、焊缝布置和焊接接头设计等方面内容。

一、焊接结构材料的选择

随着焊接技术的发展，工业上常用的金属材料一般均可焊接。但材料的焊接性不同，焊后接头质量差别很大。因此，应尽可能选择焊接性良好的焊接材料来制造焊接构件。特别是优先选用低碳钢和普通低合金钢等材料，其价格低廉，工艺简单，易于保证焊接质量。

重要焊接结构材料的选择，在相应标准中有规定，可查阅有关标准或手册。

二、焊接方法的选择

在焊接时，选择合适的焊接方法，才能获得质量优良的焊接接头，并且具有较高的生产率。焊接方法的选择应根据材料的焊接性、焊接厚度、产品的接头形式、不同焊接方法的适用范围，以及所有焊接方法的生产率和现场拥有的设备条件等进行综合考虑。

三、焊接接头设计

1. 接头形式设计

焊接碳钢和低合金钢的基本接头形式有对接、搭接、角接和T形接4种。接头形式的选择是根据结构的形状、强度要求、工件厚度、焊接材料消耗量及其他焊接工艺而决定的。

对接接头用于被焊两板处于同一平面内的情况。对接接头受力比较均匀，节省材料，但对下料尺寸精度要求高。搭接接头因被焊工件不在同一平面上，受力时接头产生附加弯曲应力，但对下料尺寸精度要求低，因此，锅炉、压力容器等结构的受力焊缝常用对接接头。对于厂房屋架、桥梁、起重机吊臂等桁架结构，多采用搭接接头。

角接接头和T形接头受力都比对接接头复杂，但当接头成一定角度或直角连接时，必须采用这类接头形式。

此外，对于薄板气焊或钨极氩弧焊，为了避免烧穿或省去填充焊丝，常采用卷边接头。

2. 焊缝布置

焊缝布置的一般工艺设计原则如下。

（1）焊缝布置应尽可能分散，避免过分集中和交叉。焊缝密集或交叉会加大热影响区，使组织恶化，性能下降。两焊缝间距一般要求大于3倍板厚且不小于100 mm，如图7-22所示。

（2）焊缝应避开应力集中部位。焊接接头往往是焊接结构的薄弱环节，存在残余应力和焊接缺陷。因此，焊缝应避开应力较大部位，尤其是应力集中部位。如压力容器一般不用平板封头、无折边封头，而应采用碟形封头和球性封头等，如图7-23（c）所示；焊接钢梁焊缝不应在梁的中间，而应如图 7-23（d）所示均分。

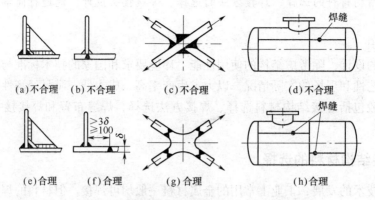

图 7-22　焊缝分散布置的设计（单位：mm）

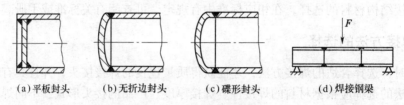

图 7-23　焊缝应避开应力集中部位

（3）焊缝布置应尽可能对称。焊缝对称布置可使焊接变形相互抵消。如图 7-24 中（a）、（b）偏于截面重心一侧，焊后会产生较大的弯曲变形；图 7-24（c）、（d）、（e）焊缝对称布置，焊后不会产生明显变形。

（4）焊缝布置应便于焊接操作。当焊条电弧焊时，要考虑焊条能到达待焊部位。当点焊和缝焊时，应考虑电极能方便进入待焊位置。如图 7-25 与图 7-26 所示。

（5）尽量减小焊缝长度和数量。减小焊缝长度和数量，可减少焊接加热，减少焊接应力和变形，同时减少焊接材料消耗，降低成本，提高生产率。图 7-27 所示是采用型材和冲压件减少焊缝的设计。

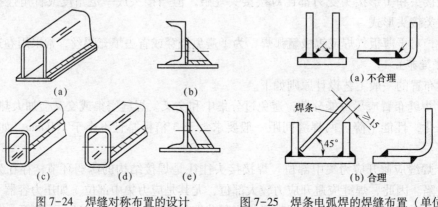

图 7-24　焊缝对称布置的设计　　　图 7-25　焊条电弧焊的焊缝布置（单位：mm）

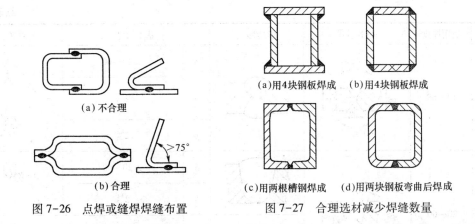

图 7-26　点焊或缝焊焊缝布置　　　　图 7-27　合理选材减少焊缝数量

（6）焊接应尽量避开机械加工表面。有些焊接结构需要进行机械加工，为保证加工表面精度不受影响，焊缝应避开这些加工表面，如图 7-28 所示。

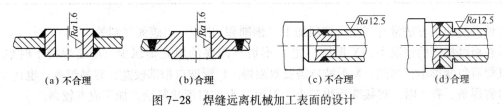

图 7-28　焊缝远离机械加工表面的设计

3. 坡口形式设计

除搭接接头外，其余接头在焊件较厚时均需开坡口。当焊条电弧焊对板厚 1~6 mm 对接接头施焊时，一般可不开坡口。但当板厚增大时，接头处应根据工件厚度预先加工出各种形式的坡口。

焊条电弧焊常采用的基本坡口形式有 I 形坡口、V 形坡口、X 形坡口、U 形坡口 4 种。

坡口形式的选择主要根据板厚，目的是既能保证焊透，又要使填充金属尽可能少，提高生产率和降低成本。焊条电弧焊接头基本形式与尺寸示例见表 7-4。

表 7-4　焊条电弧焊接头基本形式与尺寸　　　　　　　　　　　单位：mm

序号	适用厚度	基本形式	焊缝形式	基本尺寸			标注方法
1	1~3		熔深 $s \geqslant 0.7\delta$	δ	$\geqslant 1 \sim 2$	$> 2 \sim 3$	$s \vert b$
				b	$0 \sim 0.5$	$0 \sim 1.0$	
2	3~6			δ	$\geqslant 3 \sim 3.5$	$3.6 \sim 6$	$\vert b$
				b	$0 \sim 1.0$	$0 \sim 1.5$	
3	3~26			δ	$\geqslant 3 \sim 9$	$> 9 \sim 26$	
				α	$70° \pm 5°$	$60° \pm 5°$	
4				b	1 ± 1	2^{+1}_{-2}	
				p	1 ± 1	2^{+1}_{-2}	

续表

序号	适用厚度	基本形式	焊缝形式	基本尺寸		标注方法
5	12~60	60°±5° δ₁ δ H b 60°±5°	(图)	δ	≥12~60	$\overset{\alpha}{\underset{p}{\boxed{b}}}$
				b	2^{+1}_{-2}	
6				p	2^{+1}_{-2}	$\overset{\alpha}{\underset{H}{\boxed{b}}}$
7	20~60	10°±2° δ₁ R δ 1.0 b p	(图)	δ	≥20~60	$p×R\overset{\alpha_1}{\boxed{}}$
				b	2^{+1}_{-2}	
8			(图)	p	$2±1$	$p×R\overset{\alpha_1}{\boxed{}}$
				R	$5~6$	

坡口的加工方法常有气割、切削加工（刨削和切削等）、碳弧气刨等。

在板厚相等的情况下，X形坡口比V形坡口需要的填充金属少，所需焊接工时也少，并且焊后角变形小；当然，X形坡口需要双面焊。U形坡口根部较宽，容易焊透；也比V形坡口省焊条、省工时，焊接变形也较小。但因U形坡口形状复杂，加工成本较高。

要求焊透的受力焊缝，在焊接工艺可行的情况下，能双面焊的都采用双面焊。这样，容易保证焊接质量，容易全部焊透，焊接变形也小。

若被焊的两块金属厚度差别较大，接头两边受热不均匀，容易产生焊不透等缺陷，接头处还会造成应力集中。国家相关标准中规定允许厚度差见表7-5。如果厚度差超过表中的规定值，应在较厚板上单面或双面削薄，其削薄宽度 $L≥3(\delta-\delta_1)$，如图7-29所示。

表7-5 不同厚度钢板对接允许厚度差   单位：mm

较薄板的厚度 δ_1	2~5	>5~9	>9~12	>12
允许厚度差 $\delta-\delta_1$	1	2	3	4

■任务实施

焊接结构的工艺设计在焊接生产中是一项重要的技术工作，所要求的知识也较全面。现以一中压容器为例对焊接结构工艺设计做一简单介绍。

结构外形如图7-30所示。

材料：16Mng（原材料尺寸1 200 mm×5 000 mm）

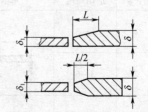

图7-29 不同板厚对接的削薄方法

件厚：筒身12 mm，封头14 mm，入孔圈20 mm，管接头7 mm。

生产类型：小批量生产。

工艺设计要点：筒身用钢板冷卷，按实际尺寸可分为3节。为避免焊缝密集，筒身纵焊缝相互交错 180°。封头热压成形，与筒身连接处有 30～50 mm 的直段以使焊缝避开转角处的应力集中位置。入孔圈可冷卷或热卷。如图 7-31 所示。

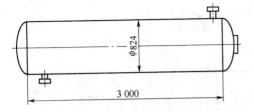

图 7-30　中压容器外形示意图

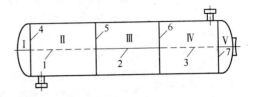

图 7-31　中压容器工艺图

主要工艺过程如图 7-32 所示。

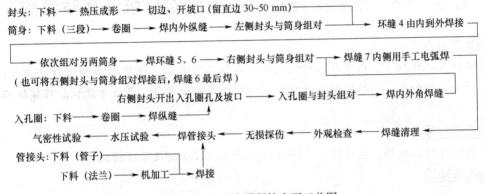

图 7-32　中压容器焊接主要工艺图

根据各焊缝的具体情况，合理地选用焊接方法、接头形式、焊接材料及焊接工艺。见表 7-6。

表 7-6　中压容器焊接工艺设计

序号	焊缝名称	焊接方法选择与焊接工艺	接头形式	焊接材料
1	筒身纵缝 1、2、3	因容器质量要求高，又小批量生产，采用埋弧焊双面焊，先内后外。因材料为 16Mng，应在室内焊接		焊丝：H08MnA 焊剂：HJ401-H08MnA 定位焊焊条：E5015
2	筒身环缝 4、5、6、7	采用埋弧焊，依次焊 4、5、6 焊缝，先内后外。焊缝 7 装配后先在内部用焊条电弧焊封底，再用埋弧焊焊外环缝		焊丝：H08MnA 焊剂：HJ401-H08MnA 定位焊焊条：E5015
3	管接头焊接	管壁厚为 7 mm，角焊缝插入式装配，采用焊条电弧焊，双面焊		焊条：E5015

序号	焊缝名称	焊接方法选择与焊接工艺	接头形式	焊接材料
4	入孔圈纵缝	板厚 20 mm，焊缝隙短（100 mm），选用焊条电弧焊，平焊位置，V 形坡口		焊条：E5015
5	入孔圈纵缝	处于立焊位置的圆周角焊缝，采用焊条电弧焊，单面坡口双面焊，焊透		焊条：E5015

任务 7-5　常见焊接缺陷产生原因分析及预防措施

▓任务引入

在焊接生产过程中，由于焊接结构设计、焊接工艺参数、焊前准备和操作方法等原因，往往会产生焊接缺陷。焊接缺陷的产生会影响焊接结构的质量，怎样才能预防焊接缺陷的产生呢？

▓任务目标

熟悉常见焊接缺陷，能进行常见焊接缺陷产生原因分析及预防措施的确定。

▓相关知识

一、常见焊接缺陷

（1）焊缝形状缺陷。指焊缝尺寸不符合要求或咬边、烧穿、焊瘤及弧坑等。

（2）气孔。指焊缝熔池中的气体在凝固时未能析出而残留下来形成的空穴。

（3）夹渣和夹杂。指焊后残留在焊缝中的熔渣和经冶金反应产生的焊后残留在焊缝中的非金属夹杂。

（4）未焊透、未熔合。指焊缝金属和母材之间或焊道金属之间未完全熔化结合及焊缝的根部未完全熔透的现象。

（5）裂纹。包括热裂纹、冷裂纹、再热裂纹和层状撕裂等。

（6）其他缺陷。电弧擦伤、飞溅、磨痕、凿痕等。

二、焊接缺陷的产生原因及预防措施

（1）未焊透。产生未焊透的根本原因是输入焊缝焊接区的相对热量过少，熔池尺寸小，熔深不够。生产中的具体原因有：坡口设计或加工不当（角度、间隙过小）、钝边过大、焊接电流太小、焊条操作不当或焊速过快等。为避免未焊透，应做到：正确选用和加工坡口尺寸，保证良好的装配间隙；采用合适的焊接参数；保证合适的焊条摆动角度；仔细清理层间的熔渣。

（2）夹渣。产生夹渣的原因是各类残渣的量多且没有足够的时间浮出熔池表面。生产中的具体原因有：在多层焊时前一层焊渣没有清除干净、运条（运弧，焊接中的一种方法）操作不当、焊条熔渣黏度太大、脱渣性差、线能量小导致熔池存在时间短、坡口角度太小等。为避免夹渣的产生，应注意：选用合适的焊条型号；焊条摆动方式要正确；适当增大线能量；注意层间焊渣的清理，特别是低氢碱性焊条，一定要彻底清除层间焊渣。

（3）气孔。在高温时，液态金属能溶解较多的气体（如 H_2、CO 等），而在固态时又几乎不溶解气体，因此，凝固过程中若气体在熔池凝固前来不及逸出熔池表面，就会在焊缝中产生气孔。生产中的具体原因有：工件和焊接材料有油、锈，焊条药皮或焊剂潮湿、焊条或焊剂变质失效、操作不当引起保护效果不好、线能量过小，使得熔池存在时间过短。为防止产生气孔应注意：清除焊件焊接区附近及焊丝上的铁锈、油污、油漆等污物；焊条、焊剂在使用前应严格按规定烘干；适当提高线能量，以提高熔池的高温停留时间；不采用过大的焊接电流，以防止焊条药皮发红失效；不使用偏心焊条；尽量采用短弧焊。

（4）裂纹。裂纹分为两类：在焊缝冷却结晶以后生成的冷裂纹；在焊缝冷却凝固过程中形成的热裂纹。裂纹的产生与焊缝及母材成分、组织状态及其相变特性、焊接结构条件及焊接时所采用夹装方法决定的应力、应变状态有关。如不锈钢易出现热裂纹，低合金高强度钢易出现冷裂纹。

热裂纹的产生跟 S、P 等杂质太多有关。S、P 在钢中生成的低熔点脆性共晶物会集聚在最后凝固的树枝状晶界间和焊缝中心区。在焊接应力作用下，焊缝中心线、弧坑、焊缝终点都容易形成热裂纹。为防止热裂纹应注意：严格控制焊缝 S、P 杂质含量；填满弧坑；减慢焊接速度，以减小最后冷却结晶区域的应力和变形；改善焊缝形状，避免熔深过大的梨形焊缝。

冷裂纹的产生原因较为复杂，一般认为由三方面的因素造成：含 H 量；拘束度；淬硬组织。其中最主要的因素是含 H 量，故常称其为氢致裂纹。为防止冷裂纹，应从控制产生冷裂纹的 3 个因素着手：选用低氢焊条并烘干；清除焊缝附近的油污、锈、油漆等污杂物；用短弧焊，以增强保护效果；尽可能设计成刚性小的结构；采用焊前预热、焊后缓冷或焊后热处理措施，以减少淬硬倾向和焊后残余应力。

不同的焊接方法焊接缺陷的产生原因是不同的，在生产过程中要具体分析产生原因再制订预防或消除措施。

需要指出的是：焊接裂纹是危害最大的焊接缺陷。它不仅会造成应力集中，降低焊接接头的静载强度，更严重的是它是导致疲劳和脆性破坏的重要诱因。

■**任务实施**

焊接缺陷会影响焊接结构使用的可靠性，在焊接生产中要采取措施尽量避免焊接缺陷的产生。

【知识扩展】

目前，在工业生产中应用的焊接方法很多，除了常用的焊条电弧焊、埋弧焊、气体保护焊外，还有一些使用较广的其他焊接方法，包括电阻焊、钎焊、等离子弧焊、电渣焊、真空电子束焊、激光焊、扩散焊和摩擦焊等。

其他焊接方法

复习思考题))))

1. 名词解释：焊接电弧、焊接热影响区、金属焊接性、碳当量。

2. 焊接时为什么要进行保护，说明常用电弧焊方法中的保护方式及保护效果。

3. 焊芯的作用是什么？焊条药皮有哪些作用？

4. 焊条型号 E4303、E5015 的含义是什么？

5. 结构钢焊条如何选用？试给下列钢材选用两种不同牌号的焊条，并说明理由。

Q235、20、45、Q345（16Mn）

6. 焊接接头中力学性能差的薄弱区域在哪里？为什么？

7. 影响焊接接头性能的因素有哪些？如何影响？

8. 矫正焊接变形的方法有哪几种？

9. 减少焊接应力的工艺措施有哪些？

10. 在熔焊时常见的焊接缺陷有哪些？有何危害？

11. 焊接裂纹有哪些种类？如何防止？

12. 低碳钢焊接有何特点？

13. 普通低合金钢焊接的主要问题是什么？焊接时应采取哪些措施？

14. 奥氏体不锈钢焊接的主要问题是什么？主要防止措施是什么？

15. 铝、铜及铜合金焊接常用哪些方法？哪种方法最好？为什么？

16. 钢板拼焊工字梁的结构与尺寸如图 7-33 所示。材料为 Q235 钢，成批生产，现有钢板的最大长度为 2 500 mm。试确定：

（1）腹板、翼板的接缝位置。

（2）各条焊缝的焊接方法和焊接材料。

（3）各条焊缝的结构形式和坡口。

（4）各焊缝的焊接顺序。

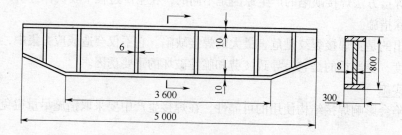

图 7-33　工字梁结构（单位：mm）

项目 8

金属切削加工

 【项目引入】

某组合钻床动力头主轴用以传递动力和夹持钻头刀具，同时保证加工过程中的回转精度。该零件由切削加工成形工艺方法加工而成。

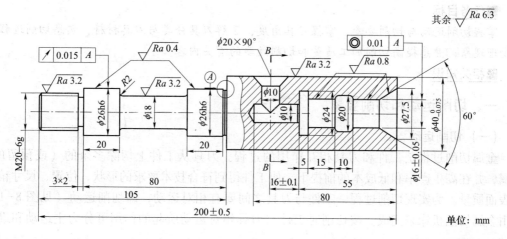

单位: mm

 【项目分析】

金属切削加工是指使用切削工具（包括刀具、磨具和磨料），在工具和工件的相对运动中，把工件上多余的材料层切除，使工件获得规定的几何参数（尺寸、形状、位置）和表面质量的加工方法。金属切削加工能获得较高的精度和表面质量，对被加工材料、工件几何形状及生产批量具有广泛的适应性，在机械制造业中占有十分重要的地位。

本项目主要学习：

金属切削加工基础，切削加工方法，零件切削加工工艺过程。

1. 知识目标

◆ 掌握金属切削加工基础知识。

◆ 熟悉常用金属切削加工工艺方法。

◆ 掌握零件切削加工工艺过程基本知识。

2. 能力目标

◆ 能对常见表面的加工方案进行分析。

◆ 能制定简单零件的切削加工工艺过程。

3. 素质目标

培养良好的质量意识和工匠精神。

4. 工作任务

任务 8-1　金属切削加工的认知

任务 8-2　切削加工方法的选择

任务 8-3　零件切削加工工艺过程的制定

大国工匠：无数次向技艺极限冲击

任务 8-1　金属切削加工的认知

■**任务引入**

要提高切削加工质量和切削效率应注意哪些问题？

■**任务目标**

掌握切削运动与切削要素，掌握刀具角度，了解刀具分类与刀具材料，熟悉切削过程中的物理现象，熟悉提高切削加工质量和切削效率的有关内容。

■**相关知识**

一、切削运动和切削要素

（一）切削运动

金属切削过程是工件和刀具相互作用的过程。刀具从工件上切除多余的（或预留的）金属，并在高生产率和低成本的前提下，使工件得到符合技术要求的形状、位置、尺寸精度和表面质量。为实现切削过程，工件与刀具之间要有相对运动，即切削运动（见图 8-1），它由金属切削机床来完成。按切削时工件与刀具相对运动所起的作用可分为主运动和进给运动。

1. 主运动

使工件与刀具产生相对运动以进行切削的最基本的运动称为主运动。它是切下金属所必需的最主要的运动，这个运动的速度最高，消耗的功率最大。机床的主运动只有一个，它可以是直线运动，也可以是旋转运动。例如，车削、镗削的主运动是工件与刀具的相对旋转运动，而刨削的主运动是刀具相对于工件的直线运动。

2. 进给运动

使新的金属不断投入切削的运动称为进给运动。它保证切削工作连续或反复进行，从而切除切削层，形成已加工表面。机床的进给运动可由一个、两个或多个运动组成，通常速度低、消耗的功率小。进给运动可以是连续运动也可以是间歇运动。

（二）切削要素

1. 工件上的加工表面（见图 8-2）

（1）待加工表面。工件上即将被切去的表面。

（2）已加工表面。刀具切削后在工件上形成的新表面。

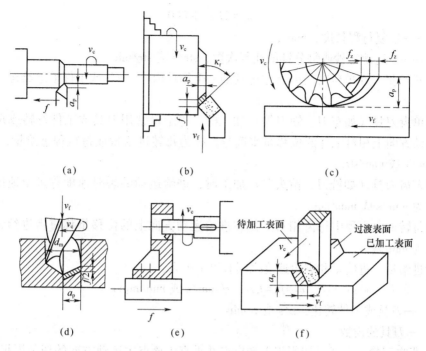

(a)　　　　　　(b)　　　　　　(c)

(d)　　　　　　(e)　　　　　　(f)

图 8-1　各种切削加工的切削运动

（3）过渡表面。切削刃正切削着的表面，并且是在切削过程中不断改变着的表面。它是待加工表面和已加工表面之间的过渡表面。

2. 切削要素

切削要素包括切削用量要素和切削层尺寸平面要素。

1）切削用量要素

在切削加工过程中，需要针对不同的工件材料、刀具材料和其他技术经济要求来选定适宜的切削速度 v_c、进给量 f（或进给速度值 v_f），还要选定适宜的背吃刀量 a_p。v_c、f、a_p 称为切削用量三要素。

（1）切削速度。在切削刃上选定点相对于工件主运动的瞬时速度，即主运动的线速度。

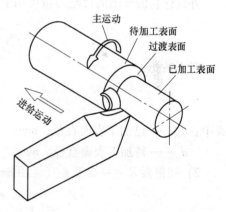

图 8-2　车削加工的切削运动及工件上的加工表面

大多数切削加工的主运动采用回转运动。回转体（刀具或工件）上外圆或内孔某一点的切削速度计算公式为

$$v_c = \frac{\pi d n}{1\,000}\ (\text{m/s 或 m/min})$$

式中：d——工件或刀具上某一点的回转直径，实际计算中一般取工件或刀具的外圆直径，mm；

　　　n——工件或刀具的转速，r/s 或 r/min。

若主运动为往复直线运动（如刨削、插削等），则常以其平均速度为切削速度，即

$$v_c = 2Ln_r/1\ 000$$

式中：L ——往复行程长度，mm；

    n_r——主运动每秒或每分钟的往复次数，str/s 或 str/min。

（2）进给量。在单位时间内（主运动的一个循环内），刀具或工件沿进给运动方向的相对位移。

当用单齿刀具（如车刀、刨刀等）加工时，进给量常用刀具或工件每转或每行程刀具在进给运动方向上相对工件的位移量来度量，称为每转进给量或每行程进给量，以 f 表示，单位为 mm/r 或 mm/str。

当用多齿刀具（如铣刀、钻头等）加工时，进给运动的瞬时速度称进给速度，以 v_f 表示，单位为 mm/s 或 mm/min。

刀具每转或每行程中每齿相对工件在进给运动方向上的位移量称每齿进给量，以 f_z 表示，单位为 mm/z。

每齿进给量、进给量和进给速度之间有以下关系：

$$v_f = fn = f_z zn \quad (\text{mm/s 或 mm/min})$$

式中：n——刀具或工件转速，r/s 或 r/min；

    z——刀具的齿数。

（3）背吃刀量。在通过切削刃上选定点并垂直于该点主运动方向的切削层尺寸平面中，垂直于进给运动方向测量的切削层尺寸，即工件待加工表面与加工表面之间的垂直距离。

外圆柱表面车削的背吃刀量可用下式计算，

$$a_p = \frac{d_w - d_m}{2}(\text{mm})$$

对于钻孔：

$$a_p = \frac{d_m}{2}(\text{mm})$$

式中：d_m——已加工表面直径，mm；

    d_w——待加工表面直径，mm。

2）切削层尺寸平面要素（见图 8-3）

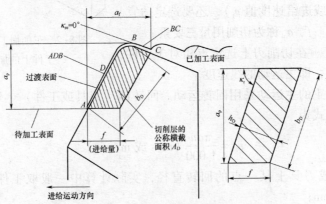

图 8-3　车削时的切削层尺寸

切削层指工件上正在被切削刃切削的那一层金属，即两个相邻加工表面之间的那一层金属。

（1）切削层公称厚度 h_D（mm）：是相邻两过渡表面之间的垂直距离。

$$h_D = f\sin\kappa_r\ (\text{mm})$$

（2）切削层公称宽度 b_D（mm）：是沿主切削刃测量的切削层尺寸。

$$b_D = \frac{a_p}{\sin\kappa_r}\ (\text{mm})$$

（3）切削层公称横截面积 A_D（mm^2）：在切削层参数平面内度量的横截面积。

$$A_D = f \times a_p = b_D \times h_D\ (\text{mm}^2)$$

二、金属切削刀具

刀具是金属切削加工中不可缺少的重要工具之一，无论是普通机床，还是先进的数控机床和加工中心，以及柔性制造系统，都必须依靠刀具才能完成各种需要的切削加工。实践证明，刀具的更新可以成倍、数十倍地提高生产效率。

（一）刀具的分类

刀具的种类很多，根据用途和加工方法不同，通常把刀具分为以下类型。

（1）切刀：包括各种车刀、刨刀、插刀、镗刀、成形车刀等。

（2）孔加工刀具：包括各种钻头、扩孔钻、铰刀、复合孔加工刀具（如钻-铰复合刀具）等。

（3）拉刀：包括圆拉刀、平面拉刀、成形拉刀（如花键拉刀）等。

（4）铣刀：包括加工平面的圆柱铣刀、端铣刀等；加工沟槽的立铣刀、键槽铣刀、三面刃铣刀、锯片铣刀等；加工特殊形面的模数铣刀、凸（凹）圆弧铣刀、成形铣刀等。

（5）螺纹刀具：包括螺纹车刀、丝锥、板牙、螺纹切刀、搓丝板等。

（6）齿轮刀具：包括齿轮滚刀、蜗轮滚刀、插齿刀、剃齿刀、花键滚刀等。

（7）磨具：包括砂轮、砂带、油石和抛光轮等。

（8）其他刀具：包括数控机床专用刀具、自动线专用刀具等。

（二）刀具切削部分结构要素

刀具通常由切削（工作）部分和刀柄（夹持部分）组成。不论刀具结构如何复杂，就其单刀齿切削部分，都可以看成由外圆车刀的切削部分演变而来，本节以外圆车刀为例来介绍其几何参数。刀具切削部分的结构要素如图 8-4 所示。

1. 刀面

（1）前刀面 A_γ。切屑流出时经过的刀面。

（2）主后刀面 A_α。与工件正在被切削加工的表面（过渡表面）相对的刀面。

（3）副后刀面 A'_α。与工件已切削加工的表面相对的刀面。

2. 刀刃

（1）主切削刃 S。前刀面与主后刀面在空间的交

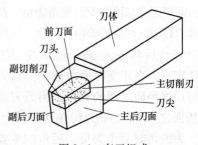

图 8-4　车刀组成

线（A_γ 与 A_α 的交线）。

（2）副切削刃 S'。前刀面与副后刀面在空间的交线（A_γ 与 A'_α 的交线）。

3. 刀尖

3 个刀面在空间的交点，也可理解为主、副切削刃两条刀刃汇交的一小段切削刃。在实际应用中，为增加刀尖的强度与耐磨性，一般在刀尖处磨出直线或圆弧形的过渡刃。

（三）刀具角度的参考系

刀具角度是刀具设计、制造、刃磨和测量时所使用的几何参数，它们是确定刀具切削部分几何形状（各表面空间位置）的重要参数。为确定刀具切削部分的几何形状和角度，必须先建立一个用于定义和规定刀具角度的各基准坐标面的空间坐标参考系。刀具几何角度可分为静态角度（标注角度）和工作角度，分别对应静态参考系和工作参考系。前者是用于刀具的设计、标注、制造和刃磨时定义几何角度的参考系；后者是用于确定刀具切削运动中角度基准的参考系。

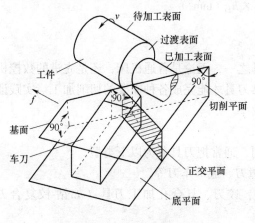

图 8-5　正交平面参考系

静止参考系中最常用的是正交平面参考系。以车刀为例，正交平面参考系由以下 3 个在空间相互垂直的参考平面构成，如图 8-5 所示。

（1）基面 p_r。通过切削刃上选定点，垂直于该点切削速度方向的平面。通常平行于车刀的安装面（底面）。

（2）切削平面 p_s。通过切削刃上选定点，垂直于基面并与主切削刃相切的平面。

（3）正交平面 p_o。通过切削刃上选定点，同时与基面和切削平面垂直的平面。

（四）刀具的标注角度

要确定外圆车刀在正交平面参考系中的结构，需要标注出如图 8-6 所示的 8 个基本角度。

（1）前角 γ_0：是指过切削刃上的选定点，在正交平面中测量的前刀面与基面之间的夹角。前刀面与基面平行时前角为零；前刀面在基面之下时前角为正；前刀面在基面之上时前角为负。前角对刀具切削性能影响很大。

（2）后角 α_0：是指过切削刃上的选定点，在正交平面中测量的后刀面与切削平面之间的夹角。当后刀面与基面之间的夹角为锐角时后角为正，为钝角时后角为负。后角的主要作用是减小后刀面与过渡表面之间的

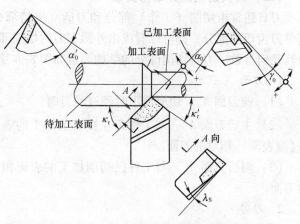

图 8-6　正交平面参考系标注角度

摩擦。

（3）楔角 β_0：正交平面中测量的前刀面与后刀面之间的夹角，$\beta_0 = 90° - (\gamma_0 + \alpha_0)$。

（4）主偏角 κ_r：是指过切削刃上的选定点，在基面中测量的主切削刃与假定进给运动方向之间的夹角。

（5）副偏角 κ_r'：是指过副切削刃上的选定点，在副正交平面中测量的副后刀面与副切削平面之间的夹角。

（6）刀尖角 ε_r：是指在基面中测量的主、副切削刃之间的夹角，$\varepsilon_r = 180° - (\kappa_r + \kappa_r')$。

（7）刃倾角 λ_s：是指过切削刃上的选定点，在切削平面中测量的主切削刃与基面之间的夹角。当切削刃与基面平行时，刃倾角为零；当刀尖位于刀刃最高点时，刃倾角为正；当刀尖位于刀刃最低点时，刃倾角为负。

（8）副后角 α_0'：是指过副切削刃上的选定点，在副正交平面中测量的副后刀面与副切削平面之间的夹角。

（五）刀具工作角度

在假定运动条件和安装条件下定义的刀具的标注角度，在实际切削加工中会随着进给运动或刀具相对于工件安装位置的变化而变化。刀具在工作状态时的实际角度称为工作角度，它们是切削过程中真正起作用的角度。分别用 γ_{0e}、α_{0e}、κ_{re}、κ_{re}'、λ_{se}、α_{0e}' 等表示。

1. 进给运动对工作角度的影响

（1）横向进给运动对工作角度的影响。当刀具作横向进给运动车端面或切断时，车刀的工作前角 γ_{0e} 增大，工作后角 α_{0e} 减小，如图 8-7（a）所示。

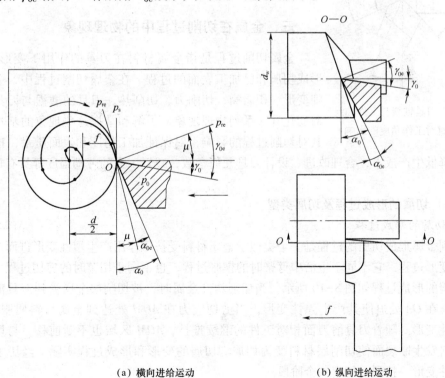

（a）横向进给运动　　　　　　　（b）纵向进给运动

图 8-7　进给运动对工作角度的影响

（2）纵向进给运动对工作角度的影响。当刀具作纵向进给运动车外圆或螺纹时，车刀的工作前角 γ_{0e} 增大，工作后角 α_{0e} 减小，如图8-7（b）所示。

2. 刀具的安装位置对刀具工作角度的影响

（1）刀刃安装高度对工作角度的影响。在车削时，安装的刀具常会出现刀刃高于或低于工件回转中心的情况，这将引起工作前角、后角的变化。当外圆车削时，刀刃高于工件中心，车刀的工作前角 γ_{0e} 增大，工作后角 α_{0e} 减小；切削刃低于工件中心，车刀的工作前角 γ_{0e} 减小，工作后角 α_{0e} 增大，如图8-8所示。

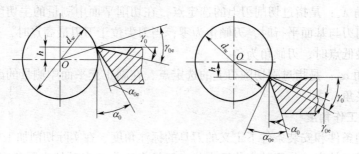

图8-8　刀刃安装高度对工作角度的影响

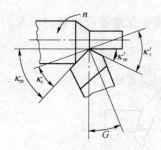

图8-9　刀具轴线与工件轴线不垂直对工作角度的影响

（2）刀具轴线与工件轴线不垂直对工作角度的影响。在车削时，如果两轴线互不垂直，将引起工作主偏角 κ_{re} 和工作副偏角 κ_{re}' 的变化，如图8-9所示。

三、金属在切削过程中的物理现象

金属切削过程是指金属材料在刀具的作用下变形、分离，形成切屑和已加工表面的过程。在金属切削过程中，会产生切削变形、积屑瘤、切削力、切削热、刀具的磨损与刀具使用寿命变化等一系列物理现象。了解和掌握这些现象的基本规律及其对切削过程的影响，对保证加工精度和表面质量，提高切削效率，降低生产成本，合理改进、设计刀具几何参数，减轻工人的劳动强度等具有重要的指导意义。

（一）切屑的形成过程及切屑类型

1. 切屑的形成过程

切削金属形成切屑的过程是一个类似于金属材料受挤压作用产生塑性变形进而产生剪切滑移的变形过程。它不同于生活中劈柴时的楔胀过程，也不同于切菜时的剪切过程。

切屑的形成过程如图8-10所示。当切削塑性金属时，被切削层金属受到刀具前面的挤压作用，在 OA 处迫使其产生弹性变形，当剪切应力在 AOM 处达到金属材料屈服强度时，产生塑性变形。随着刀具前刀面相对工件的继续推挤，AOM 区域也不断前移，与切削刃接触的材料发生断裂而使切削层材料变为切屑。切屑的变形和形成过程实际上经历了弹性变形、塑性变形、挤裂、切离4个阶段。

在切削塑性金属时有3个变形区，如图8-10所示。AOM 区域为第Ⅰ变形区，该区域是切削层金属产生剪切滑移和大量塑性变形的区域，切削过程中的切削力、切削热主要来自这个区域。

OE 区域为第 II 变形区，是切屑与前刀面间的摩擦变形区。该区域的状况直接影响积屑瘤的形成和刀具前刀面磨损。

OF 区域为第 III 变形区，是工件已加工表面与刀具后刀面间的摩擦区域。该区域的状况对工件已加工表面的变形强化和残余应力及刀具后刀面的磨损影响较大。

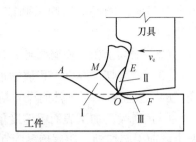

图 8-10　切屑形成过程及
切削变形区

2. 切屑类型

由于工件材料性质和切削条件不同，切削层变形程度也不同，因而产生的切屑也多种多样。归纳起来，主要有以下 4 种类型，如图 8-11 所示。

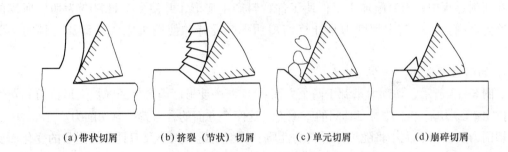

（a）带状切屑　　（b）挤裂（节状）切屑　　（c）单元切屑　　（d）崩碎切屑

图 8-11　切屑类型

（1）带状切屑［见图 8-11（a）］：切屑延续成较长的带状，内表面光滑，而外表面呈毛茸状。

（2）挤裂（节状）切屑［见图 8-11（b）］：切屑内表面有时有裂纹，外表面呈锯齿形。

（3）单元切屑［见图 8-11（c）］：切屑切离成单元切屑。

（4）崩碎切屑［见图 8-11（d）］：切屑的形状不规则，加工表面凸凹不平。

（二）积屑瘤的形成及其对切削过程的影响

在一定的切削速度下（中等或较低的切削速度）切削塑性材料时，常发现在刀具前刀面上靠近刀刃的部位黏附着一小块很硬的金属，称为积屑瘤。

1. 积屑瘤的形成原因

在切削过程中，在一定的温度与压力作用下，由于刀-屑间的摩擦，使切屑底层金属与前刀面接触处产生很大的摩擦阻力，阻碍这一层金属的流出，从而使一部分金属黏结或冷焊在切削刃附近，形成积屑瘤，如图 8-12 所示。随后，积屑瘤逐渐长大，直到该处的温度和压力不足以产生黏结为止。积屑瘤在形成过程中是一层层增高的，到一定高度会脱落，经历了一个生成、长大、脱落的周期性过程。

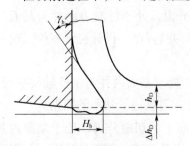

图 8-12　积屑瘤的形成

2. 积屑瘤的作用和影响

（1）保护刀具。积屑瘤包围着切削刃，同时覆盖一部分前刀面，能代替切削刃和前刀面进行切削，从而减少了刀具磨损，起到保护刀具的作用。

（2）增大前角。积屑瘤具有30°左右的前角，因而减少了切削变形，降低了切削力。

（3）增大切削厚度。积屑瘤前端伸出于切削刃之外，使切削厚度增加了 Δh_D 值，且是变化的，因而影响了工件的尺寸精度。

（4）增大已加工表面粗糙度值。积屑瘤高度的周期性变化，使切削厚度不断变化，以及由此而引起振动，积屑瘤黏附在切削刃上很不规则，导致在已加工表面上刻画出深浅和宽窄不同的沟纹，脱落的积屑瘤碎片留在已加工表面上。

因此，粗加工时可利用积屑瘤，在精加工时应尽可能避免积屑瘤的产生。

（三）切削力

在切削过程中，刀具施加于工件使工件材料产生变形，并使多余材料变为切屑所需的力，称为切削力。生产中切削力是计算切削功率、设计和使用机床、刀具及夹具的必要依据。

1. 切削力的来源、合力及分力

如图8-13所示，切削力来源于两个方面：① 两个变形区内产生的弹性变形抗力和塑性变形抗力；② 切屑、工件与刀具间的摩擦力。这两个方面的合力就是总切削力。

切削力的方向、大小将随工件材料的性质、切削用量的大小及刀具几何形状的变化而变化，因此通常将其分解成几个方向既定的分力。为了便于分析切削力和测量、计算切削力的大小，通常将合力分解成3个相互垂直的分力：主切削力 F_c，进给力 F_f、背向力 F_p，如图8-14所示。

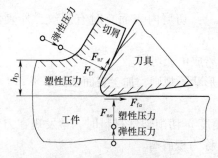
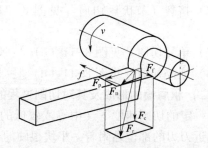

图8-13　切削力的来源　　　　图8-14　切削力的分解

（1）主切削力（切向力）F_c——主运动方向上的切削分力，处于过渡表面并与基面垂直，它消耗功率最多，占机床总功率的95%～99%。是计算刀具强度、设计机床零件、确定机床功率的主要依据。

（2）进给力（轴向力）F_f——进给方向上的切削分力，处于基面内并与工件轴线平行，它一般只消耗机床总功率的1%～5%。是设计进给机构、计算刀具进给功率的依据。

（3）背向力（径向力或吃刀力）F_p——作用在吃刀方向上的切削分力，处于基面内并与工件轴线垂直的力，它不消耗机床功率。是确定与工件加工精度有关的工件挠度、切削过程的振动的力。

2. 切削功率

消耗在切削过程中的功率叫切削功率 P_c，单位是 kW，它是 F_c、F_p、F_f 在切削过程中单位时间内所消耗的功的总和。在进行外圆车削时，因 F_p 方向没有位移，故消耗功率为零。

$$P_c = \left(F_c v_c + \frac{F_f n_w f}{1\,000} \right) \times 10^{-3}$$

式中：F_c——主切削力，N；

　　　F_f——进给力，N；

　　　f——进给量，mm/r；

　　　v_c——切削速度，m/s；

　　　n_w——工件转速，r/s。

3. 影响切削力的主要因素

（1）工件材料。工件材料影响切削力的主要因素是其成分、组织和性能。材料的强度、硬度越大，切削力越大；在强度、硬度相近的材料中，塑性、韧性较好的或加工硬化严重的，切削力大。例如，45 钢正火状态的硬度与不锈钢 1Cr18Ni9Ti 的硬度基本相同，但因不锈钢塑性和韧性较大，其切削力比 45 钢要大 25%。灰铸铁的硬度与正火状态的 45 钢相近，其切削力仅为 45 钢的 60% 左右。

（2）刀具几何参数。刀具几何参数中影响切削力最大的是前角。增大前角，使刃口锋利，切削力减小。主偏角适当增大，使切削厚度增加，单位切削面积上的切削力减小。在切削力不变的情况下，增大主偏角，则背向力减少；当主偏角为 90°时，背向力为零，这有利于减少零件变形和切削时的振动。

（3）切削用量。切削用量中的背吃刀量和进给量则是影响切削力的主要因素。当背吃刀量和进给量增加时，切削面积也增加，从而使变形力、摩擦力增大，引起切削力增大。但二者对切削力的影响程度是不同的。一般情况下，背吃刀量增加一倍时，切削力也约增加一倍；而进给量增加一倍时，切削力只增加 68%～86%。

（四）切削热和切削温度

切削热和由此产生的切削温度是切削过程中的又一重要的物理现象，它们直接影响刀具的磨损和寿命，并影响工件的加工精度和已加工表面质量。

1. 切削热的产生和传出

切削热是由切削过程中所消耗的大部分能量转变而来的。如图 8-15 所示，切削热主要来自 3 个方面：被加工材料的弹、塑性变形功转变的热；刀具前面与切屑底层摩擦所产生的热；刀具后面与已加工表面摩擦所产生的热。

在切削加工中产生的热由切屑、刀具、工件和周围介质传导出去。影响热传导的主要因素是工件和刀具材料的热导率、加工方式和周围介质的状况。在一般干切削的条件下，大部分切削热由切屑带走，其次为工件和刀具，介质传出热量最少。

2. 切削热对切削加工的影响

切削热对切削加工是十分不利的，它传入工件后，使工件温度升高，产生热变形，影响加工精度；切削热传入刀具

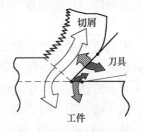

图 8-15　切削热的来源

后，使刀具温度升高，加剧刀具磨损，甚至使刀具丧失切削能力。可以采取合理选择切削用量（尤其是切削速度）和刀具角度及合理施加切削液等措施，来减少切削热的不利影响。

■任务实施

掌握了金属在切削过程中的物理现象和基本规律以后，就要将其用于指导生产实践，来达到提高切削加工质量与切削效率的目的。

（一）工件材料的切削加工性

1. 切削加工性的概念和衡量指标

工件材料的切削加工性（可切削性）是指在一定切削条件下对工件材料进行切削加工的难易程度。它主要由材料自身的化学成分、金相组织、机械性能和物理、化学性质所决定，也与切削条件有关。不同的材料，进行切削加工的难易程度也不同。通常可以用一个或几个指标来衡量切削加工的难易。

（1）刀具使用寿命或一定使用寿命下允许的切削速度。

（2）切削力或切削功率。

（3）加工表面质量，指加工表面粗糙度、表面变质层。

（4）切屑处理性，指切屑的卷曲、折断与清理。

材料切削加工性的概念是相对的，以上指标只能反映切削加工性的一个侧面，即用某一个指标衡量它是易切削的，而用另一个指标衡量，它又是难切削的，所以对切削加工性的评价应该是综合的。只是由于对具体情况重视的因素不同，而突出某一项指标要求。如通常多着眼于刀具耐用度，在精加工时要求有良好的加工表面质量，在自动化加工中又必须考虑断屑，而在重载切削或加工系统刚度差时则要注意切削力的大小等。

在实际生产和实验研究中，一般用 v_T 来具体表示材料的切削加工性。其含义是刀具使用寿命为 T 时切削某种材料所允许的切削速度。v_T 越高，则表示材料的切削加工性越好。T 通常取 60 min，也有用 30 min 或 15 min 的。

2. 影响材料切削加工性的因素

1）化学成分对切削加工性的影响

材料的化学成分通过对其机械、物理性能的影响而影响切削加工性。

（1）碳对切削加工性的影响。低碳钢的塑性、韧性较高，但不易获得好的加工表面粗糙度，也不易断屑；高碳钢的强度、硬度较高，但切削力大，刀具易磨损；而中碳钢则介乎二者之间，故其综合切削加工性好。

（2）其他合金元素对加工性的影响。硅、锰、镍、铬、钼、钨、钒等能使铁素体强化，使材料的强度、硬度等提高，对切削加工性不利；镍、钼、钨能提高材料的高温强度，使导热系数降低，切削困难；硅和铝容易加剧刀具磨损，以上元素对刀具耐用度和切削力均是不利的。

磷虽使钢的强度、硬度有所提高，但能使塑性、韧性显著降低，有利于切削。在钢中加入微量硫、铅、硒、铋、钙等，对切削加工性是有利的。

对于铸铁、硅、铝、镍、铜、钛等能促进石墨化的元素，将有利于铸铁切削加工性，而铬、钒、锰、钼、钴、磷、硫等阻碍石墨化的元素，则都会降低铸铁切削加工性。

2）金相组织对切削加工性的影响

低碳钢铁素体组织多，强度、硬度低，延伸率高，易塑性变形；中碳钢为珠光体加铁素体，具有中等强度、硬度和塑性，加工性好；淬火钢组织以马氏体为主，强度、硬度均高，刀具磨损剧烈；奥氏体不锈钢高温强度、硬度高，塑性也大，在切削时易产生加工硬化，比较难加工；灰铸铁中游离石墨多，硬度低，易切削；冷硬铸铁表面渗碳体多，具有极高的硬度，很难切削。

金相组织对加工性影响的另一方面是它的形状和大小，如珠光体有片状的、球状的。片状的珠光体硬度高、刀具磨损大，但加工表面粗糙度值低；球状的珠光体硬度低，刀具磨损小。另外，粗大的晶粒细化，可降低表面粗糙度值。

3）机械性能和物理、化学性质对切削加工性的影响

（1）材料的强度和硬度。材料的强度和硬度越高，切削力就越大，切削温度越高，刀具的磨损越加剧，故切削加工性也就越差。

（2）材料的塑性。材料的塑性越大，在切削时的塑性变形越大，切削力和切削温度就越高，刀具越容易磨损；并且在低速切削时容易形成积屑瘤和鳞刺，影响加工表面质量。另外，塑性大的材料断屑较难，因此切削加工性较差；塑性太小，切削力和切削热集中在切削刃附近，使刀具的磨损加剧，故切削加工性也不好。

（3）材料的韧性。韧性较大的材料，在材料破坏前吸收的能量多，切削力也大；再加上断屑困难，故切削加工性较差。

（4）材料的导热系数。导热系数高的材料在切削过程中产生的热量传出的多，切削温度低，刀具的磨损较慢，切削加工性能好；当材料的导热系数小时，切削热不易被传出，切削温度高，刀具的磨损较快，故切削加工性就差。

各种金属材料导热系数的大小顺序大致为：纯金属、有色金属、碳素结构钢及铸铁、低合金结构钢、合金结构钢、耐热钢及不锈钢。非金属的导热性比金属差。

（5）化学亲和性。化学亲和性强，刀具易磨损，切削加工性就差。

3. 改善材料切削加工性的基本措施

要从根本上改善切削加工性，应从改变材料的化学成分、金相组织着手，从而改变其机械、物理和化学性能，主要可通过以下途径实现。

（1）调整化学成分，发展易切削钢。易切削钢就是在金属中添加如硫、磷、铅、锑、硒、铋、锰、钙等元素，在不降低其机械性能、满足使用要求的前提下，改善了切削加工性，得以提高切削效率。

（2）通过适当的热处理，改善切削加工性。成分相同而组织不同的材料，其切削加工性也不同。通过适当的热处理，可以得到合乎要求的金相组织和机械性能，从而改善切削加工性。如高碳结构钢和工具钢经过球化退火后，可减少磨损，改善其切削加工性。

另外，当材料选定不能更改时，可通过改变切削条件，如选用合适的刀具材料、几何参数、选择切削加工性好的材料状态和新的加工技术等，使之适应该种材料的切削加工性。

（二）已加工表面质量

工件已加工表面质量是指工件表面粗糙度、表面硬化和表面残余应力的性质及大小等几个方面的问题。它们对工件的使用性能和可靠性有重大影响。

1. 表面粗糙度

表面粗糙度是指表面微观几何形状误差。表面粗糙度大的零件，由于实际接触面积小，单位压力大，所以耐磨性差，容易磨损。而且表面粗糙度大的零件装配后，接触刚度低，运

动平稳性差，从而影响机器的工作精度，使机器达不到预期的性能。对于液压油缸及滑阀，表面粗糙度大会影响密封性，甚至影响正常工作。影响已加工表面粗糙度的因素主要有以下几个方面。

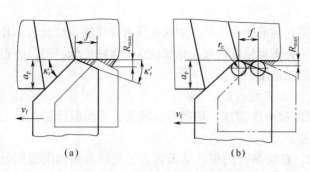

图 8-16 车削时的残留面积高度

（1）理论残留面积高度。由刀具相对于工件作进给运动时在加工表面上遗留下来的切削层残留面积（见图 8-16）。理论上的最大粗糙度 R_{max} 可由刀具形状、进给量 f 按几何关系求得。当不考虑刀尖圆弧半径时，

$$R_{max} = \frac{f}{\cot \kappa_r + \cot \kappa_r'}$$

当背吃刀量和进给量很小时，粗糙度主要由刀尖圆弧构成，即

$$R_{max} \approx \frac{f^2}{8r_\varepsilon}$$

从以上公式分析可知，减小进给量、主偏角和副偏角，增加刀尖圆弧半径等，都可减小表面粗糙度。

（2）积屑瘤与鳞刺。在切削过程中，刀具的刃口圆角及后刀面对工件进行挤压与摩擦，从而产生塑性变形。韧性越好的材料塑性变形越大，且容易出现积屑瘤与鳞刺，使粗糙度严重恶化。在切削过程中应尽量避免积屑瘤与鳞刺的出现。

（3）切削振动。在切削过程中产生的振动会改变切削刃与工件的相对位置，在工件已加工表面形成切削振纹，使表面粗糙度明显增大。因此，在切削加工中应及时找出振源，采取相应的消振或隔振措施，以减小振动对工件表面粗糙度的影响。

2. 表面层的硬化

在切削加工时，表面层金属由于塑性变形使晶体间产生剪切滑移，晶格发生拉长、扭曲和破碎而得到强化，即在工件已加工表面形成一个硬度很高的强化层。工件表面层的加工硬化将给后续工序切削加工增加困难。如切削力增大，刀具磨损加快，影响了表面质量。加工硬化在提高工件耐磨性的同时，也增加了表面的脆性，从而降低了工件的抗冲击能力。表面层硬化的原因主要是塑性变形，塑性变形越大，则硬化程度越大。因此，减小切削过程中材料的塑性变形，就可减小加工硬化层的深度和硬化程度。常用的措施有：适当减小进给量、刀刃圆弧半径及刀具磨损量，或者增大前角和切削速度，采用有效的冷却润滑措施等，均可大大地减轻表面层的冷作硬化现象。

3. 表面层的残余应力

残余应力是指在没有外力作用的情况下，在物体内保持平衡而存留的应力。在机械加工中，工件表面层金属相对基体金属发生形状、体积的变化或金相组织变化时，工件表面层中将产生残余应力。产生表面层残余应力的原因有：在机械加工时，表层金属产生强烈的冷态塑性变形；切削热使工件表面局部温升过高引起的高温塑性变形及高温引起的表面的金相组织变化等综合作用的结果。工件表面层残余应力分为残余拉应力和残余压应力两种。残余压应力可防止表面裂纹的产生和发展，有利于提高工件的疲劳强度；而残余拉应力容易使工件

表面产生裂纹，降低工件的疲劳强度。工件各部分残余应力分布不均匀也会使加工后的工件产生变形，从而影响工件的形状和尺寸精度。因此，一般还是要尽量减小工件表面层的残余应力。

（三）切削液

在金属切削加工中，切削液对降低切削温度，减少刀具磨损，提高刀具使用寿命，改善加工表面质量，保证加工精度，提高生产率等，都有非常重要的作用。

1. 切削液的作用

（1）冷却作用。切削液的冷却主要是从切削区带走大量切削热，从而降低切削温度。因此，要求切削液具有较高的导热系数和比热，一定的流量和流速，较高的汽化热等特征。水的冷却性能最好，油类最差，乳化液则介于二者之间。

（2）润滑作用。切削液能渗入到切削区而形成薄薄的一层润滑膜，起到润滑作用，从而使金属表面与刀具的黏结局限于小的面积内，减小积屑瘤、抑制鳞刺，降低加工表面粗糙度值。在切削液中加入不同成分和比例的添加剂可改变其润滑能力。

（3）清洗作用。切削液的流动可冲走切削区域和机床上的细小切屑及脱落的磨粒，可以防止划伤工件已加工表面和机床导轨面及磨屑嵌在砂轮空隙中降低磨削性能，清洗性能的好坏与切削液的渗透性、流动性和使用压力有关。当高速磨削与强力磨削时，可用高压提高冲刷能力，及时冲走磨粉。

（4）防锈作用。在切削液中加入防锈剂，能在金属表面形成保护膜，防止工件、机床、刀具等与腐蚀介质接触而起到防锈作用。

除上述作用外，切削液还应价格低廉、配制方便、稳定性好、不污染环境和不影响人体健康。因一种切削液很难满足以上所有要求，因此，应根据具体切削条件和使用要求，合理选用。

2. 切削液中的添加剂

为了改善切削液的性能而加入的化学物质称为添加剂。常见的有油性、极压添加剂，乳化剂（表面活性剂），防锈剂等。

（1）油性、极压添加剂。油性添加剂主要起渗透和润滑作用。常用的油性添加剂为动、植物油及油酸、胺类、醇类及酯类等。

在极压润滑状态下，切削液中必须添加极压添加剂来维持润滑膜的强度。常用的极压添加剂有含硫、磷、氯等的有机化合物。

（2）乳化剂。乳化剂是使矿物油和水乳化，形成稳定乳化液的添加剂。它是一种表面活性剂，表面活性剂在乳化液中除了起乳化作用外，还能吸附在金属表面上，形成润滑膜，起油性添加剂的作用。

（3）防锈剂。是一种与金属表面有很强附着力的化合物，吸附在金属表面形成保护膜或与金属表面化合形成钝化膜，起防锈作用。常用的防锈剂有水溶性类和油溶性类。前者有碳酸钠、三乙醇胺等，后者以石油磺酸钠、石油磺酸钡等应用较广。

3. 常用切削液的种类和选用

金属切削加工中常用的切削液可分为水溶液、乳化液和切削油三大类。切削液应根据工件材料、刀具材料、加工方法和加工要求的具体情况进行选用。

（1）水溶液。水溶液的主要成分是水，其中加入了少量的防锈剂和润滑剂。一般多用于以降低温度为主的普通磨削和其他精加工。

（2）乳化液。乳化液是将乳化油（由矿物油、乳化剂和其他添加剂配成），用95%～98%的水稀释而成的。乳化油含量较少的低浓度乳化液的冷却效果较好，主要用于磨削、粗车、钻孔等加工；高浓度乳化液的润滑效果较好，主要用于精车、攻丝、铰孔、插齿、磨削等加工。

（3）切削油。切削油主要为矿物油（如机械油、轻柴油、煤油等），少数采用动植物油（豆油、猪油等）或复合油。当普通车削、攻丝时，可选用机油；当精加工有色金属或铸铁时，可选用煤油；当加工螺纹时，可选用润滑性能良好的植物油。

（四）合理选择刀具的几何参数

刀具几何参数影响切削时金属的变形、切削力、切削温度、刀具磨损、已加工表面质量等。合理的几何参数是指在保证加工质量，获得最高刀具使用寿命的前提下，达到提高切削效率，降低生产成本的目的。合理的加工过程是在相互作用的许多条件下形成的，因此要综合考虑各种条件，不能顾此失彼。

1. 前角的选择

前角主要影响切削刃强度、切削变形、切削力、切削温度和功率消耗等；不同条件下，前角的大小产生的利弊不同。在一定条件下，必须选择一个合理的前角值。

刀具前角的选用原则如下。

（1）当刀具选择抗弯强度及韧性差、脆性大、易崩刃的材料时，应取小的前角；反之，应取较大的前角。如硬质合金的前角应小于高速钢的前角，陶瓷刀具的前角更小。

（2）当工件材料的强度和硬度较高时，应取较小的前角；反之，应取较大的前角。用硬质合金刀具切削特别硬的材料时，应取负前角。

（3）当工件材料为塑性材料时，应取较大的前角以减小切屑的变形和切削力；当工件材料为脆性材料时，应取较小的前角以增加刃口强度。

（4）抗弯强度大、韧性好的高速钢刀具，可选用较大的前角；脆性较大的硬质合金刀具，应选用较小的前角；陶瓷刀具脆性更大，故前角一般应取负值（-15°～-5°）。

（5）为提高刀刃的强度，粗加工时应选用较小的前角；为使刀具锋利，提高表面加工质量，精加工时应选用较大的前角。

（6）在用脆性大的硬质合金、陶瓷刀具材料切削时，为增强刀刃强度、减少刀具破损，提高刀具使用寿命，常采用刀刃倒棱或钝圆的方法，如图8-17所示。

2. 主、副后角的选择

后角大，可使后刀面与工件过渡表面间的摩擦和刀具磨损减小；并可减小刀刃圆弧半径，使刀口锋利，以提高加工表面质量。但后角过大，会因刀口强度和散热能力的降低，使刀具磨损加剧。

刀具后角的选用原则如下。

（1）当粗加工、强力切削或承受冲击时，为使刀刃强固，宜取较小的后角；当精加工或断续切削时，刀具的磨损主要发生在后刀面，为减小后刀面磨损和增加刀刃的锋锐性，宜选较大的后角。

（2）当工件材料强度、硬度较高时，为加强刀刃强度，应取较小的后角；当工件材料的塑性、韧性较大时，为减小后刀面摩擦，宜取较大的后角；当加工脆性材料时，因切削力集中在刀尖处，可取较小的后角；当选用了负前角加工硬材料时，为了使刀具有一定的锋利性，应加大后角。

（3）当工艺系统刚性较差时，为减小或消除切削时的振动，应取较小的后角，同时还可以在后刀面上磨出消振棱（见图 8-18），一般取 $b_{a1} = 0.1 \sim 0.3$ mm，$\alpha_{01} = -10° \sim -5°$。

（4）车刀的副后角一般等于其主后角。因受结构强度的限制，切断刀、锯片等只允许取小的副后角。

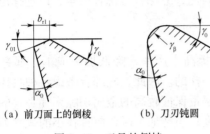

（a）前刀面上的倒棱　　（b）刀刃钝圆

图 8-17　刀具的倒棱

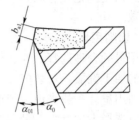

图 8-18　消振棱

3. 主、副偏角的选择

主、副偏角对加工表面粗糙度、切削分力的大小及刀具使用寿命有直接的影响。减小主、副偏角，可减小加工表面粗糙度，延长刀具使用寿命，但进给力增大，会降低工件加工精度。

（1）主偏角的选择。当工件材料的硬度、强度较大时，如冷硬铸铁、淬火钢等，为改善刀头散热条件，减轻单位切削刃上的负荷，提高刀具使用寿命，宜取小的主偏角，$\kappa_r = 10° \sim 30°$；当工艺系统刚性差时，宜取较大的主偏角，$\kappa_r = 60° \sim 75°$；在工艺系统刚性较好时，宜取小的主偏角，$\kappa_r = 30° \sim 45°$；当为降低背向力，车削细长轴时，宜取大的主偏角，$\kappa_r = 90° \sim 93°$。

（2）副偏角的选择。副偏角的作用是减小副后刀面和副切削刃与工件已加工表面间的摩擦。副偏角的值影响刀尖强度、散热条件、刀具使用寿命、已加工表面质量等。当粗加工时，考虑到刀尖强度、散热条件等，副偏角可取 $10° \sim 15°$；当精加工时，为减小残留面积高度，副偏角可取 $5° \sim 10°$。有些刀具因受结构与强度的限制，副偏角可取 $1° \sim 2°$。

4. 刃倾角的选择

刃倾角影响切屑流出方向、刀头强度和切削刃的锋利程度。如图 8-19 所示，当 $\lambda_s = 0°$ 时，切屑垂直于切削刃沿前刀面方向流出；当 $\lambda_s < 0°$ 时，切屑流向已加工表面；当 $\lambda_s > 0°$ 时，切屑流向待加工表面。刃倾角主要根据切削刃强度与流屑方向而定。

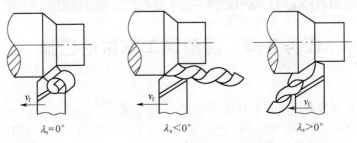

$\lambda_s = 0°$　　　　$\lambda_s < 0°$　　　　$\lambda_s > 0°$

图 8-19　刃倾角对切屑流向的影响

刃倾角的选择原则如下。

（1）加工钢件或铸铁件时，粗加工取 $\lambda_s = -5° \sim 0°$；精加工取 $\lambda_s = 0° \sim 5°$；当有冲击负荷或断续切削时取 $\lambda_s = -15° \sim -5°$。

（2）当加工高强度钢、淬硬钢或强力切削时，取 $\lambda_s = -30° \sim -10°$。

（3）当微量加工时，为了增加刀具的锋利性，取 $\lambda_s = 45° \sim 75°$。

（4）当工件刚性较差时，一般不宜采用负刃倾角，以避免引起背向力增加。

刀具各角度间是互相联系、互相影响的，因此，应综合考虑各因素，以选择出合理的刀具几何参数。

（五）切削用量

切削用量的合理选择，对保证加工质量、提高生产率、降低加工成本，都有重要的影响。不同的加工性质，对切削加工的要求是不一样的。因此，应综合考虑各种具体条件，正确选择切削用量。一般来说，当粗加工时，应尽量保证较高的金属切除率和必要的刀具使用寿命，故应选择大的背吃刀量和较高的切削速度；当精加工时，应选择小的背吃刀量和进给量，较高的切削速度。

1. 背吃刀量的选择

一般是根据工件的加工余量来确定。当粗加工时，一次进给就应切除全部的加工余量，当加工余量过大或不均匀，机床功率小，工艺系统刚性不足，刀具强度不够或断续切削时，可分几次进给。当半精加工和精加工时，由于加工余量一般较小，故可一次切除；当为了保证工件的加工精度和表面质量时，也可采用多次进给，当多次进给时，第一次进给的背吃刀量应取大些。当切削有硬皮的铸、锻件时，为保护刀尖，所取背吃刀量应大于硬皮层的深度。

2. 进给量的选择

当粗加工时，对工件的加工质量要求不高，在满足工艺系统条件的前提下，应尽可能选用较大的进给量。进给量的大小可根据实际情况由切削手册中查取。当半精加工和精加工时，为保证良好的表面粗糙度，进给量应取较小值。当切削速度较高，刀尖圆弧半径较大或刀具磨有修光刃时，可以选择较大的进给量以提高生产率。

3. 切削速度的选择

当粗加工时，背吃刀量和进给量均较大，切削速度受工件加工质量和刀具使用寿命的限制，切削速度应取较小值；当精加工时，背吃刀量和进给量均较小，切削速度应取较大值。当工件材料的强度和硬度较高时，切削加工性较差，应选择较低的切削速度；反之，应选择较高的切削速度。工件材料的加工性越好，切削速度可越高。刀具材料的性能越好，切削速度也应选得越高。同时，在选择切削速度时，还应注意尽量避开容易产生或形成积屑瘤、鳞刺、切削振动的速度范围。

总之，在选择切削用量时，既可参照有关手册查取，也可根据经验确定。

任务 8-2　切削加工方法的选择

■任务引入
如何对常见表面的加工方案进行分析？
■任务目标
了解机床的分类和编号，掌握常用加工方法的特点和应用范围，掌握各类机床的基本运动和结构，熟悉机床传动路线的分析方法，了解机床附件与工件的安装，掌握各种典型表面加工方案的分析方法，能对常见表面的加工方案进行分析。

■相关知识

一、机床的分类和编号

（一）机床的分类

机床是利用切削、特种加工等方法将毛坯加工成符合要求的零件的设备。机床的品种规格很多，为了便于区别、使用和管理，必须对其加以分类。常用的机床分类方法有以下几种。

（1）按照机床的加工方法和所使用的刀具及其用途共分车床（C）、钻床（Z）、镗床（T）、磨床（M）、齿轮加工机床（Y）、螺纹加工机床（S）、铣床（X）、刨插床（B）、拉床（L）、特种加工机床（D）、切断机床（G）和其他机床（Q）12大类。

（2）按照机床的通用性程度分通用机床、专门化机床、专用机床。

（3）按照机床工作精度不同分普通精度机床、精密机床及高精度机床。

（4）按照机床自动化程度的不同分手动、机动、半自动和自动机床。

（5）按照机床质量和尺寸的不同分仪表机床、中型机床、大型机床、重型机床和超重型机床。

（6）按照机床控制方式的不同分普通机床和数控机床。

（7）按机床的自动控制方式可分为仿形机床、程序控制机床、数字控制机床、适应控制机床、加工中心和柔性制造系统。

（二）机床型号的编制方法

1. 通用机床型号

机床的型号是用以表明机床的类型、通用和结构特性、主要技术参数等的产品代号。我国现行的通用机床型号是按照《金属切削机床型号编制方法》（GB/T 15375—2008）的规定，由汉语拼音字母和阿拉伯数字按一定规律组合而成。其表示方法为：

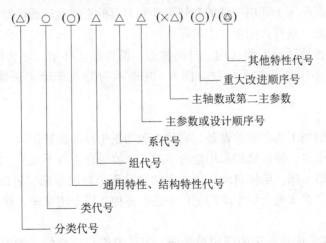

注：①有"（ ）"的代号或数字，当无内容时，则不表示，若有内容则不带括号；
②有"○"符号的，为大写的汉语拼音字母；
③有"△"符号的，为阿拉伯数字；
④有"◎"符号的，为大写的汉语拼音字母，或阿拉伯数字，或两者兼有之。

例如：CM6132 车床，其型号中的代号及数字的含义如下：

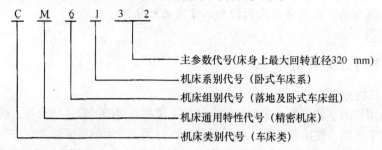

C M 6 1 3 2

主参数代号(床身上最大回转直径320 mm)
机床系列代号（卧式车床系）
机床组别代号（落地及卧式车床组）
机床通用特性代号（精密机床）
机床类别代号（车床类）

2. 组合机床及自动线型号

组合机床及自动线型号表示方法如下：

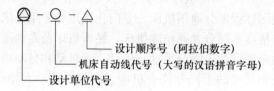

设计顺序号（阿拉伯数字）
机床自动线代号（大写的汉语拼音字母）
设计单位代号

3. 机床自动线型号

机床自动线型号表示方法为

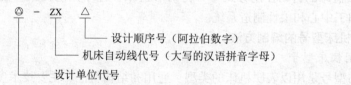

设计顺序号（阿拉伯数字）
机床自动线代号（大写的汉语拼音字母）
设计单位代号

二、车削加工

车削加工就是在车床上利用工件的旋转运动和刀具的直线运动或曲线运动来改变毛坯的形状和尺寸，将其加工成符合图纸要求的零件的过程。它是机械制造中使用最广泛的一类机床，主要用于加工各种回转表面（内、外圆柱面，圆锥面，环槽，回转体成形面等）和回转体的端面，有些车床还能加工螺纹。图 8-20 所示为卧式车床上所能加工的各种典型表面。

1. 车床

车床是完成车削加工所必需的设备，它的主运动是工件的旋转运动，进给运动是刀具的移动。车床的种类很多，按其结构和用途的不同，主要可分为以下几类：卧式车床和落地车床、立式车床、转塔车床、单轴自动车床、多轴自动和半自动车床、仿形车床和多刀车床、专门化车床，此外，在大批大量生产的工厂中还有各种各样专用车床，如凸轮轴车床、铲齿车床、曲轴车床等。

CA6140 型卧式车床是车床中应用最普遍、工艺范围最广泛的一种类型。图 8-21 所示是 CA6140 型卧式车床的外形图。机床的主要组成部件如下。

（1）主轴箱。支承主轴，并把动力经变速机构传给主轴，使主轴带动工件按规定的转速旋转，以实现主运动。

（2）刀架。用来夹持车刀使其做纵向、横向或斜向进给运动。

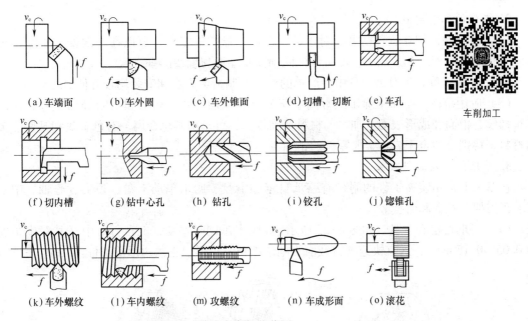

(a)车端面 (b)车外圆 (c)车外锥面 (d)切槽、切断 (e)车孔

车削加工

(f)切内槽 (g)钻中心孔 (h)钻孔 (i)铰孔 (j)锪锥孔

(k)车外螺纹 (l)车内螺纹 (m)攻螺纹 (n)车成形面 (o)滚花

图 8-20 卧式车床工艺范围

（3）尾座。在尾座的套筒内安装顶尖，可用来支承工件，也可安装钻头、铰刀，在工件上钻孔和铰孔。

（4）床身。用来支承和连接各主要部件并保证各部件之间有严格、正确的相对位置。

（5）床腿。支承床身并与地基连接。

（6）溜板箱。把进给箱传来的运动传给刀架，使刀架实现纵向和横向进给，或快速运动，或车削螺纹。

（7）进给箱。改变机动进给的进给量或所加工螺纹的导程。

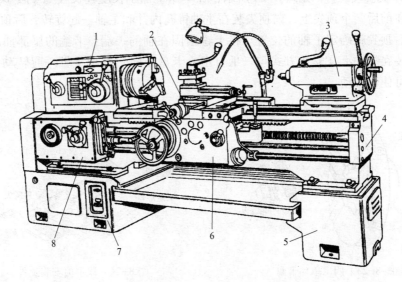

1—主轴箱；2—刀架；3—尾座；4—床身；5，7—床腿；6—溜板箱；8—进给箱

图 8-21 CA6140 型卧式车床的外形图

2. 车削的工艺特点

（1）易于保证相互位置精度。对于轴、套筒、盘类等零件，可以在一次安装中加工出不同直径的外圆面、孔及端面，即可保证同轴度及端面与轴线的垂直度。

（2）刀具简单。车刀是刀具中最简单的一种，制造、刃磨和安装均较方便。

（3）应用范围广。车削除了经常用于车外圆、端面、孔、切槽和切断等加工外，还用来车螺纹、锥面和成形表面。加工的材料范围较广，可车削黑色金属、有色金属和某些非金属材料，特别是适合于有色金属零件的精加工。

3. 车床附件及工件安装

在车床上常用装夹工件的附件有三爪自定心卡盘、四爪单动卡盘、顶尖、心轴、中心架、跟刀架、花盘和弯板等。

（1）三爪自定心卡盘。如图 8-22 所示，3 个卡爪同时移动并能自行对中（其对中精度为 0.05～0.15 mm），适宜快速夹持截面为圆形、正三边形、正六边形的工件。

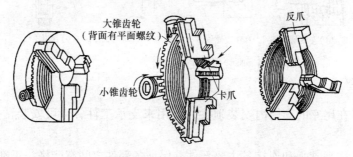

图 8-22　三爪自定心卡盘

（2）四爪单动卡盘。如图 8-23 所示，4 个卡爪通过 4 个调整螺杆独立移动，不但可以安装截面是圆形的工件，还可以安装截面为方形、长方形、椭圆形或其他某些形状不规则的工件。

（3）双顶尖安装工件。如图 8-24 所示，在车床上加工长度较长或工序较多的轴类工件时，把轴架在前后两个顶尖上，前顶尖装在主轴锥孔内并和主轴一起旋转，后顶尖装在尾座套筒内，前后顶尖就确定了轴的位置。将卡箍紧固在轴的一端，卡箍的尾部插入拨盘的槽内，拨盘安装在主轴上（安装方式与三爪自定心卡盘相同）并随主轴一起转动，通过拨盘带动卡箍即可使轴转动。

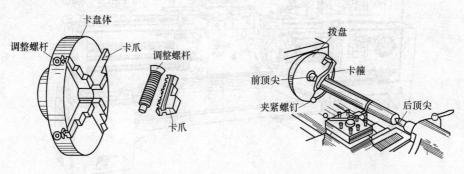

图 8-23　四爪单动卡盘　　　　　　　图 8-24　双顶尖安装工件

（4）心轴。如图 8-25 所示，对于盘套类零件，可以利用已精加工过的孔把零件安装在心轴上，再把心轴安装在前、后顶尖之间，当成阶梯轴来加工外圆和端面。

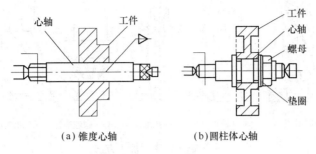

(a) 锥度心轴　　　　(b) 圆柱体心轴

图 8-25　心轴

（5）中心架和跟刀架。如图 8-26 所示，当加工长径比大于 20 的细长轴时，为防止轴受切削力的作用而产生弯曲变形，往往需要用中心架或跟刀架。

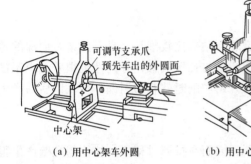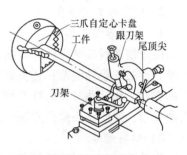

(a) 用中心架车外圆　　　　(b) 用中心架车端面　　　　(c) 用跟刀架车外圆

图 8-26　中心架和跟刀架

（6）花盘。如图 8-27 所示，对于某些形状不规则的零件，当要求外圆、孔的轴线与安装基面垂直，或者当端面与安装面平行时，可以把工件接压在花盘上加工。花盘是安装在车床主轴上的一个大铸铁圆盘，盘面上有许多用于穿放螺栓的槽。

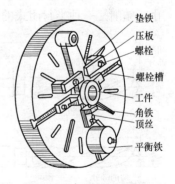

图 8-27　花盘

三、钻削和镗削加工

（一）钻削加工

钻削加工是用钻头或扩孔钻在工件上加工孔的方法。钻削加工主要在钻床上进行。钻床是孔加工用机床，主要用来加工如杠杆、盖板、箱体和机架等外形比较复杂、没有对称回转轴线的零件上的各种孔。在钻床上加工时，工件固定不动，刀具旋转做主运动，同时沿轴向移动做进给运动。钻床可完成钻孔、扩孔、铰孔、攻螺纹、锪埋头孔和锪端面等工作。钻床的加工方法及所需的运动如图 8-28 所示。

钻削加工

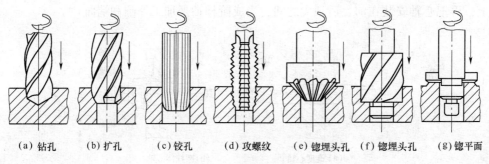

(a) 钻孔　(b) 扩孔　(c) 铰孔　(d) 攻螺纹　(e) 锪埋头孔　(f) 锪埋头孔　(g) 锪平面

图 8-28　钻床的加工方法

1. 钻床

钻床的主要类型有立式钻床、台式钻床、摇臂钻床和专门化钻床（如深孔钻床和中心孔钻床）等。它的主参数是最大钻孔直径。

2. 钻孔的工艺特点

1）钻头容易引偏

由于横刃较长又有较大负前角，使钻头很难定心；钻头比较细长，且有两条宽而深的容屑槽，使钻头刚性很差；钻头只有两条很窄的螺旋棱带与孔壁接触，导向性也很差；由于横刃的存在，使钻孔时轴向抗力增大。因此，钻头在开始切削时就容易引偏，切入以后易产生弯曲变形，致使钻头偏离原轴线。

2）排屑困难

当钻孔时，由于切屑较宽，容屑尺寸又受限制，因而在排屑过程中，往往与孔壁产生很大的摩擦和挤压，拉毛和刮伤已加工表面，从而大大降低孔壁质量。

3）切削热不易传散

由于钻削是一种半封闭式的切削，在切削时产生大量的热量，并且大量的高温切屑不能及时排出，切削液又难以注入切削区，切屑、刀具与工件之间摩擦又很大，因此，切削温度较高，致使刀具磨损加剧，从而限制了钻削用量和生产效率的提高。

3. 麻花钻

钻头按其结构特点和用途可以分为扁钻、麻花钻、深孔钻和中心钻等。生产中应用最多的是麻花钻。标准麻花钻如图 8-29 所示，由柄部、颈部和工作部分组成。柄部是钻头的夹持部分，在钻孔时用于传递转矩。麻花钻的柄部有锥柄和直柄两种。

麻花钻的颈部是为磨削钻头柄部设计的越程槽，槽底通常刻有钻头的规格及厂标。麻花钻的工作部分是钻头的主体，由切削部分和导向部分组成。导向

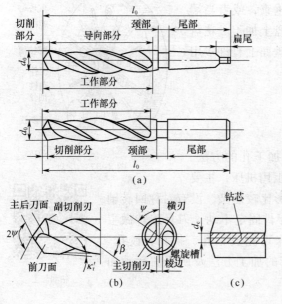

图 8-29　麻花钻的组成

部分是切削部分的后备，副后面起导向作用，引导钻头正常切削并修光孔壁。为减少刃带与孔壁的摩擦，通常把刃带做成倒锥形。由刀尖向尾部的每 100 mm 长度上，直径减小 0.03～0.12 mm。钻头上开出两个螺旋槽，形成了钻头的切削刃和前角。螺旋槽是排屑和输送切削液的通道。

（二）镗削加工

镗削加工

镗削加工是镗刀回转做主运动，工件或镗刀移动做进给运动的切削加工方法。镗削加工主要在镗床上进行。

镗床类机床常用于加工尺寸较大且精度要求较高的孔，特别是分布在不同表面上、孔距和位置精度（平行度、垂直度和同轴度等）要求较严格的孔系，如各种箱体和汽车发动机缸体等零件上的孔系加工。

镗床的主要工作是用镗刀镗削工件上铸出或已粗钻出的孔。机床加工时的运动与钻床类似，但进给运动则根据机床类型和加工条件不同，或者由刀具完成，或者由工件完成。

1. 镗床

镗床可分为卧式铣镗床、坐标镗床及金刚镗床。此外，还有立式镗床、深孔镗床和落地镗床等。

卧式铣镗床的工艺范围十分广泛，因而得到普遍应用。卧式铣镗床除镗孔外，还可车端面，铣平面，车外圆，车内、外螺纹及钻、扩、铰孔等。零件可在一次安装中完成大量的加工工序。卧式铣镗床尤其适合加工大型、复杂的具有相互位置精度要求孔系的箱体、机架和床身等零件。由于机床的万能性，所以又称为万能镗床。卧式铣镗床的主要加工方法如图 8-30 所示。

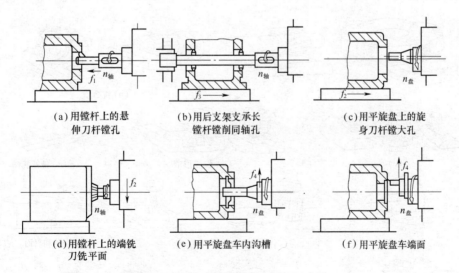

图 8-30　卧式铣镗床的主要加工方法

2. 镗孔的方式

按其进给形式可分为主轴进给和工作台进给两种方式。

主轴进给方式在工作过程中，其主轴的悬伸长度是随着主轴的进给变化的，刚度也是变化的，易使孔产生锥度误差；另外，随着主轴悬伸长度的增加，其自重所引起的弯曲变形也随之增大，使镗出孔的轴线弯曲。因此，这种方式只适宜镗削长度较短的孔。

工作台进给方式可以用来镗削较长的孔，镗削箱体壁相距较远的同轴孔系，可以镗削大孔。

3. 镗削加工的工艺特点

（1）加工范围广。除特别小的孔外，一把镗刀可以加工一定范围内的一系列不同直径的孔。可以是标准孔，也可以是非标准孔。

（2）孔的位置精度高。在镗削时，可以通过调整刀具和工件的相对位置来修正底孔轴线的位置，从而保证孔的位置精度。

（3）成本较低。加工尺寸的范围大，镗刀结构简单，刃磨方便。特别适合于单件、小批生产。

（4）生产率较低。一般来说，镗削的切削用量较小，刀刃少，生产率不如车削、铰削和铣削。

四、铣削加工

铣削加工

铣削加工是用铣刀在铣床上进行切削的加工方法，它是目前应用最广泛的切削加工方法之一。在铣削时，铣刀的旋转运动是主运动，工件随工作台的运动是进给运动，在少数铣床上，进给运动也可以是工件的回转或曲线运动。适用于加工平面、台阶、沟槽、成形表面和切断等加工。铣削加工的表面粗糙度值 Ra 较小，可达 $3.2\sim1.6\ \mu m$，尺寸精度可达 IT9～IT7，直线度可达 $0.12\sim0.08\ mm/m$。其主要加工表面形状及所用刀具如图 8-31 所示。

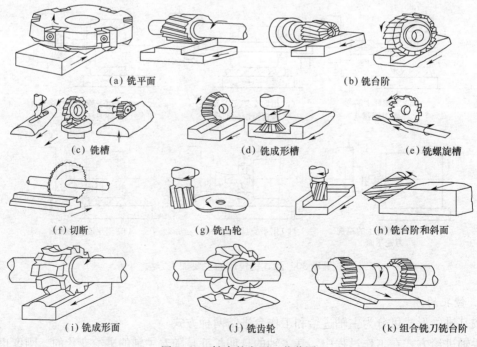

（a）铣平面　　　　　　　　　　　　　　（b）铣台阶

（c）铣槽　　　　　　　（d）铣成形槽　　　　　　（e）铣螺旋槽

（f）切断　　　　　　　（g）铣凸轮　　　　　　（h）铣台阶和斜面

（i）铣成形面　　　　　　（j）铣齿轮　　　　　　（k）组合铣刀铣台阶

图 8-31　铣床的主要工艺范围

由于铣床上使用多齿刀具，在加工过程中通常有几个刀齿同时参与切削，因此，可获得较高的生产率。就整个铣削过程来看是连续的，但就每个刀齿来看切削过程是断续的，且切入与切出的切削厚度也不等，因此，作用在机床上的切削力相应地发生周期性的变化，这就要求铣床在结构上具有较高的静刚度和动刚度。

（一）铣床

1. 铣床的分类

铣床的类型很多，主要类型有卧式升降台铣床、立式升降台铣床、龙门铣床、工具铣床，此外还有仿形铣床、仪表铣床和各种专门化铣床（如键槽铣床、曲轴铣床）等。数控铣床有卧式数控铣床、立式数控铣床。

2. 万能卧式升降台铣床的主要部件及功用

万能卧式升降台铣床是指主轴轴线处于水平位置，工作台可做纵向、横向和垂直运动，并且可在水平面内调整一定角度的铣床。万能卧式升降台铣床的外形如图 8-32 所示。

（1）床身。用于支承和连接铣床各部件，其内部装有传动机构。

（2）主轴。用于安装铣刀或刀轴，并带动铣刀或刀轴旋转。主轴是空心轴，前端有(7∶24)精密锥孔。

（3）横梁。横梁可沿床身顶部的水平导轨移动，以调整其伸出的长度。另外，横梁上面可安装吊架，用来支承刀轴外伸的一端，以加强刀轴的刚度。

（4）转台。能将纵向工作台在水平面内扳转一个角度，用于铣削螺旋槽等。有无转台，是万能卧式铣床与普通卧式铣床的主要区别。

（5）横向工作台。位于升降台上面的水平导轨上，可带动纵向工作台一起做横向进给。

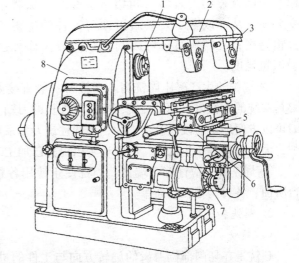

1—主轴；2—横梁；3—刀杆支架；4—纵向工作台；
5—转台；6—横向工作台；7—升降台；8—床身
图 8-32　万能卧式升降台铣床的外形

（6）纵向工作台。可以在转台的导轨上做纵向移动，以带动安装在台面上的工件做纵向进给。

（7）升降台。使整个工作台沿床身的垂直导轨上下移动，以调整工作台面到铣刀的距离，并可带动纵向工作台一起做垂直进给。

（二）铣削方式

铣削方式是指当铣削时铣刀相对于工件的运动和位置关系。同是加工平面，既可以用端铣法，也可以用周铣法；同一种铣削方法也有不同的铣削方式，即顺铣和逆铣。

1. 端铣和周铣

（1）端铣即端面铣削法，有对称铣削和不对称铣削两种形式，如图 8-33 所示。对称铣削是指刀齿切入工件与切出工件的切削厚度相同。不对称铣削是指刀齿切入时的切削厚度小于或大于切出时的切削厚度。

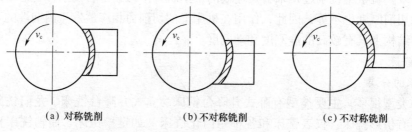

(a) 对称铣削　　　　　　(b) 不对称铣削　　　　　　(c) 不对称铣削

图 8-33　对称铣削和不对称铣削

（2）周铣法是用圆柱铣刀的圆周刀齿加工平面的方法。

（3）周铣法与端铣法的比较如下。

① 端铣的加工质量比周铣好。当周铣时，同时参加工作的刀齿一般只有 1～2 个，而端铣时同时参加工作的刀齿多，切削力变化小，因此，端铣的切削过程比周铣时平稳；当端铣刀的刀齿切入和切出工件时，虽然切削厚度较小，但不像周铣时切削厚度变为零，从而改善了刀具后刀面与工件的摩擦状况，提高了刀具耐用度，并可减小表面粗糙度；在端铣时还可以利用修光刀齿修光已加工表面，因此，端铣可达到较小的表面粗糙度。

② 端铣的生产率比周铣高。端铣刀一般直接安装在铣床的主轴端部，悬伸长度较小，刀具系统的刚性好，而圆柱铣刀安装在细长的刀轴上，刀具系统的刚性远不如端铣刀；端铣刀可以方便地镶装硬质合金刀片，而圆柱铣刀多采用高速钢制造。在端铣时可以采用高速铣削，大大地提高了生产率，同时还可以提高已加工表面的质量。

③ 周铣的适应性好于端铣。周铣便于使用各种结构形式的铣刀铣削斜面、成形表面、台阶面、各种沟槽和切断等。

2. 顺铣和逆铣

1）顺铣

顺铣是在切削部位刀齿的旋转方向与工件的进给方向相同的铣削方式。如图 8-34 所示。在顺铣时，刀齿的切削厚度从最大到零，容易切下切削层，刀齿磨损较少，已加工表面质量较高。顺铣法可提高刀具耐用度 2～3 倍。切削力的方向使工件紧压在工作台上，所以加工比较平稳。如果工件表面有硬皮，易打刀，铣刀很易磨损。在顺铣时作用于工件上的进给力 F_f 与其进给方向相同，此时如果铣床工作台下面的传动丝杠与螺母之间的间隙较大，则 F_f 有可能使工作台连同丝杠一起沿进给方向移动，导致丝杠与螺母之间的间隙转移到另一侧面上去，引起进给速度时快时慢，影响工件表面粗糙度，有时甚至会因进给量突然增加很多而损坏铣刀刀齿。

2）逆铣

逆铣是在切削部位刀齿的旋转方向与工件的进给方向相反的铣削方式。如图 8-35 所示。在逆铣时，刀齿的切削厚度从零至最大。当切削厚度为零时，刀齿在工件表面上挤压和摩擦，刀齿较易磨损并影响已加工表面质量。在逆铣时刀齿作用于工件上的垂直进给力 F_V 朝上有挑起工件的趋势，这就要求工件装夹紧固。当工件表面有硬皮时，对刀齿没有直接影响。作用于工件上的进给力 F_f 与其进给方向相反，使铣床工作台进给机构中的丝杠螺母始终保持良好的右侧面接触，因此进给速度比较平稳。

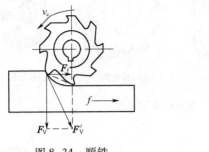

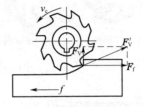

图 8-34　顺铣　　　　　　　　　　　图 8-35　逆铣

（三）铣刀

铣刀是用于铣削加工的刀具，通常具有几个刀齿，结构比较复杂。铣刀种类很多，常用铣刀按用途分为铣平面用铣刀（见图 8-36）、铣沟槽用铣刀（见图 8-37）、铣成形面用铣刀（见图 8-38）和铣成形沟槽用铣刀（见图 8-39）。

(a) 圆柱铣刀　　　　　　(b) 套式面铣刀　　　　　　(c) 机夹面铣刀

图 8-36　铣平面用铣刀

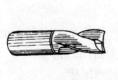

(a) 键槽铣刀　　　　　　(b) 盘形槽铣刀　　　　　　(c) 立铣刀

(d) 镶齿三面刃铣刀　　(e) 三面刃铣刀　　(f) 错齿三面刃铣刀　　(g) 锯片铣刀

图 8-37　铣沟槽用铣刀

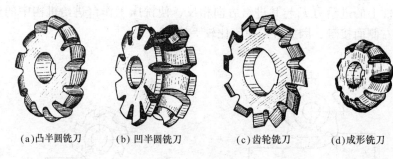

(a)凸半圆铣刀　　(b) 凹半圆铣刀　　(c) 齿轮铣刀　　(d) 成形铣刀

图 8-38　铣成形面用铣刀

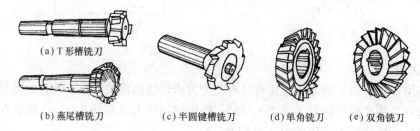

(a) T 形槽铣刀

(b) 燕尾槽铣刀　　(c) 半圆键槽铣刀　　(d) 单角铣刀　　(e) 双角铣刀

图 8-39　铣成形沟槽用铣刀

按结构形式不同铣刀分为带孔铣刀和带柄铣刀两种。

（1）带孔铣刀。多用于卧式铣床。常用铣刀有以下几种。

① 圆柱铣刀。用其周刃铣削中小型平面。

② 三面刃铣刀。铣削小台阶面、直槽和四方或六方螺钉小侧面。

③ 锯片铣刀。铣削窄缝或切断。

④ 盘状模数铣刀。属于成形铣刀，用于铣削齿轮的齿形槽。

⑤ 角度铣刀。属于成形铣刀，加工各种角度槽和斜面。

⑥ 半圆弧铣刀。属于成形铣刀，用于铣削内凹和外凸圆弧表面。

（2）带柄铣刀。多用于立式铣床，有时亦可用于卧式铣床。常用铣刀有以下几种。

① 镶齿端铣刀。铣削较大的平面，可进行高速铣削。

② 立铣刀。端部有 3 个以上的刀刃，用于铣削直槽、小平面、台阶平面和内凹平面等。

③ 键槽铣刀。端部只有两个刀刃，专门用于铣削轴上封闭式键槽。

④ T 形槽铣刀和燕尾槽铣刀。分别用于铣削 T 形槽和燕尾槽。

五、刨削、插削和拉削加工

刨床、插床和拉床的主运动都是直线运动，因此也称它们为直线运动机床。

（一）刨削加工

1. 刨床

刨削加工是用刨刀对工件做水平直线往复运动的切削加工方法。刨床是完成刨削加工的必须设备，常用刨床有牛头刨床和龙门刨床两种类型。图 8-40 所示为刨床外形图。

刨削加工

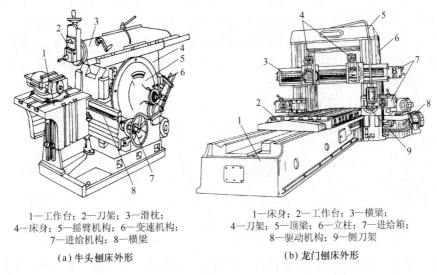

1—工作台；2—刀架；3—滑枕；　　　　1—床身；2—工作台；3—横梁；
4—床身；5—摇臂机构；6—变速机构；　　4—刀架；5—顶梁；6—立柱；7—进给箱；
7—进给机构；8—横梁　　　　　　　8—驱动机构；9—侧刀架

(a) 牛头刨床外形　　　　　　　　(b) 龙门刨床外形

图 8-40　刨床外形

刨床类机床的主运动是刀具或工件所做的直线往复运动。它只在一个方向上进行切削，称为工作行程，返程时不进行切削，称为空行程。当空行程时刨刀抬起，以便让刀，避免损伤已加工表面和减少刀具的磨损。进给运动是刀具或工件沿垂直于主运动方向所做的间歇运动。它主要用于加工各种平面和沟槽，如图 8-41 所示。

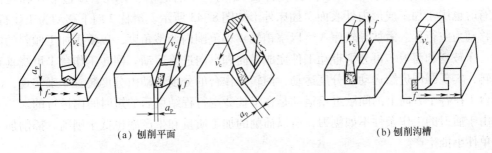

(a) 刨削平面　　　　　　　　　　　　(b) 刨削沟槽

图 8-41　牛头刨床加工平面和沟槽

由于刨刀结构简单，刃磨方便，所以在单件、小批生产中加工形状复杂的表面比较经济，但由于其主运动反向时需克服较大的惯性力，限制了切削速度和空行程速度的提高，同时还存在空行程所造成的时间损失，因此，在大多数情况下其生产率较低。这类机床一般适用于单件、小批生产，特别在机修和工具车间是常用的设备。

2. 刨削加工的工艺特点

（1）加工质量。刨削为直线往复运动，在切入、切出时有较大的冲击振动，影响了加工表面质量。刨平面的尺寸公差等级一般可达 IT9～IT8 级，表面粗糙度 Ra 值为 6.3～1.6 μm，刨削的直线度较高，可达 0.04～0.08 mm/m。在龙门刨床上用宽刃刨刀，当以很低的切削速度精刨时，可以提高刨削加工质量。在刨床上加工床身、箱体等平面，易于保证各表面之间的位置精度。

（2）生产率。由于刨床一般只用单刃刨刀进行加工，在刨削时有空行程，且每往复行程伴有两次冲击，从而限制了切削速度和空行程速度的提高，因此，在大多数情况下其生产率较低，但是，对于窄长平面或在龙门刨床上进行多件、多刀切削时，则有较高的生产率。

（3）加工成本。机床结构简单，操作方便；刨刀为单刃刀具（见图 8-42），制造方便，容易刃磨，所以机床、刀具的费用较低。

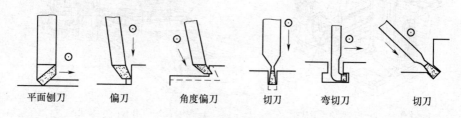

| 平面刨刀 | 偏刀 | 角度偏刀 | 切刀 | 弯切刀 | 切刀 |

图 8-42　刨刀

（4）加工范围。刨削可以适应多种表面的加工，如平面、V 形槽、燕尾槽、T 形槽及成形表面等，特别适用于加工窄长平面。

（5）适用范围。刨削一般用在单件小批或修配生产中。牛头刨床适合于加工中小型工件；龙门刨床主要用来加工大型工件或同时加工多个中小型工件。

（二）插削加工

插削是在插床上进行的，插床实质上是立式刨床。插床的主运动是滑枕带着刀具所做的直线往复运动，主要用于加工工件的内表面，如内孔中的键槽、方孔、多边形孔和花键孔等，有时也用于加工成形内外表面。插床外形如图 8-43 所示。滑枕 2 向下移动为工作行程，向上移动为空行程。滑枕导轨座 3 可以绕销轴 4 小范围内调整角度，以便于加工倾斜的内外表面。床鞍 6 和溜板 7 可分别带动工件完成横向和纵向进给运动。回转工作台 1 可绕垂直轴线旋转，实现圆周进给运动或分度运动，回转工作台的分度运动由分度装置 5 来实现，回转工作台 1 在各个方向上的间歇进给运动是在滑枕 2 空行程结束后的短时间内进行的。

由于插刀的工作条件不如刨刀，所以插削的加工质量和生产率也低于刨削。插削加工适用于单件小批生产。

（三）拉削加工

拉削是利用拉刀在拉床上进行的一种高效的先进加工方法，多用于大批大量生产，加工要求较高且面积不太大的表面。当拉削面积较大时，为减小拉削力，也可采用如图 8-44 所示的渐进式拉刀进行加工。

在拉削时，拉刀经过工件被加工表面一次走刀成形，故所需拉床的运动比较简单，只有主运动（拉刀的直线移动），而没有进给运动。进给运动是由后一个刀齿较前一个刀齿递增一个齿升量的拉刀完成的。

拉床的主参数是额定拉力，常用额定拉力为 50～400 kN。如 L6120 型卧式内拉床的额定拉力为 200 kN。

常用的拉床，按加工的表面可分为内表面拉床和外表面拉床两类；按机床的布局形式可分为卧式拉床和立式拉床两类。此外，还有连续式拉床和专用拉床。图 8-45 所示是卧式拉床的外形图。

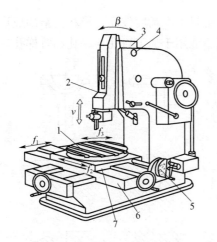

1—回转工作台；2—滑枕；3—滑枕导轨座；4—销轴；
5—分度装置；6—床鞍；7—溜板

图 8-43　插床外形图

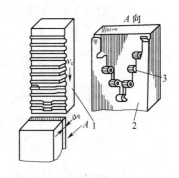

1—拉刀；2—工件；3—切屑

图 8-44　渐进式拉刀拉削平面

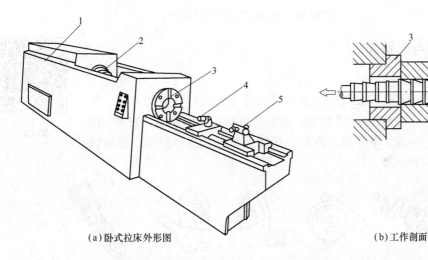

（a）卧式拉床外形图　　　　　　　　　　　（b）工作剖面

1—床身；2—液压缸；3—支承座；4—滚柱；5—护送夹头；6—工件

图 8-45　卧式拉床

拉削的工艺特点如下。

（1）生产率高。拉刀是多刃刀具，一次行程可完成粗切、半精切、精切、校正和修光等工作。

（2）加工精度高、表面粗糙度小。由于拉削的切削速度较低，切削过程平稳，避免了积屑瘤的出现，加之校准部分的作用，因此，可获得较好的加工质量。一般拉孔的精度为IT8～IT7，表面粗糙度 Ra 值为 $0.8～0.4~\mu m$。

（3）拉床结构简单，刀具寿命长。拉削的运动简单，只有一个主运动。拉刀的结构和形状复杂，精度和表面质量要求高，制造成本高，但拉削时速度低，刀具磨损慢，拉刀的寿命长。

（4）拉削应用范围广。拉削加工主要用来加工各种形状的通孔，如圆孔、方孔、多边形孔和内齿轮等，以及加工各种沟槽，如键槽、T 形槽、燕尾槽等。外拉削可加工平面、成形面和外齿轮等。如图 8-46 所示。

拉削加工主要用于大批量生产，对单件、小批量生产精度较高、形状复杂的成形面，若其他方法加工困难时，也可以采用拉削加工，但不能用于加工盲孔、深孔和阶梯孔等。

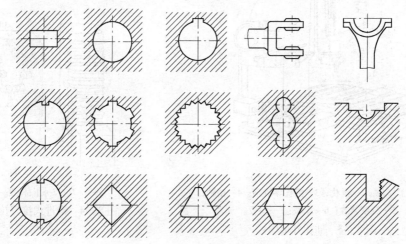

图 8-46　适于拉削的典型表面形状

六、磨削与光整加工

（一）磨削加工

磨削加工是用磨具以较高的线速度对工件表面进行加工的方法，其工艺范围非常广泛，如图 8-47 所示，不但可以加工各种表面，如内外圆柱面和圆锥面、平面、渐开线齿廓面、螺旋面及各种成形面等，还可以刃磨刀具和进行切断等。

磨削加工

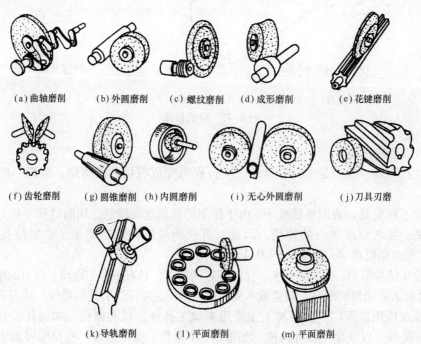

(a) 曲轴磨削　　(b) 外圆磨削　　(c) 螺纹磨削　　(d) 成形磨削　　(e) 花键磨削

(f) 齿轮磨削　(g) 圆锥磨削　(h) 内圆磨削　　(i) 无心外圆磨削　　(j) 刀具刃磨

(k) 导轨磨削　　(l) 平面磨削　　(m) 平面磨削

图 8-47　磨削加工的工艺范围

1. 磨床

磨床是以磨料磨具（如砂轮、砂带、油石、研磨料）为工具进行磨削加工的机床。磨床的种类很多，为了适应磨削各种加工表面、工件形状及生产批量的要求，按照用途和采用的工艺方法不同，可分为以下几类。

（1）外圆磨床。主要用于磨削回转表面。包括普通外圆磨床、万能外圆磨床、半自动宽砂轮外圆磨床、端面外圆磨床和无心外圆磨床等。

（2）内圆磨床。主要用于磨削内回转表面。包括内圆磨床、无心内圆磨床和行星内圆磨床等。

（3）平面磨床。用于磨削各种平面。包括卧轴矩台平面磨床、立轴矩台平面磨床、卧轴圆台平面磨床和立轴圆台平面磨床等。

（4）工具磨床。用于磨削各种工具，如样板、卡板等。包括工具曲线磨床和钻头沟槽磨床等。

（5）刀具刃磨床。用于刃磨各种切削刀具。包括万能工具磨床（能刃磨各种常用刀具）、拉刀刃磨床和滚刀刃磨床等。

（6）各种专门化磨床。是专门用于磨削某一类零件的磨床，如曲轴磨床、凸轮轴磨床、花键轴磨床、活塞环磨床、齿轮磨床和螺纹磨床等。

（7）研磨机。以研磨剂为切削工具，用于对工件进行光整加工，以获得很高的精度和很细的表面粗糙度。

（8）其他磨床。有珩磨机、抛光机、超精加工机床和砂轮机等。

2. 砂轮

砂轮是磨削的切削工具，它是由磨粒和结合剂构成的多孔物体。磨粒、结合剂和空隙是构成砂轮的三要素。

磨粒直接担负着切削工作，因此必须要锋利和坚韧。常见的磨粒有刚玉类（适用于磨削钢料及一般刀具）和碳化硅类（适用于磨削铸铁、青铜等脆性材料及硬质合金刀具）两类。

磨粒的大小用粒度表示。粒度号越大，磨粒越小。粗磨粒适用于粗加工及软材料，细磨粒适用于精加工。

为适应于不同表面形状与尺寸的加工，磨粒可用结合剂黏结成各种形状和尺寸，如图 8-48 所示。工厂中常用的是陶瓷结合剂。磨粒黏结越牢，砂轮的硬度就越高。

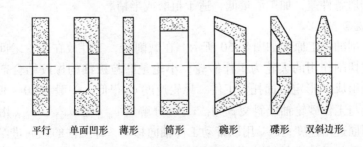

平行　单面凹形　薄形　筒形　碗形　碟形　双斜边形

图 8-48　砂轮的形状

3. 磨削方法

1）外圆磨削

外圆磨削是用砂轮外圆周面来磨削工件的外回转表面。它不仅能加工圆柱面、端面（台阶部分），还能加工球面和特殊形状的外表面等。外圆磨削方法如图8-49所示，有纵磨法、横磨法、混合磨削法和深磨法4种。

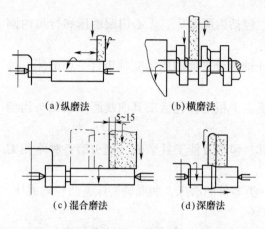

(a) 纵磨法　　　(b) 横磨法

(c) 混合磨法　　(d) 深磨法

图 8-49　外圆磨削方法

（1）纵磨法。砂轮高速旋转为主运动，工件旋转并和磨床工作台一起做往复直线运动，分别为圆周进给运动和纵向进给运动，每当工件一次往复行程终了时，砂轮做周期性的横向进给（背吃刀量），逐渐磨去全部磨削余量。

（2）横磨法。又称切入法，工件不做纵向移动，而由砂轮以慢速做连续的横向进给，直至磨去全部磨削余量。

（3）混合磨法。先用横磨法将工件分段进行粗磨，各段留精磨余量，相邻两段有一定量的重叠，最后再用纵磨法进行精磨。复合磨削法综合了横磨法效率高、纵磨法质量好的优点。

（4）深磨法。在一次纵向进给中磨去全部磨削余量。此方法生产率较高，但砂轮修整复杂，并且要求工件的结构必须保证砂轮有足够的切入和切出长度。

2）内圆磨削

一般采用纵磨法。在大批量生产中，采用内圆磨床磨孔；在单件小批量生产中，采用万能外圆磨床的内圆磨头磨孔。

3）平面磨削

常见的平面磨削方式有两种。

（1）周磨法。砂轮与工件接触面小，散热、排屑条件好，加工质量好，但刚性小，磨削用量较小，生产率低，适于精磨。

（2）端磨法。砂轮轴伸出短，刚性好，磨削用量较大，生产率高，但砂轮与工件接触面大，散热、排屑条件差，加工质量低，适于粗磨或半精磨。

4）无心外圆磨削

无心外圆磨削的加工原理如图8-50所示。在磨削时，工件放在两轮之间，下方有一托板，在旋转时起切削作用的大轮为工作砂轮，小轮是磨粒极细的橡胶结合剂砂轮，称为导轮，两轮与托板组成V形定位面托住工件。导轮速度 $v_导$ 很低，一般为 20～30 m/min，无切削能力，其轴线与工作砂轮轴线斜交 β 角。$v_导$ 可分解成 $v_{垂直}$ 与 $v_{水平}$，$v_{垂直}$ 用以带动工件旋转，即工件的圆周进给速度；$v_{水平}$ 用以带动工件轴向移动，即工件的纵向进给速度。为了使工件定位稳定，并与导轮有足够的摩擦力矩，必须把导轮与工件接触部位修整成直线。因此，导轮圆周表面为双曲线回转面。

当无心磨削时，工件不需要装夹，如果配置上装卸工件的机构，则容易实现自动化生产，因此，无心外圆磨削主要用于大批大量生产的细长光轴、轴销和小套等。

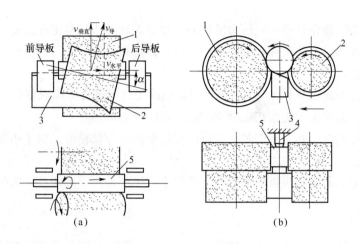

1—磨削砂轮；2—导轮；3—托板；4—挡块；5—工件
图 8-50　无心外圆磨削

4. 磨削加工的特点

（1）适合磨削硬度很高的淬硬钢件及其他高硬度的特殊金属材料和非金属材料。

（2）加工精度高、表面粗糙度小。由于磨粒的刃口半径小，能切下一层极薄的材料；又由于砂轮表面上同时参加切削的磨粒很多，磨削速度高（30～35 m/s），在工件表面上形成细小而致密的网络磨痕；另外，磨床本身精度高、液压传动平稳，因此，磨削的加工精度高（IT7～IT5）、表面粗糙度小（$Ra = 0.32 \sim 1.25~\mu m$）。在超精磨削和镜面磨削中，表面粗糙度值可分别达到 $Ra~0.04 \sim 0.08~\mu m$ 和 $Ra~0.01~\mu m$。

（3）磨削温度高。由于具有较大负前角的磨粒在高压和高速下对工件表面进行切削、划沟和滑擦作用，砂轮表面与工件表面之间的摩擦非常严重，消耗功率大，产生的切削热多。又由于砂轮本身的导热性差，因此，大量的磨削热在很短的时间内不易传出，使磨削区的温度很高，有时高达800～1 000 ℃。

（4）砂轮有自锐性。砂轮的自锐性可使砂轮进行连续加工，这是其他刀具没有的特性。

（5）磨削的背向力大。在磨削外圆时，总磨削力分解为磨削力 F_c、进给力 F_f 和背向力 F_p 3 个相互垂直的分力，如图 8-51 所示。磨削力 F_c 决定磨削时消耗功率的大小，在一般切削加工中，切削力 F_c 比背向力 F_p 大得多；而在磨削时，背向磨削力 F_p 大于磨削力 F_c（一般为 2～4 倍）。进给力最小，一般可忽略不计。

因此，磨床广泛地应用于零件的精加工，尤其是淬硬钢件和高硬度特殊材料的精加工。

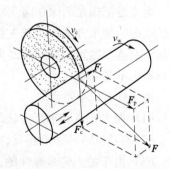

图 8-51　磨削力分解

（二）光整加工

光整加工是指精加工后，从工件上不切除或切除极薄的金属层，用以降低工件表面粗糙度或强化其表面的过程。研磨、珩磨和抛光是生产中经常采用的光整加工方法。

1. 研磨

研磨是把研磨剂放在具有一定压力的做复杂相对运动的研具与工件之间，通过研磨剂的微量切削及化学作用，去除工件表面的微小余量，以提高尺寸精度、形状精度和降低表面粗糙度的精加工方法。

研磨余量一般不超过 0.01~0.03 mm，研磨前的工件应进行精车或精磨。研磨可以获得IT5~IT3 的尺寸公差等级，表面粗糙度 Ra 值为 0.1~0.008 μm。

研磨可加工外圆面、孔、平面等，还可以提高平面的形状精度，对于小型平面研磨还可减小平行度误差。

研磨方法有手工研磨和机械研磨两种。单件小批生产采用手工研磨，大批量生产采用机械研磨。

2. 珩磨

珩磨是利用珩磨工具对工件表面施加一定压力，珩磨工具同时做相对回转和直线往复运动，从而切除工件上极小余量的精加工方法。珩磨加工主要用于孔的光整加工，能加工的孔径范围为 $\phi 5 \sim \phi 500$ mm，并可加工深径比大于 10 的深孔。

珩磨的特点如下。

（1）珩磨能提高孔的尺寸精度（可达 IT6~IT5）、形状精度，降低表面粗糙度（Ra 值为 0.1~0.025 μm），但不能提高位置精度。

（2）生产率较高。由于珩磨时有多个油石条同时工作，并经常变化切削方向，能较长时间保持磨粒锋利，所以珩磨的效率较高。

（3）珩磨表面耐磨性好。这是因为已加工表面是交叉网纹结构，有利于油膜的形成，所以，润滑性能好，表面磨损缓慢。

（4）不宜加工有色金属。珩磨实际上是一种特殊的磨削，为了避免堵塞油石，不宜加工塑性较大的有色金属零件。

（5）珩磨头结构复杂，调整时间较长。

3. 抛光

抛光是把抛光剂涂在抛光轮上，利用机械及化学或电化学的作用，使工件获得光亮而平整的表面的加工方法。抛光主要用作零件表面的修饰加工、电镀前的预加工或消除前道工序的加工痕迹。抛光零件的表面类型不受限制，可以是外圆、内孔、平面及各种成形面。抛光的材料也不受限制。

抛光具有以下特点。

（1）抛光工具和加工方法简单，成本低。

（2）只能降低表面粗糙度，不能提高精度。经过抛光，粗糙度 Ra 值可达 0.1~0.012 μm。

（3）由于抛光轮是弹性的，能与曲面相吻合，故易于实现曲面抛光，便于对模具型腔进行光整加工。

（4）抛光多为手工操作，工作繁重，飞溅的磨粒、介质、微屑等污染工作环境，故劳动条件很差。

（5）抛光只能用于表面装饰及金属件电镀前的准备工序。

■**任务实施**

机械零件尽管多种多样，仔细分析会发现它们都是由外圆、内孔、平面、螺纹、齿形等常见表面所组成的。零件的加工过程，实际上是这些表面的加工过程。对各种表面加工方案的分析和选择，是正确制定各种零件加工工艺的基础。

每一种表面的加工常有多种方法，在实际生产中应根据工件的结构形状、材料种类、精度要求、粗糙度要求、批量大小及具体的生产条件等因素选择。下面介绍常见表面的加工方案。

（一）外圆表面的加工

外圆表面是轴类和盘套类零件的基本表面，其加工在零件加工中是很常见的。

（1）外圆表面的技术要求主要包括形状精度（尺寸精度、圆度和圆柱度等）、位置精度（同轴度和垂直度等）、表面质量（表面粗糙度、硬度和残余应力等）。

（2）常见外圆表面加工方案分析。常用外圆表面加工方法有车削（粗车、半精车和精车）、磨削（粗磨、半精磨和精磨）、精整和光整加工（研磨、抛光）、特种加工（电火花、超声波）。各种加工方法所获得的效果不同，因此，应根据具体情况进行合理选择。各种外圆表面的加工方案见表 8-1。

表 8-1　外圆表面加工方案

序号	加工方案	经济精度级（公差等级）	表面粗糙度 $Ra/\mu m$	适用范围
1	粗车	IT13～IT11	50～12.5	淬火钢以外的各种金属
2	粗车—半精车	IT10～IT8	6.3～3.2	
3	粗车—半精车—精车	IT8～IT7	1.6～0.8	
4	粗车—半精车—精车—滚压	IT8～IT7	0.2～0.025	
5	粗车—半精车—精磨	IT8～IT6	0.8～0.4	主要用于淬火钢，也可用于未淬火钢，不适用有色金属
6	粗车—半精车—粗磨—精磨	IT7～IT6	0.4～0.1	
7	粗车—半精车—粗磨—精磨—超精加工	IT5	0.1～0.012	
8	粗车—半精车—精车—精细车	IT7～IT6	0.4～0.025	主要用于要求较高的有色金属
9	粗车—半精车—粗磨—精磨—超精磨	IT5 以上	0.025～0.006	高精度的外圆加工
10	粗车—半精车—粗磨—精磨—研磨	IT5 以上	0.1～0.012	
11	旋转电火花	IT8～IT6	6.3～0.8	高硬度导电材料
12	超声波套料	IT8～IT6	1.6～0.8	脆硬的非金属材料

（二）内孔的加工

内孔也是组成零件的基本表面，是盘套类和支架箱体类零件的重要表面之一。

（1）内孔的技术要求。与外圆表面的技术要求基本相似，也有形状精度、位置精度、表面质量等要求。

（2）常见内孔加工方案分析。常用内孔加工方法有车削、钻削、镗削、拉削、磨削、特种加工等。各种内孔的加工方案见表8-2。

表8-2　内孔加工方案

序号	加工方案	经济精度级（公差等级）	表面粗糙度 $Ra/\mu m$	适用范围
1	钻	IT12～IT11	12.5	为淬火钢、铸铁及有色金属
2	钻—铰	IT9	3.2～1.6	
3	钻—铰—精铰	IT8～IT7	1.6～0.8	
4	钻—扩	IT11～IT10	12.5～6.3	
5	钻—扩—铰	IT9～IT8	3.2～1.6	
6	钻—扩—粗铰—精铰	IT7	1.6～0.8	
7	钻—扩—机铰—手铰	IT7～IT6	0.8～0.4	
8	钻—扩—拉	IT9～IT7	1.6～0.1	大批量生产
9	粗镗（或扩孔）	IT12～IT11	12.5～6.3	除淬火钢外，毛坯有孔的材料
10	粗镗（粗扩）—半精镗（精扩）	IT9～IT8	3.2～1.6	
11	粗镗（粗扩）—半精镗（精扩）—精镗（铰）	IT8～IT7	1.6～0.8	
12	粗镗（粗扩）—半精镗（精扩）—精镗—浮动镗刀精镗	IT7～IT6	0.8～0.4	
13	粗镗（粗扩）—半精镗（精扩）—磨孔	IT8～IT7	0.8～0.2	主要用于淬火钢
14	粗镗（粗扩）—半精镗（精扩）—粗磨—精磨	IT7～IT6	0.2～0.1	
15	粗镗—半精镗—精镗—金刚镗	IT7～IT6	0.4～0.05	有色金属
16	钻—扩—粗铰—精铰—珩磨	IT7～IT6	0.2～0.025	精度要求很高的孔
17	钻—扩—拉—珩磨	IT7～IT6	0.2～0.025	
18	粗镗—半精镗—精镗—珩磨	IT7～IT6	0.2～0.025	
19	以研磨代替珩磨	IT6以上		
20	电火花穿孔	IT8～IT7	3.2～0.4	高硬度导电材料
21	超声波穿孔		1.6～0.1	脆硬的非金属材料
22	激光打孔		0.4～0.1	各种材料

（三）平面加工

平面是机械零件的基本表面，是组成平板、支架、箱体、机座等零件的主要表面之一。

（1）平面的技术要求主要包括形状精度（平面度、直线度等）、位置精度（平行度和垂直度等)、表面质量(表面粗糙度、硬度和残余应力等)。

(2)常见平面加工方案分析。常用的平面加工方法有车削、铣削、刨削、刮削、磨削、特种加工等。各种平面的加工方案见表 8-3。

表 8-3　平面加工方案

序号	加工方案	经济精度级(公差等级)	表面粗糙度 $Ra/\mu m$	适用范围
1	粗车—半精车	IT9	6.3~3.2	回转体零件的端面
2	粗车—半精车—精车	IT3~IT7	1.6~0.8	
3	粗车—半精车—磨削	IT8~IT6	0.8~0.2	
4	粗刨(或粗铣)—精刨(或精铣)	IT10~IT8	6.3~1.6	精度要求不太高的不淬硬平面
5	粗刨(或粗铣)—精刨(或精铣)—刮研	IT7~IT6	0.8~0.1	精度要求较高的不淬硬平面
6	粗刨(或粗铣)—精刨(或精铣)—磨削	IT7	0.8~0.2	精度要求高的淬硬平面或不淬硬平面
7	粗刨(或粗铣)—精刨(或精铣)—粗磨—精磨	IT7~IT6	0.4~0.02	
8	粗铣—拉	IT9~IT7	0.8~0.2	大量生产,较小的平面(精度视拉刀精度而定)
9	粗铣—精铣—磨削—研磨	IT5 以上	0.1~0.06	高精度平面
10	电解磨削平面		0.8~0.1	高强度、高硬度的导电材料
11	线切割平面		3.2~1.6	高强度、高硬度的导电材料

任务 8-3　零件切削加工工艺过程的制定

■任务引入

如何制定典型零件加工工艺过程?

■任务目标

掌握机械加工工艺过程的基本概念,掌握工件的定位与装夹,了解机床夹具,能制定简单零件的切削加工工艺过程。

■相关知识

在机械制造企业中,常采用各种加工方法将毛坯加工成零件,再将这些零件装配成机械。为了使零件的加工过程满足"质量好、生产率高、成本低"的要求,首先制定零件的加工工艺规程,然后再按照这一工艺规程对零件进行加工。在拟订工艺方案时,除了选择合理的传统工艺装备和工艺方法外,还应密切注意新材料、新技术和新工艺的发展动向,并掌握和应用它们。

一、基本概念

（一）生产过程和工艺过程

在机械制造过程中，将原材料转变为成品的全过程称为生产过程。它包括以下内容：

（1）原材料准备、运输和保管；

（2）生产准备、毛坯的制造；

（3）零件的加工和热处理；

（4）部件和产品的装配；

（5）产品的质量检查及运行调试；

（6）产品的油漆和包装等。

为便于生产的组织、保证质量、提高生产率和降低成本，一种产品的生产往往是由许多企业联合完成的，例如，机床或汽车的制造，常有冶金厂、铸造厂、标准件厂等与整机厂相配合，共同完成整台机床或汽车的生产过程。一个企业的生产过程又由多个车间的生产过程组成。例如，铸造和锻造车间的成品（铸件和锻件）是机械加工车间的原材料（毛坯），而机械加工车间的成品则是装配车间的"原材料"。

在生产过程中用加工的方法改变生产对象的形状、尺寸、相对位置和性质等使其成为成品或半成品的过程，称为工艺过程。工艺过程又可分为铸造、锻造、冲压、焊接、机械加工、热处理、电加工、装配等多种工艺过程。机械加工工艺过程在当前的产品生产过程中占据重要地位，它是指用切削加工或特种加工方法，直接改变毛坯的形态，达到预定的形状、尺寸和表面质量要求，使之成为合格零件的全过程。在装配车间的生产过程中，将零件装配成机器的过程称为装配工艺过程。

（二）工艺过程的组成

由于零件加工表面的多样性、设备加工范围的局限性、零件精度要求及产量的不同，一个零件完整的加工工艺过程往往是在不同的机床上采用不同的加工方法完成的。因此，零件的加工工艺过程还可细分为多个加工层次，并据此组织生产、分配任务、确定工时定额。

1. 工序

工序是工艺过程的基本组成部分，是指一个或一组工人在一个工作地对同一个或同时对几个工件所连续完成的那一部分工艺过程。工序划分的主要依据是加工过程中工作地点是否改变和工作是否连续。如图8-52（a）所示零件，对4个小孔的加工分两步进行，钻孔加工和扩孔加工，如果一批工件中的每个零件都是在同一台钻床上连续完成先钻孔后扩孔的加工操作，则钻孔和扩孔加工属于同一工

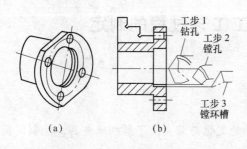

图8-52　工艺过程的组成

序。如果将全批工件都先进行钻孔加工，然后再对该批工件进行扩孔加工，则对其中任何一个工件来说，其钻孔和扩孔的加工操作虽然是在同一部机床上完成的，但不是连续进行的，所以这样的钻孔和扩孔是两个不同的工序。

2. 工步

工步是工序的基本组成部分，指在加工表面和加工工具不变的情况下所连续完成的那部

分工序。如图 8-52（b）所示，在加工孔的工序中，就有钻孔、镗孔和镗环槽 3 个工步。

3. 复合工步

复合工步是指为了提高生产率，用几把刀具同时加工几个表面的工步。如图 8-53 所示用 3 把刀同时加工出零件的两个外圆、端面和一个孔的加工过程就是复合工步。复合工步常用在多刀多轴机床上，在工艺规程中视为一个工步。

4. 安装

安装是指工件（或装配单元）经一次装夹后所完成的那一部分工序。在一个工序中至少有一次安装，也可以有多次安装。如图 8-54 所示的阶梯轴，在其加工工艺过程中，表 8-4 中的工序 1 和工序 2 都是两次安装；而表 8-5 的第二方案的工艺过程中，各工序只有一次安装。在零件加工过程中，为保证加工质量和提高生产效率，应尽量减少安装次数。

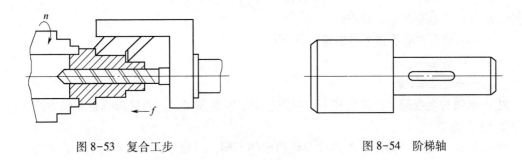

图 8-53　复合工步　　　　　　　　　图 8-54　阶梯轴

表 8-4　工艺过程方案一（单件小批生产）

工序	内　容	设　备
1	车端面、打中心孔；调头，车另一端面、打中心孔	车床
2	车大外圆及倒角；调头，车小外圆及倒角	车床
3	铣键槽；去毛刺	铣床

表 8-5　工艺过程方案二（大批量生产）

工序	内　容	设　备
1	铣两端面；打中心孔	专用机床
2	车大外圆及倒角	车床
3	车小外圆及倒角	车床
4	铣键槽	键槽铣床
5	去毛刺	钳工工作台

5. 工位

工位是指为了完成一定的工序部分，一次装夹工件后，工件（或装配单元）与夹具或设备的可动部分一起相对刀具或设备的固定部分所占据的每一个位置。为了减少安装次数，常采用回转夹具、回转工作台和其他移位夹具，使工件在一次安装中先后处于几个不同的位置进行加工。图 8-55 所示是一个具有四工位加工的实例，在工件一次安装中可顺次完成对工件的装卸、钻孔、扩孔和铰孔的 4 种工作，这样可以提高加工精度和生产率。

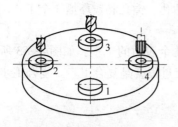

工位 1—装卸工件；工位 2—钻孔；
工位 3—扩孔；工位 4—铰孔
图 8-55　多工位加工

6. 走刀

走刀是指刀具以加工进给速度相对工件所完成一次进给运动的工步部分。在一个工步中，当被切削的材料层较厚，一次不能全部切除时，需分几次切除，而每切去一层材料就是一次走刀，所以，一个工步可包括一次或几次走刀。

（三）生产纲领与生产类型

1. 生产纲领

生产纲领是指企业在计划期内应当生产的产品产量和进度计划。计划期为一年的生产纲领称为年生产纲领。包括备品和废品在内的年产量为

$$N = Qn(1 + a)(1 + b)$$

式中：Q ——产品年产量，件/年；

　　　n ——每台产品中该零件数量，件/台；

　　　a ——备品率，%；

　　　b ——废品率，%。

生产纲领对企业的生产过程和生产组织起决定性的作用，它直接影响企业的生产效益。

2. 生产类型

根据企业（或生产单元）生产专业化程度的不同，一般分为 3 种不同的生产类型。

（1）单件生产。指生产的产品种类多，每种产品生产的数量少，只有一个或几个，很少重复生产。如重型机械、专用设备、大型船舶的制造和试制新产品等。

（2）成批生产。指一年中分批地制造相同的产品，制造过程有一定的重复性。根据批量的大小，又可分为小批生产、中批生产和大批生产 3 种类型。其中，小批生产工艺过程的特点与单件生产近似，大批生产则与大量生产的工艺特点接近。机床制造是比较典型的成批生产类型。

（3）大量生产。指产品的数量很大，大多数工作地点经常重复地进行某个零件的某一工序的加工。如汽车、拖拉机轴承等的制造。

生产类型不仅取决于生产纲领，也与产品的大小和复杂程度有关。表 8-6 列出了生产纲领与生产类型的关系，各种生产类型的主要工艺特征见表 8-7。

表 8-6　生产纲领与生产类型的关系

生产类型		年生产纲领/（件/年或台/年）		
		重型机械或零件	中型机械或零件	小型机械或零件
单件生产		≤5	≤20	≤100
成批生产	小批生产	5~100	20~200	100~500
	中批生产	100~300	200~500	500~5 000
	大批生产	300~1 000	500~5 000	5 000~50 000
大量生产		>1 000	>5 000	>50 000

表 8-7　各种生产类型的主要工艺特征

特点	单件生产	成批生产	大量生产
加工对象	经常改变	周期性改变	固定不变
毛坯的制造方法及加工余量	铸件用木模，手工造型；锻件用自由锻。毛坯精度低，加工余量大	部分铸件用金属模；部分锻件采用模锻。毛坯精度及加工余量中等	铸件广泛采用金属模机器造型；锻件广泛采用模锻。毛坯精度高，加工余量小
机床设备及其布置形式	采用通用机床或数控机床。机床按类别和规格大小采用"机群式"排列布置	采用部分通用机床和部分专用机床，机床设备按加工类别分"工段"排列布置	广泛采用专用机床及自动生产线，按流水线形式排列布置
工艺装备	多采用通用夹具，很少采用专用夹具，靠划线及试切法达到尺寸精度。采用通用刀具和万能量具	广泛采用专用夹具或组合夹具，部分靠划线进行加工。较多采用专用刀具和专用量具	广泛采用先进高效夹具，靠夹具及调整法达到加工要求。广泛采用高生产率的刀具和量具
对操作人员的要求	需要技术熟练的操作工	需要有一定技术熟练程度的操作工人和编程人员	对操作工人的技术要求较低；对调整工人的技术要求较高
工艺文件	制定简单的工艺过程卡片	有较详细的工艺规程，对重要零件需编制工序卡片	有详细的工艺文件
零件的互换性	互换性低，广泛采用钳工修配	零件大部分有互换性，少数用钳工修配	零件全部有互换性，某些配合要求很高的零件采用分组互换
生产率	低	中等	高
单件加工成本	高	中等	低

二、工件的装夹

在进行机械加工时，为了加工出符合规定技术要求的表面，必须在加工前将工件装夹在机床或夹具上。装夹的目的就是实现工件的定位与夹紧。定位和夹紧是两个不同的概念，定位是指工件在机床或夹具中占有正确位置的过程。夹紧是指工件定位后将其固定，使其在加工过程中不致因受力而偏离正确的位置保持定位位置不变的操作。一般是先定位后夹紧，但也有定位和夹紧同时完成的，如在三爪卡盘上装夹工件。工件装夹情况的好坏，不但影响加工精度和产品质量，而且还影响生产率及加工成本。

（一）工件的装夹方式

工件的装夹方式随工件的大小、加工精度和批量的大小不同而不同，常用方法有 3 种，即直接找正装夹法、划线找正装夹法和专用夹具装夹法。

1. 直接找正装夹法

工件直接安放在机床工作台或通用夹具（如三爪卡盘、四爪卡盘、平口钳、电磁吸盘等标准附件）上，有时不另行找正即夹紧，如利用三爪卡盘或电磁吸盘安装工件；有时则需要根据工件上某个表面找正工件后再行夹紧，如在四爪卡盘或在机床工作台上安装工件，这种方法效率低，找正精度较高，适用于单件小批量中形状简单的工件。

2. 划线找正装夹法

对于批量不大的重、大、复杂的工件，或者当使用夹具有困难时，往往先在待加工处划好线，然后装夹到机床上，按所划的线进行找正，最后将其夹紧，称为划线找正装夹法。对于形状复杂、余量不均匀的铸、锻件等毛坯，为预防表面加工余量不够而报废，可通过划线调整余量，使加工表面都留有足够的余量。这种方法通用性好，但效率低，精度不高，适用于单件小批量中形状复杂的铸、锻件。

3. 专用夹具装夹法

为某一零件的加工而专门设计和制造的具有定位元件和夹紧装置的夹具，无须进行找正，就可以迅速而可靠地保证工件对机床和刀具的正确相对位置，并可迅速夹紧。

利用专用夹具加工工件，既可保证加工精度，又可提高生产效率，但没有通用性。专用夹具的设计、制造和维修需要一定的投资，所以只有在成批生产或大批大量生产中才能取得比较好的效益。但对于形状特殊的零件（如连杆、曲轴等），在采用其他方法难以保证加工精度时，即使批量不大，也要考虑使用专用夹具装夹。

（二）定位

在设计和加工中，用于确定零件上其他点、线、面位置所依据的那些点、线、面称为基准。按照基准的不同作用，常将其分为设计基准和工艺基准两大类。

1. 设计基准

设计图样上所采用的基准就是设计基准。如图 8-56 所示，端面 A 是端面 B、C 的设计基准，钻套的轴线就是各外圆和内孔的设计基准。

2. 工艺基准

加工、测量、装配过程中使用的基准为工艺基准。工艺基准分为定位基准、测量基准和装配基准。

（1）定位基准。在加工时用于工件定位的基准，称为定位基准。如图 8-57 所示，面 3 是加工孔 4、5 时的定位基准。

（2）测量基准。在加工中或加工后用来测量工件时采用的基准。如图 8-58 所示，钻套内孔是检验 $\phi40$ mm 外圆径向跳动

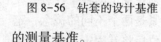

图 8-56　钻套的设计基准

的测量基准。

（3）装配基准。在装配时用来确定零件或部件在产品中相对位置所采用的基准。如图 8-59 所示，轴与齿轮结合处的轴肩端面是齿轮的装配基准。

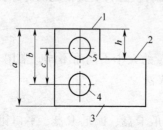

图 8-57　钻孔的定位基准

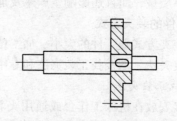

图 8-58　齿轮的装配基准

（三）定位基准的选择

在零件加工过程中，选择合理的定位基准对保证零件的尺寸精度，特别是位置精度起着决定性的作用。定位基准有粗基准和精基准两种。最初工序中采用毛坯上未经加工的表面作为定位的基准称为粗基准；在其后各工序中采用经过加工的表面作为定位的基准称为精基准。

1. 粗基准的选择

粗基准的选择将影响加工表面与不加工表面的相对位置精度及各加工表面是否有足够的余量。在选择时一般应考虑以下问题。

（1）选择不加工表面作为粗基准，若有几个不加工表面，选其中与加工表面位置精度要求高的一个，以保证两者的位置精度。如图 8-59 所示，表面 1 不加工，应作为加工孔 2 和端面的粗基准。

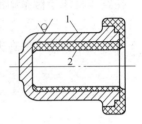

图 8-59 油缸加工粗基准的选择

（2）为保证某重要表面余量均匀，则选择该重要表面本身作为粗基准。如图 8-60 所示，机床床身导轨面是重要的表面，故应选导轨面作粗基准加工床身的底面，然后再以加工过的床身底面作精基准加工导轨面。

（3）若每个表面都加工，则以余量最小的表面作为粗基准，以保证各表面都有足够的余量。如图 8-61 所示，B 面加工余量最小，故应以其为粗基准加工 A、C 外圆面。

（4）粗基准应平整、光滑，无浇冒口、飞边等，定位、夹紧可靠。

（5）粗基准应避免重复使用。在同一尺寸方向上，粗基准通常只允许使用一次，以免产生较大的定位误差。

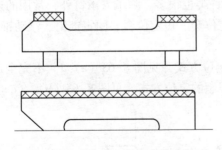

图 8-60 床身加工粗基准的选择

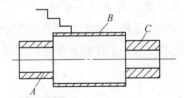

图 8-61 轴加工粗基准的选择

2. 精基准的选择

精基准在选择时，应有利于减少定位误差和保证工件的加工精度并使其装夹准确、牢固、方便。在选择时一般应考虑以下问题。

（1）基准重合原则。为避免定位基准与设计基准不重合而引起的定位误差，应尽可能选择设计基准作为定位基准，即两者重合。

（2）基准统一原则。为保证各加工表面之间的位置精度，避免因基准转换带来的误差，应尽可能选择统一的定位基准、加工工件上尽可能多的表面。另外，采用统一基准加工工件还可以减少夹具种类，降低夹具的设计、制造费用。

（3）互为基准原则。当工件上两个加工表面之间的位置精度要求较高时，常采用两个加工表面互为基准反复加工的方法。例如，床身导轨的加工。

（4）自为基准原则。对于要求加工余量小而均匀的精加工工序，常以加工表面自身作为精基准进行加工。

（5）定位夹紧可靠、方便。为保证定位基准稳固可靠，应选择工件上精度高、尺寸较大的表面作为精基准。此外还应考虑工件装夹和加工方便及夹具设计简单等因素。

（四）工件的定位

1. 六点定位原理

在空间直角坐标系中的任何一个未定位的工件都具有 6 个自由度，即沿 3 个坐标轴的移动自由度 x、y、z 和绕这 3 个坐标轴的转动自由度，如果用适当分布的 6 个支承点消除工件的 6 个自由度，使工件在夹具中位置完全确定，这个原理称为六点定位原理（见图 8-62）。

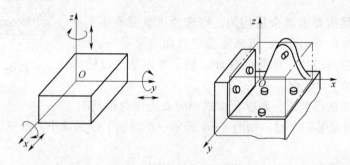

图 8-62　工件的自由度和六点定位

在实际应用中，常把接触面积很小的定位元件支承钉看作是支承点。但由于工件的形状是千变万化的，故用于代替支承点的定位元件的种类也很多，除了支承钉外，常用的还有支承板、长销、短销、长 V 形块、短 V 形块、长定位套、短定位套、固定锥销、浮动锥销等。

2. 完全定位与不完全定位

完全定位是指工件的 6 个自由度全被限制的定位方式［见图 8-63（a）］。不完全定位是指按照技术要求，工件的 6 个自由度没有被全部限制的定位方式［见图 8-63（b）、（c）］。

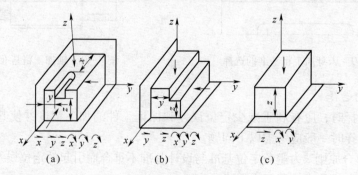

图 8-63　完全定位与不完全定位

3. 欠定位与过定位

欠定位是指应该消除的自由度没有消除。由于欠定位难以保证加工精度，故生产中不允许出现欠定位。过定位是指几个支承点重复限制某个自由度。过定位一般是有害的，一般不允许出现，但有时为了增加工件的刚性也允许过定位存在，如当工件以精基准定位，夹具定位元件精度很高时，即过定位的应用是有条件的。

三、机械加工工艺规程的制定

（一）制定工艺规程的内容、要求和作用

工艺规程是指规定产品或零部件制造工艺过程和操作方法等的工艺文件。它是在具体的生产条件下，将最合理或较合理的工艺过程用图表（或文字）的形式制成文本，用来指导生产、管理生产的文件。工艺规程的内容包括零件的加工工艺路线、各工序基本加工内容、切削用量、工时定额及采用的机床和工艺装备（刀具、夹具、量具、模具）等。制定的工艺规程要能确切地保证加工质量，可靠地达到产品图纸所提出的全部技术要求，并且生产率高，生产成本低，劳动条件好，在这几方面中，保证质量是前提。工艺规程是工厂设计及车间布置的依据，是指导生产的重要技术文件，是组织生产和组织管理的基本依据，在生产中必须严格遵守。

（二）制定工艺规程的原始资料和步骤

1. 制定工艺规程的原始资料

（1）有关图纸：装配图、零件图和毛坯图等，了解产品的用途、性能、工作条件及零件的结构特点，对产品进行工艺分析。

（2）生产纲领：确定生产类型。

（3）现有生产条件：工人技术水平、设备能力、工艺装备制造能力、检测能力和技术支持能力等。

（4）国内外先进经验及技术资料。

2. 制定工艺规程的步骤

（1）分析研究产品图纸并进行工艺审查。重点审查各项技术要求是否合理；零件的结构工艺性是否良好及材料选用是否合理。

（2）毛坯的确定。毛坯选择对零件工艺过程的经济性影响很大，应综合考虑各方面的因素，选择合适的毛坯，以达到成本低、质量好的总体最优效果。

（3）拟订工艺方案。这是制定工艺规程关键性的一步，是进行定性分析的核心内容。一般需要提出几个方案，加以分析比较后确定一个最优方案。包括选择定位基准、确定定位夹紧方法、确定各表面的加工方法、确定工序的集中和分散及安排加工顺序等内容。

（4）确定各工序所使用的设备。设备的选择应遵循的原则：① 机床规格与零件外形尺寸相适应；② 机床精度与工序要求的精度相适应；③ 机床的生产率与零件的生产类型相适应；④ 与现有设备条件相适应；⑤ 如需添加或改装设备，应做出相应计划。

（5）选择工艺装备。即确定各工序所需的刀、夹、量、辅具。

（6）确定各主要工序的技术检验要求和检验方法。

（7）确定各工序的加工余量。即确定相邻两工序的工序尺寸之差。

（8）确定工序尺寸和工序公差。

（9）确定切削用量。在单件小批生产中，常常不具体规定切削用量，由操作者根据具体情况确定；在大批量生产中，一般应根据《机械加工工艺手册》并结合实际生产条件确定。

（10）确定工时定额。工时定额是指规定完成某一工序所用的时间。单件小批生产的工时定额通常根据实践经验估算确定；大批量生产的工时定额要通过计算并参考工人的实践经验确定。

（11）填写工艺文件。把制定出的工艺规程的各项内容填到相应的表格或卡片中。常用的工艺文件有机械加工工艺过程卡片、机械加工工艺卡片和机械加工工序卡片。

■任务实施

在生产实践过程中，常把机械零件按结构特点分为轴类零件、盘套类零件和箱体类零件等几大类。

（一）轴类零件的机械加工工艺过程

1. 定位基准的选择

轴类零件主要是用来支承传动零件（齿轮、带轮等）及传递运动和扭矩。由于轴类零件各主要表面的设计基准都是轴线，常采用外圆表面作为粗基准，以两端中心孔作精基准，这样既符合基准重合原则，又符合基准统一原则。对于精度要求不高的零件，可用外圆表面定位，以增加工件刚度。

2. 工艺路线的拟定

轴类零件通常以车削、磨削为主要加工方法。其工艺路线如下：下料—车端面、钻中心孔—粗车各外圆表面—正火或调质—修研中心孔—半精车和精车各外圆表面、车螺纹—铣键槽或花键—热处理（淬火）—修研中心孔—粗磨外圆—精磨外圆—检验入库（每道工序后都有检验工序）。

3. 轴类零件机械加工工艺过程实例

现以图 8-64 所示传动轴为例，说明一般轴类零件在单件小批生产中的机械加工工艺过程（见表 8-8）。

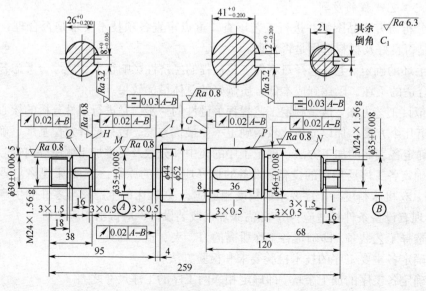

材料：45 钢
调质处理：24~28 HRC
数量：5 件

图 8-64 传动轴

表 8-8　传动轴的机械加工工艺过程

工序号	工种	工序内容	加工简图	设备
1	下料	φ60×265		锯床
2	车	三爪卡盘夹持工件，车端面，钻中心孔。用尾架顶尖顶住工件，粗车 3 个台阶，直径、长度均留余量 2 mm		车床
		调头，三爪卡盘夹持工件另一端，车端面，保证总长 259 mm，钻中心孔。用尾架顶尖顶住，粗车另外 4 个台阶，直径、长度均留余量 2 mm		
3	热处理	调质处理 24～28 HRC		电炉
4	钳	修研两端中心孔		车床
5	车	双顶尖装夹，半精车 3 个台阶。车螺纹大径到 $\phi 24_{-0.2}^{-0.1}$，其余两个台阶直径上留余量 0.5 mm，车槽、倒角各 3 个		车床
6	车	调头，双顶尖装夹，半精车 5 个台阶。φ44 及 φ52 台阶车到图样规定的尺寸。螺纹大径车到 $\phi 24_{-0.2}^{-0.1}$，其余两台阶直径上各留余量 0.5 mm，切槽 3 个，倒角 4 个		车床

续表

工序号	工种	工序内容	加工简图	设备
7	车	双顶尖装夹，车一端螺纹 M24× 1.5-6 g。调头，双顶尖装夹，车另一端螺纹 M24×1.5-6 g		车床
8	钳	划键槽及止动垫圈槽加工线		工作台
9	铣	铣两个键槽及止动垫圈槽。键槽深度比图纸规定尺寸深 0.25 mm，作为磨削的余量		铣床
10	钳	修研两端中心孔		车床
11	磨	磨外圆 Q、M，靠磨台肩 H、I。调头，磨外圆 N、P，靠磨台肩 G		外圆磨床
12	检验	按图纸要求检验		检具

（二）盘套类零件的机械加工工艺过程

1. 定位基准的选择

常见的盘套类零件有齿轮、轴承套、法兰盘等。因为多数中小盘类零件选用实心毛坯或孔径小且余量不均的铸、锻毛坯，所以一般选择外圆表面作为粗基准，但对于有较大或较精确的内孔的零件，也可选用内孔作为粗基准。精基准一般选择轴线部位的孔，但有时也采用外圆作为精基准或以内外圆表面互为精基准。

2. 工艺路线的拟定

盘套类零件的主要加工面是孔和外圆。由于盘套类零件的结构多种多样，尺寸和技术要求也各不相同，因而其工艺路线也是不同的。例如，对于既无键槽又无法兰等结构简单且内孔尺寸较小的套类零件，其工艺路线一般为：下料—（锻造毛坯—正火）—粗车端面、外圆—粗车另一端面、外圆—钻孔—扩孔—铰孔—半精车外圆—精车或磨削外圆—检验入库。对于既有键槽又有法兰等结构较复杂且内孔尺寸又较大的盘类零件，其工艺路线一般为：下料—锻造毛坯—正火—粗车端面、外圆—粗车另一端面、外圆，钻孔，粗、精车孔—插键槽—钻法兰小孔—热处理—磨孔—磨外圆；对于有台阶的齿轮类零件，其工艺路线一般为：下料—锻造毛坯—正火—粗车齿坯—调质处理—精车齿坯—磨小端面—齿形加工—齿端倒圆—（划键槽线）—插（刨）键槽（拉键槽）—齿面高频淬火—磨内孔—磨齿—检验入库。

3. 盘套类零件机械加工工艺过程实例

现以图 8-65 所示轴套零件为例，说明盘套类零件在单件小批量生产中的机械加工工艺过程（见表 8-9）。

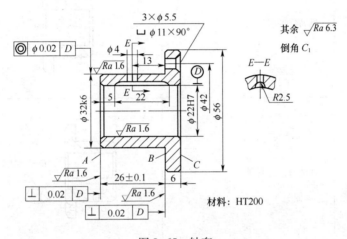

图 8-65　轴套

表 8-9　轴套的机械加工工艺过程

工序号	工种	工序内容	加工简图	设备
1	铸造	铸造毛坯，清砂		
2	车	1. 粗、精车端面 A 2. 粗、精车 $\phi32$k6 外圆及端面 B，保证长度 26±0.1 3. 钻孔 $\phi20$；扩孔至 $\phi21.8$；粗铰孔至 $\phi21.94$；精铰孔至 $\phi22$H7 4. 外圆倒角 1×45° 5. 调头，车端面 C，保证长度 6 6. 车 $\phi56$ 外圆 7. 内外圆倒角 1×45°		车床

工序号	工种	工序内容	加工简图	设备
3	钻	1. 钻 3 个 $\phi 5.5$ 螺钉孔 2. 锪 3 个 $\phi 11 \times 90°$ 沉孔	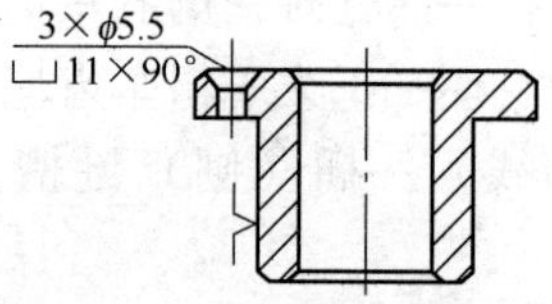	钻床
4	钻	钻 $\phi 4$ 油孔	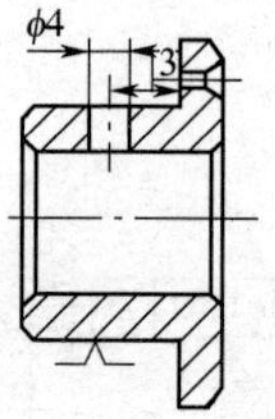	钻床
5	钳	开油槽，去毛刺	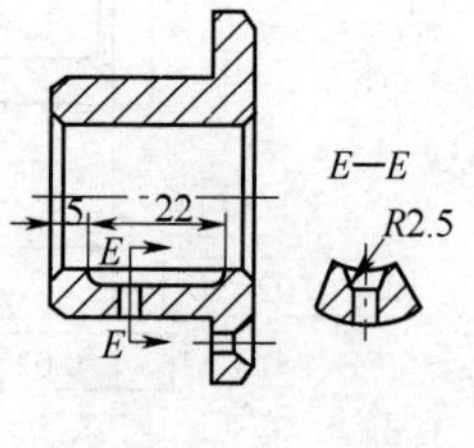	
6	检验	按图纸要求检验		检具

（三）箱体类零件的机械加工工艺过程

1. 定位基准的选择

箱体类零件是机器的基础部件，主要是孔和面的加工。一般选重要的孔（如轴承孔）为主要粗基准，以内腔或其他毛坯孔为辅助基准面；对剖分式箱体，一般选剖分面法兰不加工面为粗基准。精基准的确定有两种情况：一是一面两销定位，即以一个平面和该平面上的两个孔定位；二是以装配基准定位，即以箱体的底面和导向平面定位。

2. 工艺路线的拟定

箱体类零件在加工时，通常采用先面后孔的加工原则。一般箱体类零件的加工工艺路线为：铸造毛坯—退火—划线—粗加工平面—粗加工孔—时效处理—划线—精加工平面—精加工孔—钻小孔、攻螺纹—检验入库。

3. 箱体类零件机械加工工艺过程实例

现以图 8-66 所示减速器下箱体为例，说明箱体类零件在单件小批量生产中的加工工艺过程（见表 8-10）。

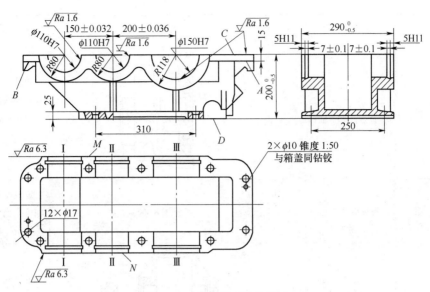

图 8-66 减速器下箱体简图

表 8-10 减速器下箱体的机械加工工艺过程

工序号	工种	工序内容	加工简图	定位基准与设备
1	铸造	铸造毛坯，清砂		
2	热处理	去应力退火		
3	钳	划 C 面加工线		定位基准：A、B 平面； 设备：划线平台
4	刨（铣）	1. 刨（铣）C 面 2. 刨（铣）D 面，控制 C、D 面间距离为 $200_{-0.5}^{0}$		定位基准：刨 C 面，按划线找正；刨 D 面时，以 C 面为基准 设备：刨床或铣床
5	钳	划 C、D 面各螺栓孔、定位销孔和 M、N 面加工线	（见图 8-66）	定位基准：轴承孔毛坯面和箱座内壁 设备：划线平台
6	钻	1. 钻各螺栓孔 2. 与已加工的箱盖装配，钻—铰 2-ϕ10 定位销孔，并插入定位销		定位基准：按划线找正 设备：钻床

续表

工序号	工种	工序内容	加工简图	定位基准与设备
7	刨	1. 与箱盖装配刨 M 面 2. 刨 N 面，控制 M、N 面距离为 $290_{-0.5}^{0}$	$290_{-0.5}^{0}$ M N	定位基准：按划线找正及底面 D 设备：刨床
8	钳	划轴承孔中心线	（见图 8-66）	定位基准：C 面和轴承孔毛坯面 设备：划线平台
9	镗	1. 镗轴承孔 2. 镗内槽		定位基准：M 面或 N 面、D 面和按划线找正 设备：卧式镗床
10	检验	按图纸要求进行检验		检具

复习思考题

1. 试说明下列加工方法的主运动和进给运动：车端面；车床钻孔；车床车孔；钻床钻孔；镗床镗孔；牛头刨床刨平面；铣床铣平面；插床插键槽；外圆磨床磨外圆；内圆磨床磨内孔。

2. 在工件转速固定，车刀由外向轴心进给时，车端面的切削速度是否有变化？若有变化，是怎样变化的？

3. 切削加工性有哪些指标？如何改善材料的切削加工性？

4. 试计算 CA6140 型卧式车床主轴的最高转速和最低转速。

5. 当车螺纹时，主轴与丝杠之间能否采用带传动和链传动？为什么？

6. 当车细长轴时，常采用哪些增加工件刚性的措施？

7. 铣削加工工艺特点有哪些？

8. 刨削主要用于加工哪些表面？

9. 拉削的进给运动是由什么实现的？

10. 试分析磨平面、磨外圆的工艺特点有哪些。

11. 常用螺纹加工方法有哪几种？

12. 什么是生产过程和机械加工工艺过程？

13. 什么是基准？基准分哪几种？

14. 机床夹具分哪几类？

项目 9
机械零件成形方法的选择

 【项目引入】

金属机械零件的成形工艺方法一般有铸造、锻造（压力加工）、焊接、切削加工和特种加工等。在机械制造过程中，通常是先用铸造、锻造（压力加工）和焊接等方法制成毛坯，再进行切削加工，才能得到所需的零件。当然，铸造、锻造（压力加工）、焊接等工艺方法也可以直接生产零部件。此外，为了改善零件的某些性能，常需要进行热处理。

 【项目分析】

机械零件的质量和使用寿命等诸多问题，都与零件的结构设计、材料的选择、毛坯制造的过程有着直接关系。正确合理地选用材料、设计合理的加工工艺路线，对于制造高质量的机械零件至关重要。为此，本项目重点介绍有关机械零件的失效问题、合理选择零件材料的原则和合理选择毛坯成形方法等方面知识。

本项目主要学习：

机械零件的失效，机械零件材料选择的一般原则，零件毛坯成形方法选择的一般原则，毛坯质量检验等。

1. 知识目标
◆ 熟悉机械零件的失效类型及原因。
◆ 掌握机械零件材料选择的一般原则。
◆ 掌握零件毛坯成形方法选择的一般原则。
◆ 掌握毛坯质量检验的方法。

2. 能力目标
◆ 能进行机械零件的失效分析。
◆ 能进行典型机械零件材料的选择及工艺路线分析。
◆ 能选择典型机械零件的毛坯。
◆ 能选择毛坯加工中常见缺陷的检验方法。

3. 素质目标
培养良好的质量意识和工匠精神。

大国工匠：
一丝一毫提升"中国精度"

4. 工作任务

任务 9-1　机械零件失效的认知

■任务引入

在现实生活中，机器设备在运行过程中可能存在许多不可靠及不安全的因素，因此，可能发生多种故障，使机器不能正常运行，这不仅会造成重大的经济损失，还会威胁人们的生命安全。在进行设计时必须根据零件的失效形式来分析失效的原因，提出防止或减轻失效的措施，为选材和改进工艺提供必要的依据。

■任务目标

熟悉机械零件的失效类型及原因，能进行机械零件的失效分析。

■相关知识

一、失效的基本概念

零件由于某些原因，在规定的工作条件下不能正常工作，称为失效。其含义是：① 零件完全破坏，不能继续工作；② 虽然能完全工作，但不能满意地起到预期的作用；③ 零件严重受损，继续工作不安全。例如，主轴在工作中由于变形而失去设计精度；齿轮出现断齿等。

二、零件失效的主要形式

一般零部件常见的失效形式有以下 4 种类型。

1. 断裂

零件在外载荷作用下，由于某一危险截面上的应力超过零件的强度极限而发生的断裂，或者零件在变应力作用下，危险截面上的应力超过零件的疲劳强度而发生的疲劳断裂均属此类。如螺栓的断裂、齿轮轮齿根部的折断等。

2. 过量变形（弹性变形与塑性变形）

当作用在零件上的应力超过了材料的屈服极限时，零件将产生变形。机床主轴的过量变形会降低机床的加工精度；高速转子轴的过量变形，将增大不平衡度，并进一步地引起零件的变形。

3. 零件的表面破坏

零件的表面破坏形式主要是腐蚀、磨损和接触疲劳等，零件的表面被破坏后，通常会增加零件的摩擦，最终导致零件的报废。例如，齿轮长期使用后齿面磨损、精度降低。

4. 正常工作条件被破坏所引起的失效

有些零件只有在一定的工作条件下才能正常地工作。例如，液体摩擦的滑动轴承，只有处于完整的润滑油膜下才能正常地工作；带传动，只有在传递的有效圆周力小于临界摩擦力时才能正常地工作；高速转子，只有其转速与系统的固有频率错开时才能正常地工作等。如果破坏了这些必备的条件，则将发生不同类型的失效。例如，滑动轴承将发生过热、胶合、磨损等形式的失效；带传动将发生打滑的失效；高速转子将发生共振从而使振幅增大，以致引起断裂的失效等。

三、零件失效的原因

零件的失效可以由多种原因引起，大体上可分为设计、选材、加工和使用4个方面。

1. 设计缺陷

设计上导致零件失效的最常见原因是结构或形状不合理，例如，结构上存在各种尖角、缺口、过小的过渡圆角等，产生应力集中引起失效。另一种原因是对零件的工作条件估计错误，导致零件的承载能力不够引起的，现在由于计算错误造成的失效事故很少发生。

2. 选材不当

最常见的情况是所选用的材料性能达不到使用要求，或者材质较差，这些都容易造成零件的失效。例如，某钢材硫含量超标，在锻造时出现裂纹；某铸件夹杂物过多，有气孔、砂眼等，因此，对原材料加强检验是非常重要的步骤。

3. 加工工艺不良

在零件的加工成形过程中，在铸件中往往会出现缩孔；在热加工时引起内裂纹；在锻造时造成过热或过烧；在冷加工时产生过深的刀痕等各种缺陷，这些均是导致零件过早失效的原因。

4. 使用维护不当

零件在安装时配合不当、对中不准、固定不紧等均可造成零件失效；在超载运行、润滑条件不良等情况下，使用不当常可成为零件损坏的主要原因；不能及时对机器进行维护保养也可以造成零件的失效。

零件失效的实际情况错综复杂，原因也是多种多样的。对零部件进行失效分析，就是要找出失效的特征和规律并从中找出损坏的主因，提出防止或减轻失效的措施，保证机器的正常运行。

四、失效分析实例

机械零件的失效分析是一项综合性的技术工作，基本思路如下。

（1）根据失效零件的残骸，仔细搜集并整理失效零件的有关资料，根据宏观及微观的断口分析，确定失效的发源点及失效形式。

（2）检验失效样品的性能指标、组织成分是否符合要求，有无内部或表面缺陷等并收集各种必要的数据。

（3）进行断裂力学分析，综合各方面分析资料作出判断，确定失效的原因及提出改进措施，写出报告。

下面以中碳钢锻件研磨面疲劳断裂为例，分析失效的基本过程。

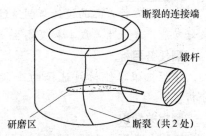

1. 特征概况

在使用中由于承受低循环载荷，经锻造的中碳钢件的连接端被破坏。锻件在完全穿透的连接端处断裂。如图9-1所示。

图9-1　锻杆的端部位置在
分模线的粗研磨面内

2. 对比检验

将同样未用过的锻件和断裂的锻件一起经光谱分析检验，材料成分在规定范围内均符合要求，用肉眼未发现明显的缺陷和损伤痕迹。损坏锻件的断裂发生在沿分模线经过粗研磨除掉飞边的过渡区内，断口有海滩状条纹，表明为疲劳断裂。裂纹起始于粗研磨面上，表面光滑，断口的其他区域具有典型脆性特征，相当于裂纹快速扩展区。经检查，发现断裂零件的表面硬度值为 140 HB，低于规定的 160～205 HB，在未使用的锻件和断裂的锻件环形连接端切取试样，经浸蚀后发现，两者的显微组织有明显差异。未用过的锻杆，铁素体与珠光体含量大致相等，晶粒细小且均匀；而断裂的锻件有明显带状组织。

3. 分析讨论

锻杆环形连接端承受的载荷（包括扭转、弯曲和轴向载荷）是复杂的，这种载荷在连接端内引起循环、拉伸的周向应力和弯曲应力。

根据分析结果得知，锻件的失效与以下因素有关。

（1）未用过的锻杆，显微组织正常。

（2）发生断裂的锻杆具有带状组织。

（3）发生断裂的锻杆的硬度为 140 HB，明显低于规定值 160～205 HB。

（4）断裂发生于粗研磨面，而初始裂纹均在因研磨而明显变形的铁素体区域发生。

4. 结论

锻杆端断裂是因锻杆在工作中连续承受循环载荷发生疲劳引起的。疲劳破坏的产生与下列因素有关。

（1）锻杆件内部存在对缺口敏感的带状组织。

（2）锻杆的硬度低于规定值。

（3）存在高应力过渡区和应力集中区。

■任务实施

机械零件在工作过程中最终都会发生失效的现象。为此，分析并找出零件失效的原因，提出相应的改进措施，不仅能提高零件的使用寿命和经济效益，同时失效分析的结果对于零件的设计、选材、加工以至使用，都有重要的指导意义。

任务 9-2 机械零件材料的选择

■任务引入

在机械零件产品的设计与制造过程中，材料选择是一项十分重要的工作，它是零件具有良好功能、降低生产成本和提高生产率的重要保证。

■任务目标

掌握机械零件材料选择的一般原则，能进行典型机械零件材料的选择及工艺路线分析。

■相关知识

工程上常用的主要材料有金属材料、高分子材料、陶瓷材料和复合材料等，它们各有其特点。

不同使用条件下工作的零件材料要求也不一样。如何在众多的材料中选择一个能充分发挥潜能的合适材料，一般应考虑以下 3 个基本原则：材料的使用性能、工艺性能和经济性，其中使用性能最重要。三者之间有联系，也有矛盾，选材的任务就是 3 个原则的合理统一。

一、使用性能

材料的使用性能是满足零件工作要求，保证零件经久耐用的先决条件，是选材应首先考虑的因素，包括力学性能、物理性能和化学性能。大多数零件的性能要求是多方面的，在选材时必须认真分清楚材料性能要求的主次关系，首先应满足主要性能，同时要兼顾其他性能，并通过特定的工艺使零件具有良好的使用性能。对于一般机械零件主要考虑力学性能，同时要兼顾抵抗周围介质侵蚀的能力；因为非金属材料对温度、光、水、油等的敏感度比金属材料大得多，所以，对于非金属材料制成的零件更应注意工作环境。

二、工艺性能

材料工艺性能的好坏，直接影响零件加工的难易程度、生产效率高低和生产的成本大小。同使用性能相比，一般情况下，工艺性能处于次要地位，但在特殊情况下，工艺性能也能成为选材的主要依据。

陶瓷材料、高分子材料的工艺路线较简单，而金属材料的工艺路线较复杂，但适应性能很好。材料的工艺性能应满足生产工艺（铸、锻、焊、机加工、热处理）的要求。

从工艺性能考虑，对于铸件而言，铸造性能最好的是成分接近共晶点的合金，常用的铸造合金中，铸造性能最好的是铸造铝合金和铜合金，铸铁次之，铸钢最差；对于锻件或冲压件而言，最好是纯金属或单相固溶体合金，铝和铜压力加工性较好，低碳钢比高碳钢好，而碳钢比合金钢好；对于焊接结构，低碳钢焊接件焊接性能良好，中碳钢次之，高碳钢和合金钢较差；对于切削加工而言，切削加工性主要取决于加工表面的质量、材料硬度、切削方法、切削速度、刀具磨损大小和切屑排除难易程度等，热处理可改善钢铁材料的切削加工性能。

三、经济性

经济性是指零件在达到使用要求时的生产和使用总成本的高低。主要包括材料费、加工费、管理费、运输费、安装费、维修保养费等。

零件的选材应力求使零件生产的总成本最低。除了使用性能与工艺性能外，经济性也是选材必须考虑的重要问题。选材的经济性不单是指选用的材料本身价格应便宜，更重要的是当采用所选材料来制造零件时，可使产品的总成本降至最低，同时所选材料应符合国家的资源情况和供应情况等。

总之，作为一个设计、工艺人员，在选材时必须了解我国工业生产发展形势，要按照国家标准，结合我国资源和生产条件，从实际情况出发，全面考虑机械性能、工艺性能和经济性等方面的问题。

零件选材的基本步骤如下。

（1）分析零件的相关信息，确定零件的主要、次要性能要求。

（2）根据力学计算或试验，对备选材料的性能指标进行比较，预选出合理的材料，同时考虑工艺性能要求。

（3）审核所选材料的经济性。

四、典型零件选材及工艺路线

1. 机械零件选材步骤

（1）工作条件分析。工作条件包括受力状况、环境状况、特殊功能等。

（2）失效形式。失效形式主要分为变形失效、断裂失效、磨损失效和腐蚀失效。

（3）主要性能指标。主要性能指标一定要找准，确定主次关系。

（4）材料的组织。材料的组织决定性能，达到性能要求的组织可能不止一种，要分析比较。

（5）初步选材及热处理。根据组织确定合理的材料牌号及热处理方法，最好多考虑几个方案。

（6）分析备选材料的工艺性和经济性。比较铸、锻、焊、热处理等工艺性，考虑材料费、加工费等，综合选出合理的零件材料。

（7）确定材料。

2. 典型零件选材及工艺路线

1）齿轮类零件的选材及工艺路线

（1）齿轮的工作条件。齿轮在机床、汽车、拖拉机和仪器仪表装置中有着广泛的应用，是重要的机器零件。各种齿轮的工作过程大致相似，但受力的大小不同。基本工作条件如下。

① 由于传递扭矩，齿轮类似一根受力的悬臂梁，齿根处承受很大的交变弯曲应力。

② 当换挡、启动或啮合不均时，齿部承受一定的冲击载荷。

③ 齿轮通过齿面的接触传递动力，啮合齿面相互滚动或滑动接触，承受很大的接触压应力及强烈摩擦。

（2）齿轮的主要失效形式。

① 疲劳断裂。大多数情况下，由于弯曲疲劳会造成齿轮断齿，主要在根部发生。当齿轮承受的应力较高（接近或超过材料的屈服强度）时，应选择塑性、韧性较好的材料；当重复应力较低时，应变循环基本在弹性范围内，应选择强度较高的材料。

② 齿面磨损。由于齿面接触区的摩擦，使齿厚变小。轻度摩擦磨损称为擦伤；严重磨损称为胶合。

③ 齿面接触疲劳破坏。在交变接触应力作用下，齿面产生微裂纹，微裂纹的发展引起麻点剥落（或称点蚀），这是齿轮最常见的失效形式。

④ 过载断裂。主要是冲击载荷过大造成的断齿，应选韧性较好的材料。

（3）齿轮的性能要求。

① 高的弯曲疲劳强度，特别是齿根处要有足够的强度。

② 高的接触疲劳强度和耐磨性，提高齿面硬度和耐磨性。

③ 较高的强度和冲击韧性，防止齿轮的过载断裂。

此外，还要求有较好的热处理工艺性能，如热处理变形小等。

（4）齿轮类零件的选材。齿轮材料一般选用低、中碳钢或合金钢，经表面强化处理后，表面强度和硬度高，心部韧性好，工艺性能好，经济上也较合理。

（5）齿轮选材的具体实例。

① 机床齿轮。机床齿轮工作条件较好，运转比较平稳，但各种齿轮的受力程度差别也很大，主要根据具体工作条件来选材。机床齿轮常用的材料有中碳钢或渗碳钢，一般可选中碳钢（45 钢）制造，为了提高淬透性，也可选用中碳合金钢（40Cr 等）。

例如，普通车床的变速齿轮，承载不大，中等转速，工作平稳且无强烈冲击，对齿面和心部的强度和韧性要求都不太高，齿轮心部硬度为 220～250 HBS，齿面硬度为 52 HRC，因此选用 45 钢即可。

齿轮常采用的工艺路线为：下料—锻造—正火—机械粗加工—调质—机械精加工—轮齿高频淬火+低温回火—精磨—检验入库。

齿轮工作时承受高速、重载荷，当受冲击作用时，常用 20Cr、20CrMnTi、20Mn2B、12CrNi3 等材料。冲击载荷小的低速齿轮也可采用 HT250、HT350、QT500-5、QT600-2 等铸铁制造。机床齿轮除选用金属齿轮外，有的还可采用塑料齿轮，如用聚甲醛（或单体浇铸尼龙）齿轮，在工作时传动平稳，噪声减少，长期使用无损坏，且磨损很小。

② 汽车、拖拉机齿轮。汽车、拖拉机齿轮主要分装在变速箱和差速器中。这类齿轮的工作环境比机床齿轮恶劣，齿轮传递功率、所受的冲击和摩擦很大，因此对耐磨性、疲劳强度、心部强度及冲击韧性等的要求比机床齿轮高。实践证明，汽车、拖拉机齿轮最适宜选用20Cr 或 20CrMnTi 制造，经渗碳+淬火+低温回火后使用。

例如，将发动机动力传递到后轮及倒车的齿轮，在工作时承载、磨损、冲击均较大。齿轮性能要求表面具有较高的耐磨性及疲劳强度；心部则要求较高的强度和韧性；齿面要求硬度为 58～62 HRC，心部硬度为 33～48 HRC。因此，选用 20CrMnTi、20MnVB 等淬透性较好的钢。

齿轮常采用的工艺路线为：下料—锻造—正火—机械粗加工、半精加工（内孔及端面留磨量）—渗碳（孔防渗）—淬火+低温回火—喷丸—校正花键孔—珩齿（或磨齿）。

2）轴类零件的选材及工艺路线

（1）轴类零件的工作条件。

① 工作时主要受交变弯曲和扭转应力的复合作用。

② 轴与轴上零件有相对运动，相互间存在摩擦和磨损。

③ 轴在高速运转过程中会产生振动，使轴承受冲击载荷。

④ 多数轴会承受一定的过载载荷。

（2）轴类零件的失效方式。

① 长期交变载荷下的疲劳断裂（包括扭转疲劳和弯曲疲劳断裂）。

② 偶然过载或冲击载荷作用引起的过量变形、断裂。

③ 当与其他零件做相对运动时产生的表面过度磨损，轴颈被埋嵌在轴承中的硬粒子磨损。

（3）轴类零件的性能要求。

① 综合力学性能：足够的强度、塑性和一定的韧性，以防过载断裂、冲击断裂。

② 高疲劳强度：对应力集中敏感性低，以防疲劳断裂。

③ 足够淬透性：热处理后表面要有高硬度、高耐磨性，以防磨损失效。

④ 良好的切削加工性能：降低生产成本。

（4）轴类零件的选材。根据上述性能要求，轴类零件选择经锻造或轧制的低、中碳钢或合金钢制造。当载荷较小时一般使用碳钢，如 35、40、45、50 钢，经正火或调质+局部表面淬火热处理改善性能；当载荷较大或要求较高时考虑用合金调质钢，如 40Cr、40MnB 等，采用调质+局部表面淬火热处理；在高速、重载荷作用下，有较大冲击的主轴选合金渗碳钢，如 20Cr、20CrMnTi 等，采用渗碳、淬火、低温回火；精度要求极高的主轴选择合金渗氮钢，如 38CrMoAlA 等，经渗氮后使用。

（5）车床主轴选材实例。C616 车床主轴承受交变弯曲和扭转复合应力，但载荷和转速不高，冲击载荷不大，选材时具有一般综合力学性能即可。主轴的大端内锥孔和外锥体经常与卡盘、顶尖间有摩擦；花键部位与齿轮有相对滑动，这些部位要有较高硬度和耐磨性。轴颈与滚动轴承配合，硬度要求不高（220～250 HBS）。

根据以上分析，该主轴选择 45 钢即可。热处理技术要求为：整体调质，硬度为 220～250 HBS；内孔与外锥体淬火，硬度为 45～50 HRC；花键部位高频淬火，硬度为 48～53 HRC。

该主轴的加工工艺路线为：下料—锻造—正火—机械粗加工—调质—机械半精加工（除花键外）—局部淬火、回火（锥孔及外锥体）—粗磨（外圆、锥孔及外锥体）—铣花键—花键高频淬火、回火—精磨（外圆、锥孔及外锥体）—检验入库。

3）箱体类零件的选材及工艺路线

（1）箱体的工作条件及性能要求。箱体形状一般比较复杂，目的是保证其内部各个零件的正确位置，使各零件运动协调平稳。箱体主要承受各零件的质量及零件运动时的相互作用力，以支撑零件为主；使箱体内各零件运动产生的振动能有缓冲。

箱体的性能要求：① 足够的抗压性能；② 较高的刚度以防止变形；③ 良好的吸振性；④ 良好的成形工艺性；⑤ 其他特殊性能，如相对密度轻等。

（2）箱体零件材料的选用。由于箱体形状比较复杂、壁厚较薄、体积较大，一般选用铸造毛坯成形，根据力学性能要求，常用灰口铸铁、球墨铸铁、铸钢等。工作平稳的用 HT150、HT200、HT250 等；受力较小，要求导热良好、质量轻的箱体可用铸造铝合金；受力较大的箱体可考虑用铸钢；当单件生产时可用低碳钢焊接而成。箱体加工前一般要进行时效处理，目的是消除毛坯的内应力。

一般箱体的加工工艺路线为：毛坯—时效处理—底面加工—侧面加工—端面加工—粗镗孔—半精镗孔—精镗孔—钻孔—攻丝—检验入库。

■任务实施

不同的材料各有特点，不同使用条件下工作的零件材料要求也不一样。机械零件材料的选择应遵循材料的使用性能、工艺性能和经济性的合理统一。

任务 9-3　零件毛坯成形方法的选择

■任务引入

在机械制造中，要获得满意的零部件，就必须从结构设计、合理选材、毛坯制造及机械加工等方面综合考虑。而正确选择毛坯制造方法不仅影响零件的加工质量和使用性能，而且对零件的制造工艺过程、生产周期和经济效益也有很大影响，因此，这项工作是机械设计与制造中的重要任务之一。

■任务目标

熟悉常见毛坯的种类和特点，掌握零件毛坯成形方法选择的一般原则，能选择典型机械零件的毛坯。

■相关知识

一、毛坯的种类

毛坯是指根据零件（或产品）所要求的形状、工艺尺寸等制成的，为提供进一步加工所用的生产对象。机械零件除直接从型材上截取之外，大多数是通过铸造、锻造、冲压或焊接等方法制成的。常见的毛坯种类有以下几种。

（1）铸件。铸件是由液态金属冷却凝固成形的。对形状较复杂的毛坯，一般可用铸造方法制造。目前大多数铸件采用砂型铸造，对尺寸精度要求较高的小型铸件，可采用特种铸造，如永久型铸造、精密铸造、压力铸造、熔模铸造和离心铸造等。

（2）锻件。锻件是固态金属塑性变形而成的。锻件毛坯由于经锻造后可得到连续和均匀的金属纤维组织，因此锻件的力学性能较好，常用于受力复杂的重要钢质零件。其中自由锻件的精度和生产率较低，主要用于小批生产和大型锻件的制造；模型锻造件的尺寸精度和生产率较高，主要用于产量较大的中小型锻件。

（3）型材。型材主要有棒材、板材、线材等。常用截面形状有圆形、方形、六角形和特殊截面形状。型材就其制造方法又可分为热轧和冷拉两大类。热轧型材尺寸较大，精度较低，用于一般的机械零件；冷拉型材尺寸较小，精度较高，主要用于毛坯精度要求较高的中小型零件。

（4）焊接件。焊接件主要用于单件小批生产和大型零件及样机试制。其优点是制造简单、生产周期短、节省材料、减轻质量，但其抗震性较差，变形大，需经时效处理后才能进行机械加工。

（5）其他毛坯。包括冲压件、粉末冶金件、冷挤件、塑料压制件等。

常用毛坯种类和特点见表 9-1。

表 9-1　常用毛坯种类和特点

种类	特　　点
铸件	吸振性能好，但力学性能低，多用于形状复杂、尺寸较大的零件。铸造方法有砂型铸造、离心铸造等，有手工造型和机器造型。模型有木模和金属模。木模手工造型用于单件小批生产或大型零件，生产效率低，精度低。金属模用于大批大量生产，生产效率高、精度高。离心铸造用于空心零件，压力铸造用于形状复杂、精度高、大量生产、尺寸小的有色金属零件
锻件	用于制造强度高、形状简单的零件（轴类和齿轮类）。用模锻和精密锻造，生产效率高，精度高。单件小批生产用自由锻
冲压件	用于形状复杂、生产批量较大的板料毛坯。精度较高，但厚度不宜过大
型材	用于形状简单或尺寸不大的零件。材料为各种冷拉和热轧钢材
冷挤压件	用于形状简单、尺寸小和生产批量大的零件。如各种精度高的仪表件和航空发动机中的小零件
焊接件	多用型钢或锻件焊接而成，用于尺寸较大、形状复杂的零件，其制造成本低，但抗振性差，容易变形，尺寸误差大
工程塑料	用于形状复杂、尺寸精度高、力学性能要求不高的零件
粉末冶金	尺寸精度高、材料损失少，用于大批量生产、成本高。不适于结构复杂、薄壁、有锐边的零件

二、毛坯成形方法选择的一般原则

毛坯类型选择同毛坯材料是密切相关的，所以选择毛坯类型的原则也是在满足使用要求的前提下，努力降低生产成本和提高生产效率。

（1）满足零件的使用要求。零件的使用要求包括外部质量要求（零件形状、尺寸、加工精度和表面粗糙度等）和内部质量要求（零件成分、组织、性能）两部分。由于机械装置中各零件的功能不同，所以其使用要求也会有很大的差异。在毛坯选择时，根据各零件的功能选择不同的毛坯类型。

（2）降低生产成本。一个零件的制造成本包括本身的材料费、消耗的燃料和动力费、人工费、设备折旧费、刀具费用及其他辅助费用等。在进行毛坯选择时，可在保证零件使用性能的条件下，把可供选择的方案从经济上进行分析比较，从中选择出成本最低的最佳方案。

（3）结合具体生产条件。在选定毛坯制造方法时，应首先分析本企业的设备条件和技术水平，制订和实施切实可行的生产方案。在企业条件不具备时，应走协作之路。

综上所述，只有协调好上述三者之间的关系，同时关注新材料、新工艺和新技术，才能选出最佳方案，做到选出的毛坯质量好、成本低、生产周期短。

三、典型机械零件毛坯的选择

常用的机械零件按其形状特征和用途不同，可分为轴杆类零件、盘套类零件和机架箱体类零件三大类。下面分别介绍各类零件毛坯选择的一般方法。

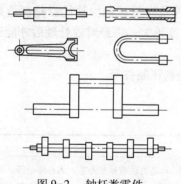

图 9-2　轴杆类零件

1. 零件类型与毛坯选择

（1）轴杆类零件。轴杆类零件的特点是长度方向尺寸远大于直径方向尺寸，主要用于传递运动和扭矩，一般受力较复杂（见图 9-2）。大多数轴、杆零件要求较高的力学性能，常选用锻件毛坯。一般单件小批量生产采用自由锻造，大批量生产用模型锻造；一些光轴与直径变化不大的台阶轴选用圆钢棒料做毛坯；某些大型、复杂的轴、杆零件可采用铸件或复合结构毛坯，如凸轮轴、曲轴、汽车的排气阀等。

（2）盘套类零件。盘套类零件结构特点是轴向尺寸小于径向尺寸，如齿轮、带轮、模块、法兰盘等（见图 9-3），主要装在轴杆上传递运动和动力，一般受力也比较复杂。受力复杂、要求综合性能的中小盘套类零件选用锻件毛坯，如齿轮；结构复杂、受力较大的盘套类零件采用铸钢或用球墨铸铁；受力较小的盘套类零件可选用铸铁毛坯，如皮带轮；一些套筒类零件也用铸造黄铜、青铜等，如蜗轮。

（3）机架箱体类零件。包括各种机械的机身、底座、支架、横梁、工作台，以及齿轮箱、轴承座阀体等（见图 9-4），它们的特点是形状复杂且不规则，主要功能是支承轴杆类零件，承受震动和压应力，一般受力不大。这类零件一般选用铸铁毛坯，也可用焊铁件，当受力较大时可用铸钢。

2. 毛坯选择实例

图 9-5 所示为一台单级齿轮减速器示意图，其外形尺寸为 430 mm×410 mm×420 mm，

生产类型是大批生产。该齿轮减速器部分零件名称、材料和毛坯选择方案见表9-2。

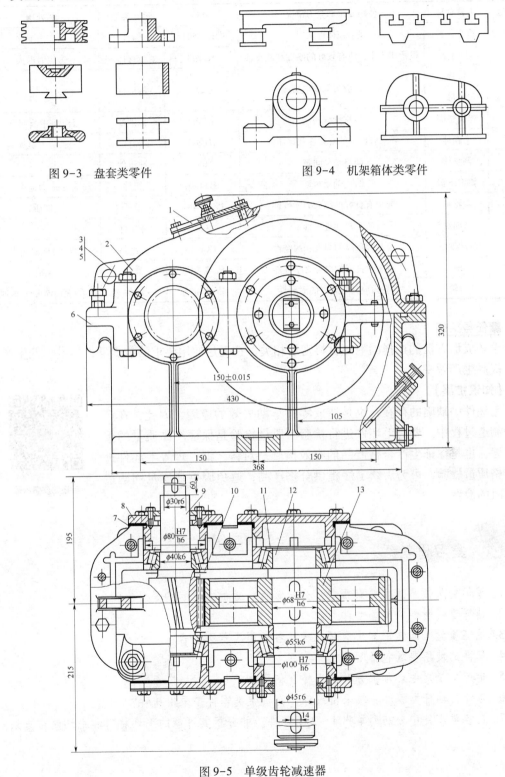

图9-3 盘套类零件　　　　　　　　　图9-4 机架箱体类零件

图9-5 单级齿轮减速器

表 9-2 单级齿轮减速器部分零件名称、材料和毛坯选择方案

序号	零件名称	使用要求和受力情况	材料	毛坯类型	热处理
1	检查孔盖	观察箱体内情况	HT150	铸件	去应力退火
2	上箱体	以承压为主，应有较好的刚性和减震性	HT200	铸件	去应力退火
3	螺栓	受纵向拉应力和横向剪应力	Q235	标准件	
4	螺母				
5	弹簧垫圈	防止螺栓松动	65Mn	标准件	淬火+中温回火
6	下箱体	要求有良好的减震性和抗压性	HT200	铸件	去应力退火
7	调整垫	调整轴承间隙	08	冲压件	
8	轴承压盖	防止轴承窜动	HT150	铸件	去应力退火
9	齿轮轴	要求有良好的综合力学性能	45 或 40Cr	锻件	调质
10	挡油盘	防止机油进入轴承	08	冲压件	
11	滚动轴承	应具有较高的强度和耐磨性	GCr15	标准件	淬火+低温回火
12	轴	要求有良好的综合力学性能	45 或 40Cr	锻件	调质
13	齿轮	轮齿应具有较好的耐磨性	45 或 40Cr	锻件	调质+表面淬火+低温回火

■任务实施

毛坯成形方法的选择同毛坯材料密切相关，在满足使用要求的前提下，尽量降低生产成本、提高生产效率。

【知识扩展】

毛坯件中缺陷的存在，也是造成零件早期失效的原因，因此，在产品的制造过程中，要对毛坯件进行检验。质量检验是保证产品质量的重要工序，也是保证生产合格产品的有效措施。对铸、锻、焊等毛坯件进行严格质量检验，可为后续工序提供合格产品，避免因毛坯质量问题造成工时的浪费。

毛坯的质量检验

复习思考题

1. 零件的失效形式主要有哪些？分析零件失效的主要目的是什么？
2. 选择零件材料应遵循哪些原则？
3. 毛坯质量检验常用方法有哪几种？各适用于什么场合？
4. 零件的使用要求包括哪些？
5. 生产批量对毛坯加工方法的选择有何影响？
6. 为什么轴杆类零件一般采用锻件，而机架类零件多采用铸件？
7. 在各类零件中分别列举出 1～2 个零件。并分析其可能的毛坯材料和毛坯制造方法。

参考文献

[1] 丁德全. 金属工艺学 [M]. 北京：机械工业出版社，2017.

[2] 于文强，姜学波. 工程材料 [M]. 北京：机械工业出版社，2021.

[3] 王英杰. 金属成形加工基础 [M]. 北京：机械工业出版社，2007.

[4] 王章忠. 机械工程材料 [M]. 3 版. 北京：机械工业出版社，2019.

[5] 王瑞清，李松涛. 机械制造基础 [M]. 哈尔滨：哈尔滨工业大学出版社，2013.

[6] 云建军. 工程材料及材料成形技术基础 [M]. 北京：电子工业出版社，2003.

[7] 牛海山. 金属工艺学 [M]. 长沙：国防科技大学出版社，2020.

[8] 毛松发. 机械工程材料 [M]. 2 版. 北京：清华大学出版社，2021.

[9] 孔凡杰，牛同训. 机械制造工艺 [M]. 3 版. 大连：大连理工大学出版社，2019.

[10] 卢志文，赵亚忠. 工程材料及成形工艺 [M]. 2 版. 北京：机械工业出版社，2019.

[11] 宁广庆，尹玉珍. 机械制造技术 [M]. 北京：北京大学出版社，2008.

[12] 成虹. 冲压工艺与模具设计 [M]. 2 版. 北京：高等教育出版社，2006.

[13] 吕广庶，张远明. 工程材料及成形技术基础 [M]. 3 版. 北京：高等教育出版社，2021.

[14] 吕烨，许德珠. 机械工程材料 [M]. 5 版. 北京：高等教育出版社，2021.

[15] 朱张校，姚可夫，王昆林，等. 工程材料 [M]. 5 版. 北京：清华大学出版社，2010.

[16] 朱张校，姚可夫. 工程材料 [M]. 4 版. 北京：清华大学出版社，2000.

[17] 刘会霞. 金属工艺学 [M]. 北京：机械工业出版社，2001.

[18] 齐卫东. 锻造工艺与模具设计 [M]. 2 版. 北京：北京理工大学出版社，2012.

[19] 齐乐华. 工程材料及成形工艺基础 [M]. 2 版. 西安：西北工业大学出版社，2020.

[20] 严绍华. 材料成形工艺基础 [M]. 北京：清华大学出版社，2001.

[21] 杜可可. 机械制造技术基础 [M]. 北京：人民邮电出版社，2007.

[22] 杜丽娟. 工程材料成形技术基础 [M]. 北京：电子工业出版社，2003.

[23] 李大成. 冲压工艺与模具设计 [M]. 北京：人民邮电出版社，2007.

[24] 李英. 工程材料及其成型 [M]. 北京：人民邮电出版社，2007.

[25] 吴圣庄. 金属切削机床概论 [M]. 2 版. 北京：机械工业出版社，1985.

[26] 宋金虎，侯文志. 金工实训 [M]. 北京：人民邮电出版社，2011.

[27] 宋金虎. 金属工艺学 [M]. 北京：北京交通大学出版社，2009.

[28] 宋金虎. 金属工艺基础 [M]. 北京：北京交通大学出版社，2016.

[29] 宋金虎. 焊接方法与设备 [M]. 2 版. 大连：大连理工大学出版社，2014.

[30] 张文灼，赵宇辉. 机械工程材料与热处理 [M]. 2 版. 北京：机械工业出版社，2020.

[31] 张兆隆，李彩风. 金属工艺学 [M]. 3 版. 北京：北京理工大学出版社，2019.

[32] 张普礼. 机械加工设备 [M]. 北京：机械工业出版社，2017.

[33] 陈云祥. 焊接工艺 [M]. 3 版. 北京：机械工业出版社，2018.

[34] 陈长江，熊承刚. 工程材料及成型工艺 ［M］. 北京：中国人民大学出版社，2000.

[35] 陈立德. 机械设计基础 ［M］. 北京：高等教育出版社，2004.

[36] 陈根琴. 金属切削加工方法与设备 ［M］. 北京：人民邮电出版社，2008.

[37] 邵潭华. 材料工程基础 ［M］. 西安：西安交通大学出版社，2000.

[38] 罗大金. 材料工程基础 ［M］. 北京：化学工业出版社，2007.

[39] 周开华. 精冲技术图解 ［M］. 北京：国防工业出版社，2008.

[40] 周旭光. 特种加工技术 ［M］. 西安：西安电子科技大学出版社，2004.

[41] 赵云豪，李彦利. 旋压技术与应用 ［M］. 北京：机械工业出版社，2008.

[42] 胡城立，朱敏. 材料成型基础 ［M］. 武汉：武汉理工大学出版社，2001.

[43] 胡黄卿. 金属切削原理与机床 ［M］. 4 版. 北京：化学工业出版社，2020.

[44] 南京工学院，无锡轻工学院 ［M］. 金属切削原理. 福州：福建科学技术出版社，1984.

[45] 侯英玮. 材料成型工艺 ［M］. 北京：中国铁道出版社，2002.

[46] 姜敏凤，宋佳娜. 机械工程材料及成形工艺 ［M］. 4 版. 北京：高等教育出版社，2010.

[47] 徐从清，肖珑. 机械制造基础 ［M］. 北京：北京大学出版社，2008.

[48] 高美兰，白树全. 工程材料与热加工基础 ［M］. 2 版. 北京：机械工业出版社，2020.

[49] 韩建民. 材料成型工艺技术基础 ［M］. 北京：中国铁道出版社，2002.

[50] 程燕军，柳舟通. 冲压与塑料成型设备 ［M］. 北京：科学出版社，2005.

[51] 鲁昌国，黄宏伟. 机械制造技术 ［M］. 3 版. 大连：大连理工大学出版社，2009.

[52] 谭雪松，漆向军. 机械制造基础 ［M］. 北京：人民邮电出版社，2008.

[53] 颜银标. 工程材料及热成型工艺 ［M］. 北京：化学工业出版社，2004.